myBook+

Ihr Portal für alle Online-Materialien zum Buch!

Arbeitshilfen, die über ein normales Buch hinaus eine digitale Dimension eröffnen. Je nach Thema Vorlagen, Informationsgrafiken, Tutorials, Videos oder speziell entwickelte Rechner – all das bietet Ihnen die Plattform myBook+.

Ein neues Leseerlebnis

Lesen Sie Ihr Buch online im Browser – geräteunabhängig und ohne Download!

Und so einfach geht's:

- Gehen Sie auf **https://mybookplus.de**, registrieren Sie sich und geben Sie Ihren Buchcode ein, um auf die Online-Materialien Ihres Buches zu gelangen
- **Ihren individuellen Buchcode finden Sie am Buchende**

Wir wünschen Ihnen viel Spaß mit myBook+!

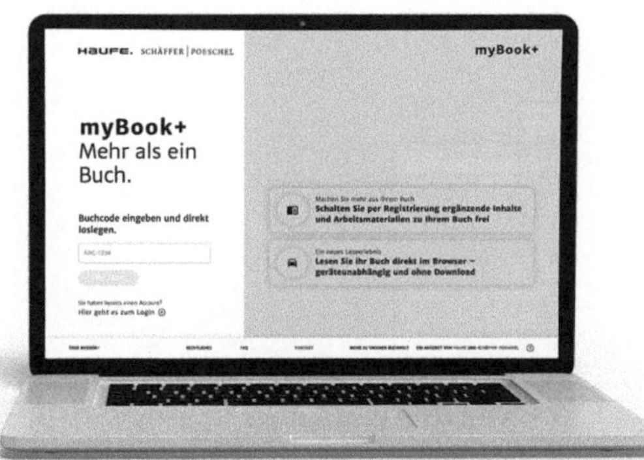

Als Führungskraft dauerhaft erfolgreich

Karsten Drath, Wolfgang Krüger, Reinhold Stritzelberger

Als Führungskraft dauerhaft erfolgreich

Mit Resilienz und dem richtigen Mindset zum Teamerfolg

1. Auflage

Haufe Group
Freiburg · München · Stuttgart

Bibliografische Information der Deutschen Nationalbibliothek

Die Deutsche Nationalbibliothek verzeichnet diese Publikation in der Deutschen Nationalbibliografie; detaillierte bibliografische Daten sind im Internet über http://dnb.dnb.de/ abrufbar.

Print: ISBN 978-3-648-17768-6 Bestell-Nr. 12069-0001
ePub: ISBN 978-3-648-17769-3 Bestell-Nr. 12069-0100
ePDF: ISBN 978-3-648-17770-9 Bestell-Nr. 12069-0150

Karsten Drath, Wolfgang Krüger, Reinhold Stritzelberger
Als Führungskraft dauerhaft erfolgreich
1. Auflage 2024

www.haufe.de
info@haufe.de

Bildnachweis (Cover): boggy22, iStock

Produktmanagement: Jürgen Fischer

Inhaltsverzeichnis

Teil 1: Wie erfolgreiche Karrieren funktionieren

1 Einführung

Was ist das Geheimnis von langfristigem beruflichem Erfolg? Ist es reine Glückssache, Schicksal, eine logische Folge der sozialen Herkunft, das Resultat überragender intellektueller Fähigkeiten oder von Fleiß? Oder ist Erfolg gar in den Genen vorprogrammiert? Was gibt es hier von erfolgreichen Managerinnen und Managern oder Unternehmern zu lernen, und wie lässt es sich umsetzen? Und was ist eigentlich der Preis, den man für Erfolg zahlen muss?

Welche Faktoren sind es, die Erfolg behindern und ihm in die Quere kommen? Wie schafft man es, sich von beruflichen Rückschlägen möglichst schnell zu erholen und sogar noch gestärkt aus ihnen hervorzugehen?

Antworten auf all diese Fragen finden Sie im ersten Teil dieses Buches. Sie erfahren, wie das Spiel »Big Business« funktioniert und welche Regeln Ihnen dabei helfen, es möglichst gut zu beherrschen. Sämtliche Fakten, die Sie hier nachlesen können, basieren auf wissenschaftlichen Studien verschiedener Forschungsdisziplinen, angereichert mit meinen Erfahrungen aus der Arbeit mit vielen hundert Managerinnen und Managern, von denen ein Großteil durchaus als erfolgreich bezeichnet werden kann.

Ich wünsche Ihnen viel Spaß und wertvolle Erkenntnisse bei der Lektüre!

Karsten Drath

2 Was ist eigentlich Erfolg?

Erfolg ist ein schillernder Begriff und so verlockend, dass viele alles geben würden für ihren Weg nach oben. Doch wie wird man erfolgreich, und wie bleibt man es auch?

In diesem Kapitel erfahren Sie unter anderem,

- welche Persönlichkeitseigenschaften besonders erfolgversprechend sind,
- was sich von Managern, die es bereits geschafft haben, lernen lässt,
- was Sie brauchen, um dauerhaft erfolgreich zu sein.

2.1 Erfolg im Job – eine Annäherung

Will man die Spielregeln des Erfolgs untersuchen, gilt es zunächst einmal zu verorten, was Erfolg, genauer gesagt: beruflicher Erfolg, eigentlich ist. Das scheint auf den ersten Blick einfach zu sein. Bei näherer Betrachtung bestätigt sich dieser Eindruck nicht. So lässt sich Erfolg zum Beispiel als das Erreichen von Zielen oder als Summe richtiger Entscheidungen umschreiben. Aber trifft das schon die Essenz? Und vor allem: Sind diese Definitionen universell zutreffend? In der Psychologie wird Erfolg in objektive und subjektive Aspekte unterteilt.

- Objektive Aspekte des Erfolgs sind von außen erkennbar und orientieren sich an gesellschaftlichen Normen und Erwartungen. Dazu zählen beispielsweise Geld, Einfluss und Status.
- Dagegen orientieren sich seine subjektiven Aspekte eher an individuellen Werten und Überzeugungen, wie zum Beispiel Selbstverwirklichung und Sinnhaftigkeit des Handelns.

In einer Studie für dieses Buch wurden über 200 Manager, Unternehmerinnen und Mitarbeitende aus verschiedenen Ländern des deutsch- und englischsprachigen Sprachraums unter anderem gebeten, aus einer Liste mit 26 objektiven und subjektiven Erfolgsfaktoren ihre persönlichen Top-10-Merkmale für beruflichen Erfolg zu identifizieren. Zur Vereinfachung habe ich die einzelnen Bewertungen in folgende Cluster unterteilt.

Objektive Faktoren:	Status, Macht, Geld
Subjektive Faktoren:	Sinn, Gestalten, Wachstum Entwicklung, Balance, Zeit

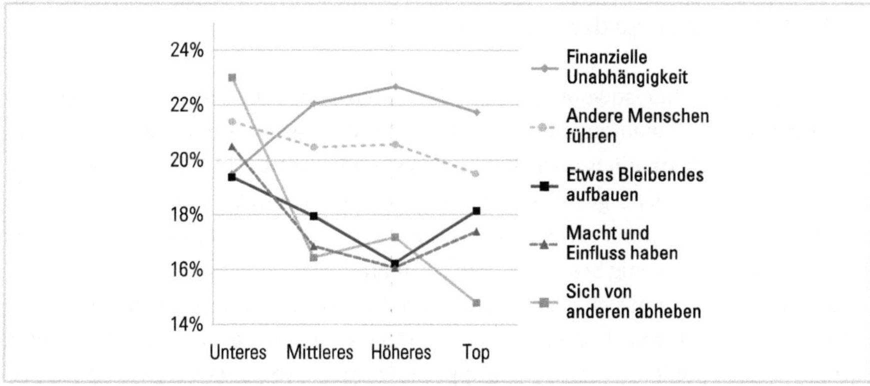

Die Relevanz objektiver Faktoren abhängig vom Managementlevel

Bei den objektiven Faktoren fällt zunächst auf, dass sich die Bedeutung des »Sich von anderen Abhebens« mit zunehmendem Karrierelevel offensichtlich relativiert (siehe Grafik).

Ist das Bedürfnis nach Status also erst einmal befriedigt, tritt es schnell in den Hintergrund. Ähnliches gilt für den Faktor »Macht und Einfluss haben«. Anders sieht es aus bei dem Aspekt der finanziellen Unabhängigkeit. Dieser nimmt mit fortschreitender Karriere stets zu und spielt auch im Topmanagement noch die größte Rolle, gemeinsam mit dem Faktor »Glücklich sein«, wie wir noch sehen werden. »Andere Menschen führen« spielt über alle Level hinweg eine gleichbleibend wichtige Rolle. Im höheren Management kommt zudem der Faktor »Andere Menschen fördern« als bedeutsam hinzu. Auch hierzu erfahren Sie später noch mehr.

Im Bereich der subjektiven Erfolgskriterien rund um Sinn, Gestalten und Wachstum wird in den Ergebnissen zur Studie offensichtlich, dass die idealistische Größe »Etwas Gutes tun« am unteren Ende der Karriereleiter noch wesentlich bedeutsamer ist als im Topmanagement. Weiterhin wird deutlich, dass die eher abstrakte Dimension »Berufung und Sinn finden« mit zunehmendem Karrierefortschritt an Bedeutung verliert, während die eher konkrete Dimension »Andere Menschen fördern« wichtiger wird.

Bei den subjektiven Faktoren rund um die Aspekte Entwicklung, Balance und Zeit drängt sich der Eindruck einer wachsenden Fokussierung hin zum Job auf. Sowohl die Bedeutung von »Gesund sein« als auch die Aspekte »Zeit für mich haben« beziehungsweise »Zeit für meine Familie haben« nehmen in Relation zum Karrierelevel teilweise deutlich ab.

2.1.1 Alles eine Frage der Relation?

Beruflicher Erfolg hat sowohl mit dem Erreichen von individuellen als auch von gesellschaftlichen Zielen zu tun. Was allerdings als Messlatte dafür angelegt wird, unterscheidet sich deutlich nach Karrierelevel und wohl auch nach der jeweiligen Lebensphase. Dabei sind gesellschaftliche Ziele von ihrer Natur her relativ, d. h., sie orientieren sich an anderen. Wie der Volksmund weiß, kommt Reichtum entweder von viel haben oder von wenig brauchen. Wie viel materieller Wohlstand und Lebensstandard also nötig sind, um sich als erfolgreich im Vergleich zu anderen zu fühlen, ist von verschiedenen Faktoren abhängig. Zum einen ist die Peergroup an sich entscheidend, die man für sich wählt. Damit ist die Gruppe Menschen in vergleichbaren Lebenssituationen gemeint, zu denen man gerne gehören möchte. Es liegt im sozialen Wesen des Menschen begründet, sich zu einer Peergroup zugehörig fühlen zu wollen. Dies war in der Evolution des Menschen buchstäblich überlebenswichtig und ist es auch heute noch, nur eben im sozialen Sinne.

BEISPIEL

Während die relevante Peergroup zum Beispiel für Studierende noch die Kommilitoninnen und Kommilitonen sind, sind es für Berufstätige zunächst die anderen Berufseinsteiger, später dann die Kolleginnen beziehungsweise andere Managerinnen und Manager. Auch die Nachbarschaft und der Freundeskreis können Peergroups sein.

Neben der Peergroup an sich ist auch die Position wichtig, in der man sich relativ zu dieser konstruierten gesellschaftlichen Gruppierung wähnt beziehungsweise die man innehaben möchte. Strebt man die Zugehörigkeit zu einer Gruppe an, sieht man sich selbst aber noch nicht dort? Oder ist man Teil davon und möchte es bleiben? Oder möchte man sich von einer Gruppe nach oben hin abheben? Warum wir nach einer solchen Positionierung streben, ist zum Teil sicherlich in unseren individuellen Persönlichkeitseigenschaften begründet. Andere Aspekte sind zum Beispiel das regionale Umfeld, in dem man sich bewegt. Was in der Provinz als gehobener Lebensstandard gelten mag, wird in Deutschlands Hochpreisstädten Frankfurt, München und Hamburg noch nicht mal unterer Durchschnitt sein. Halten wir also fest: Die vermeintlich objektiven Aspekte von Erfolg sind eigentlich keine, denn sie orientieren sich am sozialen, gesellschaftlichen und nicht zuletzt auch am regionalen Parkett, auf dem man sich bewegt.

Die individuellen oder subjektiven Aspekte wie Zufriedenheit und Selbstverwirklichung sind da schon eher als unabhängige Größe zu sehen. Jedoch spielt auch hier die jeweilige Peergroup eine Rolle. So macht der Vergleich mit anderen Kollegen aus einem leicht übergewichtigen, jedoch sportlichen, mit seinem Körper prinzipiell zufriedenen Manager wahlweise ein Sport-Ass oder eine schnaufende Dampflokomotive – eben je nach Peergroup.

Wichtig

Vielleicht fühlten wir uns alle viel erfolgreicher und wären zufriedener, wenn wir uns weniger mit anderen Menschen vergleichen würden.

2.1.2 Die Basis des Erfolgs

In der Studie wurden die Teilnehmenden auch hinsichtlich der Eigenschaften beziehungsweise Fähigkeiten befragt, die es braucht, um nachhaltig beruflich erfolgreich zu sein. Dabei sollten sie aus 30 Faktoren die wichtigsten Aspekte auswählen, die aus ihrer Erfahrung die Basis für eine erfolgreiche Karriere bilden. In der folgenden Grafik sind die Attribute und Skills dargestellt, die aus Sicht der Mangerinnen und Manager im oberen Karrieresegment von zentraler Bedeutung sind.

Eigenschaften und Fähigkeiten für langfristigen beruflichen Erfolg

Erwartungsgemäß sind zwischenmenschliche Aspekte wie »Empathie«, »Zuhören können«, »überzeugendes Auftreten« und »Andere begeistern« für die Befragten sehr wichtig. Ebenso einleuchtend erscheint, dass »Fachkenntnisse« und »Intelligenz« zu den obersten Rängen gehören. Weniger offensichtlich mag es hingegen erscheinen, dass Aspekte wie das »Bedürfnis zu führen« und »Durchsetzungsvermögen« von vielen nicht als eine übermäßig bedeutsame Voraussetzung für eine erfolgreiche Führungskraft angesehen werden.

Wie ich in den folgenden Kapiteln noch zeigen werde, hat beruflicher Erfolg viel damit zu tun, persönliche Rückschläge und Krisen erfolgreich und konstruktiv zu bewältigen. Dies wird auch hier bereits deutlich, denn »Widerstandsfähigkeit«, »Resilienz« und »Selbstreflexion« befinden sich unter den Top-Erfolgsattributen.

2.1.3 Erfolg sieht von innen anders aus als von außen

Denken Sie an einen wirklich erfolgreichen Menschen. Wer fällt Ihnen spontan ein? Vielleicht sind es die Namen bekannter Manager oder Unternehmerinnen, die Ihnen in den Sinn kommen. Von außen, durch die Brille der Medien betrachtet, sieht Erfolg meist einfach und geradlinig aus. Das liegt daran, dass wir dazu neigen, vom aktuellen Erfolgsniveau auf die Vergangenheit einer Person zu schließen. Wir setzen es schlicht voraus, dass die oder der Erfolgreiche schon immer für den Erfolg bestimmt war. Dieses Phänomen wird in der Psychologie auch als Recency-Effekt bezeichnet, d.h., aktuelle Geschehnisse, wie eben die Popularität eines Menschen, prägen unsere Erwartungen an die Ereignisse, die weiter zurückliegen, wie zum Beispiel die Anfänge einer Karriere.

In meiner Arbeit als Executive Coach habe ich mit vielen hundert Managerinnen und Managern gearbeitet, die durchaus als erfolgreich bezeichnet werden können. Ich kann Ihnen versichern, dass hinter verschlossenen Türen die individuelle Sicht auf den eigenen Erfolg durchwegs anders aussieht. Die Außenwahrnehmung dieser Menschen, die »es geschafft haben« entspricht nicht der eigenen Wahrnehmung. Hier stehen vor allem aktuelle oder bereits bewältigte Krisen, Hindernisse oder Rückschläge im Vordergrund, die den Erfolg bedrohen und infrage stellen. Die Managerinnen und Manager sehen ihren Erfolg keineswegs als selbstverständlich oder gar gottgegeben an, sondern vielmehr als etwas, das von heute auf morgen in Gefahr sein kann. Die meisten von ihnen haben zahlreiche kritische Karrieresituationen durchlebt, die durchaus das Potenzial hatten, ihrer Erfolgssträhne ein jähes Ende zu bereiten.

2.2 Kritische Karrieresituationen

Nach Untersuchungen des Center for Creative Leadership, kurz: CCL, einer internationalen Organisation zur Fortbildung von Managerinnen und Managern, erleben rund zwei Drittel aller Führungskräfte in den westlichen Industrienationen im Lauf ihrer Karriere eine Krise, oder es gibt einen Knick beziehungsweise zumindest eine dunkle Stelle, die später in Erzählungen meist gut vertuscht wird. Im günstigsten Fall werden sie nur weggelobt, oft aber sinken sie in der Hierarchie ab, verlieren Macht und Einfluss – und häufig genug auch ihren Job. Während der Recherche für dieses Buch befragte ich knapp 100 Führungskräfte nach ihren Erfahrungen mit diesen kritischen Karrieresituationen, d.h. nach Entwicklungen, die das Potenzial hatten, ihre berufliche Entwicklung zu gefährden, zu schädigen oder gar zu beenden. Die Ergebnisse bestätigen dabei die Angaben von CCL und verstärken diese sogar noch. Von den Befragten hatten bereits 95% solche Situationen selbst durchlebt oder haben sich davon bedroht gesehen. Im Durchschnitt ereigneten sich pro Person solche Situationen 2,8 Mal. Und sie gingen davon aus, dass knapp 60% der Managerinnen und Manager in ihrem Umfeld, also aus ihrer Peergroup, bereits ebenfalls eigene Erfahrungen mit solchen kritischen Karrieresituationen gemacht haben.

Es gibt viele Gründe, warum Führungskräfte in ihrer Karriere Rückschläge erleben oder ungeplant einen kritischen Punkt in ihrer Entwicklung erreichen. Die meisten haben damit zu tun, dass in vielen Unternehmen Veränderungen immer schneller passieren – Ereignisse, auf die der oder die Einzelne keinen Einfluss hat.

BEISPIEL

Mentorinnen und Mentoren verlassen die Firma, der Bereich wird reorganisiert oder mit einem anderen verschmolzen, ein Thema ist auf einmal nicht mehr strategisch, die neue Chefin möchte eine eigene Kandidatin platzieren, das persönliche Netzwerk eines Managers verliert durch einen Wechsel an entscheidender Position an Bedeutung ...

Die Daten sprechen hier eine deutliche Sprache: Mehr als zwei Drittel aller Managerinnen und Manager sind davon betroffen. Langfristiger beruflicher Erfolg hat daher offensichtlich viel damit zu tun, solche kritischen Karrieresituationen möglichst gut zu überstehen und sich davon nicht verunsichern, verbittern oder vom eigenen Weg abbringen zu lassen.

Manche scheitern aber nur vordergründig an diesen unvermeidbaren Entwicklungen auf dem Spielfeld. Denn oftmals liegen die Ursachen für eine berufliche Krise, zumindest teilweise, auch in den Eigenschaften und Verhaltensweisen der jeweiligen Führungskraft begründet. Diese Führungskräfte haben als Teil ihrer Persönlichkeit Denk- und Verhaltensmuster entwickelt, die sie buchstäblich entgleisen lassen. Ihr Selbstmanagement reicht nicht aus, um diese Muster in ausreichender Weise zu steuern. Vielmehr werden sie unter Druck und Stress von ihren Mustern gesteuert. Im Kapitel »Was Führungskräfte entgleisen lässt« werde ich noch näher darauf eingehen.

Während der Recherche für dieses Buch befragte ich Managerinnen und Manager unter anderem danach, wer aus ihrer Sicht Verantwortung für ihre kritischen Karrieresituationen trug: Wer war schuld an der Krise? War es ausschließlich der oder die hinterlistige Vorgesetzte? Oder gibt es da auch einen Anteil, der auf die eigene Kappe ging? Die Ergebnisse zeugen von hoher Selbsterkenntnis unter den Befragten. Die hochrangigen Führungskräfte sahen 50 bis 70 % der Verantwortung für solche Situationen bei sich selbst, während Führungskräfte im unteren und mittleren Management dies nur zu 10 bis 50 % so einschätzten. Niemand ging davon aus, keinerlei Eigenanteil an der Karrierekrise zu haben. Langfristiger beruflicher Erfolg hat vor allem damit zu tun, Karrierekrisen gut zu überstehen. Wenn die Verantwortung für die Krisen allerdings zu einem relevanten Teil in der eigenen Person zu suchen ist, dann gelingt eine Überwindung der Krise nur, wenn eine Führungskraft aus ihren eigenen Erfahrungen und

Fehlern lernt. Und das wiederum erfordert einiges an Selbstreflexion. Welche Eigenschaften dazu nützlich sind, zeigt die Betrachtung von langfristig erfolgreichen Managerinnen und Managern.

2.3 Eigenschaften erfolgreicher Managerinnen und Manager

Jim Collins, ein US-amerikanischer Management-Experte, und sein Kollege Morten T. Hansen, Professor für Management an den Business Schools Berkeley, Harvard und INSEAD, haben bei den Arbeiten zu ihrem viel beachteten Buch »Great by Choice« zahlreiche Unternehmen untersucht, die über einen langen Zeitraum wesentlich, d. h. mindestens zehn Mal besser, abschnitten als vergleichbare Firmen derselben Branche. Sie fragten sich: Sind diese Unternehmen anders geführt? Welche Faktoren von Führung erhöhen den Wirkungsgrad und sorgen so für eine hohe Anpassungs- und Wettbewerbsfähigkeit in einer globalisierten Wirtschaft, deren Dynamik sich immer weniger vorhersagen lässt? Was unterscheidet die Führungsetagen der Unternehmen, die außerordentlich erfolgreich abschneiden, von denen, die sich weniger gut entwickeln?

Die Untersuchung ergab, dass die Leitenden der erfolgreichsten Unternehmen nicht risikofreudiger, nicht mutiger oder visionärer und auch nicht kreativer als ihre Vergleichspersonen waren. Auch hatten sie nicht einfach mehr Glück als ihre weniger erfolgreichen Kolleginnen und Kollegen. Die beiden Wissenschaftler fanden heraus, dass die Topmanager und -managerinnen der untersuchten Firmen, die am erfolgreichsten waren, sich durch folgende Eigenschaften von den übrigen Führungspersönlichkeiten unterschieden.

- **Akzeptanz der Umstände:** Erfolgreiche Managerinnen und Manager verstehen, dass sie einer permanenten Unsicherheit ausgesetzt sind und dass sie bedeutende Vorkommnisse, die in der Welt um sie herum geschehen, weder kontrollieren noch exakt vorhersehen können.
- **Kontrollüberzeugung (Locus of Control):** Den erfolgreichsten Führungskräften war der Gedanke fremd, dass zufällige Ereignisse oder andere Faktoren außerhalb ihrer Kontrolle das Erreichen ihrer Ziele beeinflussen könnten. Sie sahen die Verantwortung für die Geschicke der Firma und für ihr eigenes Schicksal stets bei sich.
- **Lösungsorientierung:** Die stärksten der Mangerinnen und Manager waren bereit, trotz sämtlicher Widrigkeiten, alles in ihren Kräften Stehende zu tun, um sich auf ihre Ziele zu fokussieren. Sie hatten einen unbeugsamen Willen, diese zu erreichen, was überwiegend auch zum Erfolg führte.
- **Erwartung von Schwierigkeiten:** Den Managerinnen und Managern der Top-7-Unternehmen war die Eigenschaft gemein, in wirtschaftlich schlechten, aber vor allem auch in guten Zeiten, wachsam zu bleiben und das plötzliche, unerwartete Auftreten von Veränderungen, Krisen oder Bedrohungen als normal und wahr-

scheinlich anzusehen. Durch ihre schon fast paranoide Wachsamkeit waren sie auf plötzliche Veränderungen besser vorbereitet als die anderen Führungskräfte.

- **Werteorientierung und Disziplin:** Die Managerinnen und Manager mit der besten Firmenperformance zeichneten sich alle durch ein ausgeprägtes Wertesystem aus sowie durch ein starkes Streben danach, das eigene Handeln konsequent mit den Werten in Einklang zu bringen. Diese Disziplin diente ihnen als innerer Kompass und sorgte dafür, dass sie auch bei großer Unsicherheit der Umgebungsfaktoren nicht von ihrem Kurs abkamen.
- **Innere Autonomie:** Die Top-7-Managerinndn und -manager hatten ein hohes Maß an innerer Autonomie gemein, wenn es um die Einschätzung der aktuellen Situation und die Ableitung von Lösungsansätzen ging. Sie stützten sich dabei weder auf allgemein vorherrschende Meinungen noch orientierten sie sich vorrangig daran, was andere tun oder lassen. Indem sie sich auf ihre eigene, auf Fakten und Erfahrung beruhende Einschätzung der Situation verließen, waren sie in der Lage, mutige, kreative Entscheidungen zu treffen. Sie waren aber ebenso willens, diese unkonventionellen Lösungsansätze komplett infrage zu stellen, wenn ihre Einschätzung der Lage es erforderte. Diese oft nonkonformistische Vorgehensweise brachte ihnen teils harsche Kritik ein, konnte sie aber nicht von ihrer Meinung abbringen.
- **Sinn:** Die erfolgreichsten Mangerinnen und Manager fühlten sich etwas Höherem verpflichtet und setzten ihre Energie und ihren Ehrgeiz vor allem ein, um eine Mission zu erreichen oder um ihr Unternehmen beziehungsweise die Gesellschaft weiterzubringen, nicht aber ausschließlich zu ihrem eigenen Vorteil. Die Überzeugung, dass die eigenen Anstrengungen einem sinnvollen höheren Ziel dienten, wappnete sie gegen die Folgen von Schwierigkeiten, mit denen sie konfrontiert wurden.

All dies zeigt: Langjähriger Erfolg von Managerinnen und Managern ist kein Zufall.

2.4 Wie erfolgreiche Karrieren funktionieren

Gillian Zoe Segal, eine New Yorker Autorin, hat über fünf Jahre viele in den USA erfolgreiche Persönlichkeiten interviewt. In den Gesprächen interessierte sie sich vor allem dafür, wie diese Erfolgsgeschichten hinter der Fassade aussehen, welche Klippen es zu umschiffen, welche Hürden es zu überwinden galt. Sie kommt in ihrem sehr lesenswerten Buch »Getting There« auf sieben wesentliche Faktoren, die ihre 30 Interviewpartner gemeinsam haben.

- **Sie kennen und berücksichtigen ihren »Circle of Competence«:** Sie kennen ihre Stärken und Schwächen und berücksichtigen diese bei ihrer Berufswahl und der Gestaltung ihrer Karriere. Neben einem gesunden Selbstbewusstsein braucht es also Selbstreflexion und ein kleines Quäntchen Demut, um zu erkennen, dass man nicht in allem gleich gut ist. Die Interviewpartner von Segal haben die Fähigkeiten erkannt, die sie von anderen unterscheiden. Dies war zum Teil ein sehr langwieriger Prozess. Weiterhin haben sie konsequent ihre Schwächen beziehungsweise die Eigenschaften, die ihnen fehlen, durch ein gutes Team um sich herum kompensiert.

- **Sie nutzen ihre Leidenschaft und haben Stehvermögen:** Erfolgreich zu sein, hat laut Segals Interviewpartnerinnen und -partnern viel damit zu tun, sich einer Sache ganz und gar zu verschreiben, Menschen dafür zu begeistern, Hindernisse zu überwinden, Zurückweisungen und Niederlagen wegzustecken sowie mit den eigenen Ängsten und Unsicherheiten umzugehen. Um diese Energie über viele Jahre aufzubringen, braucht es Stehvermögen und die Hingabe für das, was man tut. Das kann von außen durchaus wie Besessenheit aussehen, denn es geht darum, stets sein Bestes zu geben und nicht nur Dienst nach Vorschrift zu leisten. Nicht als Antrieb für dauerhaften Erfolg eignen sich das Streben nach Geld allein oder nach der Erfüllung von gesellschaftlichen Konventionen oder der Wünsche von anderen.
- **Ihre Karrierepfade sind flexibel:** Erfolg hat nach Segal nicht so sehr damit zu tun, einem internen Masterplan möglichst konsequent zu folgen, sondern vielmehr damit, Gelegenheiten zu nutzen, die einem das Leben mehr oder weniger subtil bietet. Ist die Vorstellung von der eigenen Karriere zu starr, lässt man womöglich einmalige Gelegenheiten links liegen. So gründete zum Beispiel Michael Bloomberg sein Unternehmen für Finanzinformationen rückblickend betrachtet nur, weil er bei der Investmentbank Salomon Brothers entlassen wurde.
- **Sie schaffen sich ihre eigenen Gelegenheiten:** Niemand der Befragten hat darauf gewartet, von jemand anderem entdeckt zu werden. Sie hielten sich nicht an klassische Karrierepfade, sondern schufen ihre eigenen. Mit teilweise sehr unkonventionellen Methoden, durch das bewusste Eingehen von Risiken und durch ein hohes Maß an Opferbereitschaft haben sie Gelegenheiten geschaffen, von Vorgesetzten, Geschäftspartnern und Kunden wahrgenommen zu werden, um schließlich ins Geschäft zu kommen.
- **Sie stellen alles infrage:** Alle Interviewpartnerinnen und -partner von Segal haben die Eigenschaft gemeinsam, sich nicht an Konventionen und etablierte Strukturen zu halten, sondern sie zu ignorieren. Dass etwas schon immer auf eine gewisse Art und Weise gemacht wurde, bedeutet schließlich nicht, dass es so optimal ist. So brauchte Gary Hirshberg, der Erfinder einer der ersten Bio-Lebensmittelmarken in den 1970er Jahren, ganze neun Jahre, um mit seinem Konzept profitabel zu sein. Der Markt war anfangs einfach noch nicht bereit für Bio-Lebensmittel. Also musste er erst viel von der Grundlagenarbeit leisten, die später einen riesigen Industriezweig schuf.
- **Sie lassen sich nicht von Versagensängsten abbringen:** Viele der Interviewpartnerinnen und -partner von Segal wuchsen in ärmlichen oder anders schwierigen Verhältnissen auf. Dies führte bei ihnen zu einer sehr früh entwickelten

Selbstständigkeit und zu der Erkenntnis, dass ohne Geld nichts geht. Deshalb fingen sie früh mit Ferien- oder Abendjobs an und arbeiteten hart, um sich und ihre Familie zu finanzieren. Viele verkauften Produkte oder Dienstleistungen von Tür zu Tür und hatten mit sehr viel Zurückweisung und Widerstand zu kämpfen. Andere mussten in ihrer Jugend traumatische Erlebnisse, wie etwa den Vietnam-Krieg, durchleben. Solche und ähnliche Erfahrungen waren für alle prägend. Sie schufen eine andere Perspektive auf das Leben an sich. Sie relativierten ihre Einstellung zum Eingehen von Risiken und Zulassen von Verletzbarkeit sowie zur Angst, im Berufsleben zu scheitern.

- **Sie sind resilient:** Diese Eigenschaft ist laut Segal die wichtigste von allen. Alle erfolgreichen Personen, die sie im Laufe der Jahre interviewte, hatten mehrere schlimme Rückschläge zu verkraften. Sie verloren ihren Job, machten Konkurs, hatten Trennung und Scheidung zu verkraften, wurden von Investoren in letzter Minute hängengelassen etc. Und doch gelang es ihnen schließlich irgendwie, immer wieder auf die Füße zu kommen. Aus den Interviews wird deutlich, dass Erfolg zu einem großen Teil damit zu tun hat, einmal öfter aufzustehen, als man vom Leben auf die Bretter geschickt wurde.

Sicherlich ist diese Liste nicht vollständig und zudem eher US-amerikanisch geprägt, doch sie ist ein guter Ansatzpunkt, um die eigene Motivation und Geisteshaltung zu hinterfragen. Natürlich spielt auch Glück eine zentrale Rolle, also das Element von »zur richtigen Zeit am richtigen Ort sein«. Allerdings muss man Chancen auch ergreifen, wenn sie sich einem bieten. Auch der emotionale Rückhalt durch den Lebenspartner und die Familie spielt eine wichtige Rolle, wenn es darum geht, Rückschläge zu verkraften. Je weiter Führungskräfte in ihrer Karriere fortschreiten, desto mehr muss die ganze Familie dieses Engagement mittragen, denn der Preis dafür ist erheblich.

2.5 Gute Führung, gute Ergebnisse

Gute Führung ist heute anspruchsvoller, als sie es früher war. Im heutigen Wettbewerb kann nur derjenige bestehen, der seine Mannschaft dazu bekommt, nicht nur Dienst nach Vorschrift zu tun und auf Vorgaben von oben zu warten. Nach Jahrzehnten der Prozessoptimierung, Restrukturierung und zahlreichen Runden von Stellenabbau werden die Motivation und das selbstständige Denken der Mitarbeitenden immer wichtiger für den nachhaltigen Unternehmenserfolg in einem unsicheren Marktumfeld. Doch um dies zu erreichen, muss man die Herzen der Menschen erreichen.

Dass gute Führung und das emotionale Mitnehmen der Mitarbeitenden Unternehmen langfristig erfolgreich machen, lässt sich nachweisen. So hat zum Beispiel der Gütersloher Medienkonzern Bertelsmann, eines der weltweit größten Medienunternehmen, seine zahlreichen Tochterunternehmen in einer Untersuchung nach Güte und Qualität der Führung eingestuft. Dabei hat es das Hauptaugenmerk darauf gelegt, inwieweit die Mitarbeitenden sich mit den Firmenzielen und ihrem Management identifizieren können. Die Ergebnisse wurden dem Gewinn des Unternehmens gegenübergestellt. Daraus wurde deutlich sichtbar, dass gute Führung mit hoher Identifikation der Belegschaft und einem guten Unternehmensergebnis zusammenhängt. Langfristiger Erfolg lässt sich also zumindest teilweise von der individuellen Einstellung, inneren Haltung und Überzeugung des Managements sowie seiner Art, die Mitarbeitenden zu führen, ableiten.

2.6 Die alte Frage: angeboren oder erlernbar?

Was hat langfristiger Erfolg eigentlich mit der Persönlichkeit einer Führungskraft zu tun, also mit ihren grundlegenden Verhaltenspräferenzen? Ist Erfolg gar in unserem genetischen Code hinterlegt? Was zunächst abwegig klingen mag, ist es tatsächlich nicht. 2012 wurde in einer Zwillingsstudie nachgewiesen, dass die Ausprägung der Gensequenz RS4950 zu rund 25 % vorhersagen kann, ob jemand einmal eine Führungsposition innehaben wird. Aber unsere DNA ist nicht das, was uns allein ausmacht. Die Persönlichkeit eines Menschen besteht zwar zu rund 50 % aus der genetischen Disposition, entstammt jedoch auch der Prägephase eines jeden Menschen, d. h. den Lebenserfahrungen in den ersten sieben Jahren.

2.6.1 Was uns ausmacht: Traits, States und Habits

Die Zusammenhänge von Persönlichkeit und Verhaltensmustern in bestimmten Situationen vollzieht die Persönlichkeitspsychologie nach. Das ist ein Zweig der Psychologie, der sich mit der Beschreibung und Unterscheidung einzelner psychologischer Merkmale und komplexer Persönlichkeitseigenschaften beschäftigt, die im Englischen auch als Traits bezeichnet werden. Eine solche Eigenschaft kann bestimmte über die Zeit gleichbleibende Aspekte des Verhaltens einer Person in bestimmten Situationen beschreiben und vorhersagen. So dient etwa die Persönlichkeitseigenschaft »Extraversion« unter anderem der Beschreibung und Vorhersage der Verhaltensaspekte »Geselligkeit«, »Gefühlswärme«, »Dynamik« und »Vertrauensbereitschaft« in Situationen, die mit der Begegnung und Kommunikation mit anderen Menschen zu tun haben.

Aber nicht nur die Traits bestimmen das Verhalten einer Person. Auch die aktuelle Stimmung beziehungsweise der momentane Gemütszustand kann einen starken Einfluss auf das Verhalten in einer bestimmten Situation haben. So kann eine sonst eher ausgeglichene Person zum Beispiel bei einem Unfall des Lebenspartners vorübergehend alle Merkmale eines eher neurotischen Menschen aufweisen. Nachdem sie sich dann wieder gefangen hat, wird sie jedoch wieder alle Merkmale einer ausgeglichenen

Person zeigen. Diese vorübergehende Veränderung des Gemütszustandes wird im Englischen als State bezeichnet.

Eine weitere nicht unerhebliche Einflussgröße ist das erlernte Verhalten, insbesondere in Bezug auf die Arbeitsumgebung. So haben so manche erfahrene Mitarbeitenden gelernt, auf Unangenehmes nicht sofort »aus dem Affekt heraus« zu reagieren, sondern erst einmal »eine Nacht darüber zu schlafen«. Diese Anpassung an die (Unternehmens-)Umwelt wird im Englischen als Habit bezeichnet.

Alle drei Faktoren, also Traits, States und Habits, beeinflussen das beobachtbare menschliche Verhalten. In der Persönlichkeitspsychologie geht es daher darum, zeitstabile Eigenschaften (Traits) von vorübergehenden Gefühlszuständen (States) und erlerntem Verhalten (Habit) abzugrenzen.

2.6.2 Erfolgversprechende Traits

Gibt es Traits, d. h. zeitstabile Persönlichkeitseigenschaften, die den Erfolg einer Führungskraft vorhersagen? In einer Studie von Truity Psychometrics mit 25.759 Teilnehmern wurden die Zusammenhänge zwischen Persönlichkeitstyp und verschiedenen Karriereaspekten, wie durchschnittlichem Gehalt und Anzahl der Mitarbeitenden, untersucht. Als zugrundeliegende Methodik wurde das sehr populäre Verfahren Myers-Briggs Typen-Indikator (MBTI) verwendet. Hierbei füllen die Probandinnen und Probanden einen Fragebogen aus und erhält als Resultat seinen MBTI-Typ. Dieser besteht aus vier grundlegenden Hauptklassen, die jeweils einen von zwei Werten annehmen können:

Extraversion (E)	vs.	Introversion (I)
Intuition (N)	vs.	Sensing (S)
Feeling (F)	vs.	Thinking (T)
Judging (J)	vs.	Perceiving (P)

Die Studie ergab, dass die Kombination der Persönlichkeitseigenschaften E, T, J klar vorherrschend ist, wenn es darum geht, wer am meisten verdient und wer die meisten Mitarbeitenden führt. Damit lassen sich stark vereinfacht folgende Persönlichkeitseigenschaften als Indikatoren für beruflichen Erfolg beschreiben:

E:	gesellig, arbeitet gerne mit anderen zusammen
T:	rational, Fokus auf Zahlen, Daten und Fakten
J:	strukturierend, gestaltend, organisiert

Die MBTI-Methodik wird von der psychologischen Forschung aufgrund ihrer hohen Fehleranfälligkeit als sehr kritisch eingeschätzt. Dennoch liefern Instrumente, die als sehr viel robuster und belastbarer in ihren Ergebnissen gelten, ganz ähnliche Ergebnisse. Zu dieser Gruppe gehören die Persönlichkeitsinstrumente, die auf der Methodik der »Big Five«, also der großen fünf Persönlichkeitsfaktoren, beruhen. Diese Fragebögen gelten aufgrund der vielen durchgeführten Validierungsstudien heute als Gold-Standard der Persönlichkeitspsychologie.

Allerdings sollte niemand verzagen, der nicht über die erwähnten Persönlichkeitseigenschaften verfügt. Denn zum einen werden hier nur statistische Korrelationen aufgezeigt: Gewisse Persönlichkeitseigenschaften sind bei Führungskräften de facto einfach häufiger vertreten als andere. Das bedeutet aber nicht, dass man ohne diese Eigenschaften nicht auch ein erfolgreicher Manager sein und Karriere machen kann. Zum anderen wohnt Untersuchungsansätzen wie den hier dargestellten ein logischer Fehler inne: Die Untersuchung einer Stichprobe zeigt eine um x% erhöhte Wahrscheinlichkeit, dass zum Beispiel extrovertierte Menschen Führungspositionen innehaben. Daher sollte man individuelle Karriereambitionen nicht von statistischen Häufigkeiten beeinflussen lassen.

Wichtig

Prinzipiell kann jeder gesunde und gut ausgebildete Mensch Karriere machen, wenn er nur bereit ist, hart genug dafür an sich zu arbeiten.

2.7 Vier Wegweiser für den richtigen Weg nach oben

Ein Berufsstand, der sich besonders gut mit den Karrieren von erfolgreichen Managerinnen und Managern auskennt, ist der des Personalberaters. Befragt man Vertreterinnen und Vertreter dieses Berufsstands nach universellen Ratschlägen, die Führungskräfte erfolgreich machen, erhält man meist die etwas vage anmutende Berater-Antwort: »Das kommt ganz darauf an«. Sie antworten so nicht etwa nur aus mangelnder Auskunftsbereitschaft, sondern auch deswegen, weil es tatsächlich darauf ankommt. Jeder Mensch und jede Karriere funktionieren eben anders. Aber, wie so häufig, gibt es auch hier einige universell geltende Erkenntnisse, die Sie darin unterstützen, die eigene Karriereplanung zu überdenken. Dauerhafter beruflicher Erfolg gelingt dann am besten, wenn möglichst viele der folgenden vier Aspekte abgedeckt sind.

- **Werte:** Sind Sie kreativ und haben Sie beständig neue Ideen? Oder halten Sie sich lieber an Pläne und setzen diese in die Tat um? Lieben Sie das Risiko und die Veränderung oder schätzen Sie Sicherheit und Planbarkeit? Wichtig ist, dass das, was Sie tun, dem entspricht, was Ihnen wirklich wichtig ist und was Sie lieben.

Die Tätigkeit zu finden, die einen wirklich begeistert, kann mühsam sein, erfordert mitunter jahrelange Suche und landet vielleicht das eine oder andere Mal in einer Sackgasse, die sich erst im Nachhinein als nützlich herausstellt. Doch erfolgreiche Karrieren zeigen, dass Begeisterung für die Sache von elementarer Wichtigkeit ist. Was ist Ihnen wirklich wichtig im Leben?

- **Kompetenz:** Jede und jeder von uns hat Stärken und Schwächen, die Teil unserer Persönlichkeit sind. Nun können wir an unseren Schwächen so lange arbeiten, bis wir sie ausgemerzt haben. Effektiver ist es jedoch, aus unseren Stärken Kapital zu schlagen. Wenn Sie lieber mit Menschen arbeiten als mit Zahlen, sollten Sie vielleicht nicht in der Buchhaltung tätig sein, sondern im Personalbereich. Wenn Sie gerne alleine und ungestört Pläne und Konzepte erdenken, sind Sie vielleicht mehr für Forschung & Entwicklung geeignet als für den Vertrieb. Was Sie tun, sollte also Ihrem Kompetenzbereich entsprechen. Was ist Ihr Kompetenzbereich? Was sind Ihre Stärken, was Ihre Schwächen?
- **Markt:** Welche besonderen Kompetenzen Sie auch haben, wichtig ist, dass es dafür einen Markt gibt und dass Sie diesen finden und für sich erschließen.

BEISPIEL

Angenommen, Sie haben ein phänomenales Personengedächtnis. Wenn Sie im IT-Support arbeiten, wird Ihnen das relativ wenig nützen. Im Vertrieb hingegen kann diese Fähigkeit Ihren Marktwert erheblich steigern, denn Vertrieb ist Beziehungsarbeit und da ist es sehr hilfreich, den Namen seines Gegenübers sowie Besonderheiten zu seinen Mitarbeitenden, Kollegen und Vorgesetzten zu kennen.

Es gibt überall zahlreiche Nischen, die man sich erschließen kann. Wo könnten Sie das, was Ihnen wichtig ist und was Sie gut können, optimal zu Markte tragen?

- **Sinn:** Um langfristig in einem Beruf erfolgreich zu sein, um Widerständen zu begegnen und Rückschläge wegstecken zu können, ist es wichtig, in dem, was Sie tun, einen Beitrag zu etwas zu sehen, was Ihnen auf einer höheren Ebene erstrebenswert und gut erscheint. Diese Sinnhaftigkeit erschließt sich oft nicht auf den ersten Blick.

BEISPIEL

Jemand, dem das Wachstum von Menschen am Herzen liegt, mag einen tieferen Sinn darin sehen, seine Mitarbeitenden durch gute Führung, also durch Fördern und Fordern, in ihrer persönlichen Entwicklung zu unterstützen. Jemand, dem Individualität, Ästhetik und Dynamik ein hohes Anliegen sind, der mag die Arbeit bei einem Hersteller von Sportwagen als erfüllend und ausgesprochen sinnvoll empfinden.

Umgekehrt verhält es sich, wenn sich ein Karriereabschnitt als nicht sinnhaft herausstellt oder der Sinn allmählich schwindet.

BEISPIEL

Viele im Private Banking Tätige fanden es einmal höchst sinnvoll, Menschen darin zu beraten, ihr Geld gut und sicher anzulegen. Heute finden sie sich oft in einem Strukturvertrieb wieder und werden daran gemessen, Finanzprodukte zu verkaufen, an deren Mehrwert sie selbst nicht glauben.

Das Abhandenkommen von Sinn zehrt auf Dauer an den Kräften und an der Widerstandsfähigkeit. Was ist aus Ihrer Sicht sinnstiftend und was nicht?

Zugegeben, der Versuch, alle vier Aspekte miteinander in Deckung zu bringen, gleicht der Suche nach dem heiligen Gral. Schlimmer noch: Häufig genug lässt sich erst hinterher erkennen, warum eine bestimmte Karriereentscheidung nicht optimal war.

BEISPIEL

Ich studierte zum Beispiel Ingenieurwesen, weil mir der **Sinn** meiner Tätigkeit stets sehr wichtig war und mir regenerative Energien als extrem sinnvoll erschienen. Zudem wollte ich im Entwicklungsdienst arbeiten, was einerseits Sinn macht und zum anderen auch eine nicht versiegende Nachfrage vom **Markt** garantiert, denn unterentwickelte oder zerstörte Länder wird es wohl für die nächsten Generationen in ausreichender Zahl geben. Allerdings stellte sich schnell heraus, dass Thermodynamik und Fluidmechanik nicht zu meinen natürlichen **Kompetenzen** gehörten. Auch wurde mir die Arbeit als Ingenieur rasch langweilig, denn zu meinen **Werten** gehört es, mit Menschen zu arbeiten sowie beständig etwas Neues zu lernen und aufzubauen, während mich technische Details eher schnell ermüden. Aber diese Erfahrung musste ich erst einmal machen, um daraus die Konsequenzen ziehen zu können. Die abwechslungsreiche Arbeit in der Unternehmensberatung entsprach schon viel eher meinem Kompetenzbereich. Auch weitere Karriereschritte in der Beratungsbranche, die Arbeit mit Mitarbeitern und die Interaktion mit Kunden lagen mir durchaus. Aber ich musste erst selbst mehrere kritische Karrieresituationen durchlaufen, um schließlich dort anzukommen, wo alle vier Aspekte langfristig erfolgreicher Karrieren in einer für mich nahezu perfekten Art und Weise gegeben sind. Die Arbeit als Unternehmer, Coach, Autor und Speaker bilden hier eine für mich perfekte Kombination, die ich mir noch vor zehn Jahren unmöglich selbst hätte vorstellen können.

Kritische Karrieresituationen sind also nicht nur Rückschläge und Krisen. Sie sind vielmehr auch Entscheidungspunkte, die uns die Möglichkeit geben, unseren weiteren Weg so anzupassen, dass er uns mehr und mehr entspricht.

2.8 Kontinuierliches Lernen als Erfolgsbaustein

Vermutlich ist Ihnen der Begriff VUKA schon einmal begegnet. Am US Army War College in Carlisle, Pennsylvania, werden künftige Generäle in Strategie und Kriegsführung ausgebildet. Dort entstand bereits Ende der 1990er Jahre ein Akronym für eine immer komplexer werdende geopolitische Weltordnung: VUKA (englisch: VUCA). Nach den Terroranschlägen des 11. Septembers 2001 wurde die neue Wortschöpfung schließlich auch von Managementvordenkern aufgegriffen, die eine Zunahme der Komplexität auch in der Entwicklung der globalisierten Wirtschaft sahen.

Was hinter dem Akronym VUKA steckt	
Volatilität	Bezieht sich auf die zunehmende Häufigkeit, die Geschwindigkeit und das Ausmaß von Veränderungen
Unsicherheit	Beschreibt ein abnehmendes Maß an Vorhersagbarkeit von Ereignissen
Komplexität	Bezieht sich auf die steigende Anzahl von Verknüpfungen und Abhängigkeiten, die eine Thematik undurchschaubar machen
Ambivalenz	Beschreibt die Mehrdeutigkeit der Faktenlage, die falsche Interpretationen und Entscheidungen wahrscheinlicher macht

Das VUKA-Phänomen hat in der Tat zahlreiche Auswirkungen darauf, wie Unternehmen heute geführt werden. Megatrends wie Globalisierung und Digitalisierung führen durch neue Geschäftsmodelle zu immer mehr grundlegenden Veränderungen im Marktumfeld, die das Potenzial haben, etablierte Unternehmen binnen kürzester Zeit zu marginalisieren. Diese Entwicklung führt zu einem reduzierten Fokus auf langfristige Strategien und zu einem Managen »auf Sicht«, denn die nächste Krise kann bereits hinter der nächsten Ecke lauern. In einem derart volatilen und verunsichernden Umfeld, das geprägt ist von immer mehr Restrukturierungen und Marktanpassungen, bekommt auch die Mitarbeiterführung eine andere Bedeutung für die Wettbewerbsfähigkeit von Unternehmen. In der Zukunft werden diejenigen Managerinnen und Manager am erfolgreichsten sein, denen es gelingt, das Vertrauen ihrer Mitarbeitenden zu gewinnen und sie so emotional für sich und die Unternehmensziele einzunehmen.

Aber auch die Gestaltung von Karrieren ist vom VUKA-Phänomen betroffen. Unser gesamtes Bildungssystem ist darauf ausgelegt, Wissen zu vermitteln. In 12 bis 13 Jahren Schule plus rund 5 Jahren Studium beziehungsweise Ausbildung wird zu einem Großteil Detailwissen vermittelt, das entweder leicht bei Bedarf nachgeschlagen werden kann, oder aber in 5 bis 10 Jahren ohnehin obsolet sein wird. Was fehlt, ist die praxisorientierte Vermittlung von relevanten Erfahrungen und der Fähigkeit, selbstständig zu lernen und sich komplexe Zusammenhänge zu erarbeiten. Denn genau diese Fähigkeit wird dauerhaft von zentraler Bedeutung sein, um sich an eine immer öfter verändernde Markt- und Führungsumgebung anzupassen. In der Managementliteratur wird diese Fähigkeit, kontinuierlich zu lernen, auch als Learning Agility bezeichnet. Bei unserer Arbeit mit Managerinnen und Managern erleben wir immer wieder Situationen, bei denen das bisher erlernte Handwerkszeug nicht mehr ausreicht beziehungsweise geeignet ist, um neue Herausforderungen, die zum Beispiel mit einem Karriereschritt einhergehen, zu bewältigen. Vielmehr werden bisherige Stärken mitunter sogar zur Schwäche.

BEISPIEL

Waren bisher Fachexpertise und Handlungskompetenz wichtig, um die Glaubwürdigkeit als Führungskraft zu untermauern, mag das auf der nächsten Hierarchiestufe durchaus hinderlich sein, wenn dort mehr Delegation von Verantwortung und weniger Details gefragt sind, um der drastisch gestiegenen Verantwortungsspanne überhaupt gerecht werden zu können.

Je höher eine Managerin oder ein Manager in der Hierarchie aufsteigt, desto mehr ist sie oder er für die Leistungserbringung auf andere angewiesen – eine weitere Komplexität, die erlernt werden muss.

Auf einen Blick: Was ist eigentlich Erfolg?
• Wann hat man beruflichen Erfolg? Eine universelle Definition dafür gibt es nicht, denn Erfolg ist nicht nur von Position, Status und Geld abhängig, sondern immer auch eine Frage der individuellen Einschätzung und des Umfelds, in dem man sich bewegt.
• Karrierekrisen, wie etwa Kündigung oder Degradierung, sind ganz normal. Sie sind zwar nicht angenehm, bieten jedoch auch die Chance, an ihnen zu wachsen und sogar gestärkt aus solchen Situationen hervorzugehen.
• Erfolg ist kein Zufall und hat nur ganz wenig mit Glück zu tun. Es sind besondere Eigenschaften und Fähigkeiten, die Menschen erfolgreich machen. Sie können erlernt werden.
• Allen voran ist die sog. Resilienz wesentlicher Erfolgsfaktor für eine Karriere.

3 Führungskräfte am Limit

Karrieren verlaufen nur selten steil nach oben. Meist gibt es mehr oder minder große Einschnitte. Ob Degradierung, Gehaltseinbuße oder Kündigung: Ist die berufliche Krise erst einmal da, kann auch die stärkste Führungskraft ins Straucheln geraten.

In diesem Kapitel erfahren Sie unter anderem,

- warum es so schwer ist, dauerhaft erfolgreich zu bleiben,
- warum Gefühle im Business völlig okay sind,
- warum die Opferhaltung uns nicht weiterbringt,
- welchen beliebten Denkfallen wir aufsitzen,
- warum selbst die schwerste Krise etwas Gutes hat.

3.1 Wenn aus Herausforderung Überforderung wird

Beruflicher Erfolg ist nicht möglich, ohne sich selbst und andere gut zu führen. Beide Aspekte haben vor allem auch damit zu tun, die eigenen Ecken und Kanten zu kennen und an seiner Persönlichkeit zu arbeiten. Nicht von ungefähr ergab die Recherche für dieses Buch, dass Selbstreflexion eine der wichtigsten Voraussetzungen für Karriereerfolg ist.

Sich selbst und andere zu managen, gehört zweifelsohne zu den schwierigsten Aufgaben im Berufsleben. Das Schlimme daran: Führungskräfte sind oft nicht ausreichend darauf vorbereitet. Der noch immer in unserem Ausbildungssystem vorherrschende Glaube, dass Führung, also der bewusste Einsatz und die Steuerung von Emotionen in einem Arbeitskontext, nicht bedeutsam für den Unternehmenserfolg ist und daher bestenfalls zu den Soft Skills gehört, kostet heute viele Führungskräfte ihre Gesundheit. Auch die meisten Unternehmen nehmen das Thema Führungskräfteentwicklung nicht wichtig genug. Um Missverständnissen vorzubeugen: Ich sehe Mangerinnen und Manager dabei nicht als unschuldige Opfer des »Systems«. Die eigene Weiterentwicklung ist eine Holschuld. Sie kann an niemanden vollständig delegiert werden. Obwohl die Abhängigkeiten und Entscheidungsdynamiken im System »Unternehmen« viele Führungskräfte häufig in unangenehme Situationen bringen, die sie lieber vermeiden würden, reicht es doch nicht aus, mit Blick auf diese Dynamiken einfach in der Tagesordnung fortzufahren und die eigene Weiterentwicklung aus dem Blick zu verlieren. Heutige Mangerinnen und Manager müssen dazu übergehen, wirklich Profis darin werden zu wollen, sich selbst und andere zu führen. Dazu gehört es auch, ihre eigene Person, bestehend aus Körper, Geist und Seele, als ihre wichtigste Produktivressource zu erkennen und sich entsprechend fit zu machen. Eine weitere gewichtige Rolle spielen die Aspekte der VUKA-Welt für den heutigen Führungsalltag, konkret die

Informationstechnologie und ihr wachsender Einfluss in den letzten 20 Jahren. Heute lassen sich in viel kürzerer Zeit gravierende Fehlentscheidungen treffen, die früher so nicht möglich gewesen wären.

Die Anforderungen an die Professionalität und moralische Integrität von Führungskräften haben in den letzten Jahrzehnten ganz klar zugenommen. Mit diesem Druck muss man im Management umgehen können und wollen, um erfolgreich zu sein. Doch auch Führungskräfte sind »nur« Menschen. Wohin also mit den Emotionen, die dieser Druck auslöst?

3.2 Emotionen im Business – darf das sein?

In der Ausbildung von künftigen Managerinnen und Managern geht man immer noch größtenteils davon aus, dass Emotionen, insbesondere destruktive, nicht in die Chefetage gehören. Führungskräfte sollen stets Gelassenheit, Zuversicht und Souveränität verbreiten. Übertriebene Sachlichkeit ist okay, aber negative oder gar destruktive Emotionen sind nicht adäquat. Das ist manchmal jedoch gar nicht so einfach. Jedes menschliche Wesen, so natürlich auch eine Führungskraft, hat einen inneren Gedankenstrom und Gefühle wie Wut, Zweifel und Ängste. Unser Gehirn ist einfach so konstruiert. Es versucht ständig, mögliche Probleme vorherzusehen und zu lösen, um mögliche Gefahren zu vermeiden. In meiner Arbeit als Coach arbeite ich viel mit Führungskräften, die nicht nur unerwünschte Gedanken und Gefühle haben, sondern von ihnen auch gefangen sind wie ein Fisch am Haken. Entweder identifizieren sie sich mit den Gedanken und Gefühlen, oder sie vermeiden Situationen, die diese hervorrufen, wie zum Beispiel neue Herausforderungen.

Wenn sich Führungskräfte bereits mit ihren eigenen Denk- und Verhaltensmustern beschäftigt haben, kommt es mitunter dazu, dass sie sich selbst für ihre negativen Emotionen auch noch kritisieren. Die besonders Harten jedoch ignorieren sie oder suchen, quasi zur Desensibilisierung, aktiv Situationen, die diese Gedanken und Gefühle in ihnen hervorrufen. In jedem Fall nehmen destruktive Gedanken und Gefühle bei diesen Managerinnen und Managern zu viel Raum ein. Sie lenken Energie von anderen, wahrscheinlich wichtigeren Themenstellungen ab. Dies ist ein gängiges Problem, das häufig durch populäre Selbstmanagementstrategien noch verstärkt wird. Wir treffen regelmäßig auf Mangerinnen und Manager mit wiederkehrenden emotionalen Schwierigkeiten, wie etwa Entscheidungsangst, Angst vor Zurückweisung, ständigem Fokus auf empfundenen eigenen Schwächen, die ihre eigenen handgestrickten Techniken entwickelt haben, um ihre Probleme in den Griff zu bekommen – häufig ohne Erfolg. Forschungsergebnisse legen nahe, dass der Versuch, einen Gedanken beziehungsweise eine Emotion zu ignorieren, sie im Gegenteil langfristig und dauerhaft verstärkt. Es kann also nicht darum gehen, vermeintlich negative Impulse zu unterdrücken. Vielmehr kommt es darauf an, diese Energie sinnvoll zu kanalisieren, was auch als Selbst-Steuerung bezeichnet wird. Die Kompetenz, sich selbst zu führen, wird vor allem unter großem emotionalem Druck elementar, zum Beispiel in den bereits beschriebenen kritischen Karrieresituationen.

3.3 Führungskräfte als Opfer

Während der Recherche für dieses Buch befragte ich meine Interviewpartnerinnen und -partner nach den negativen emotionalen, kognitiven und körperlichen Auswirkungen, die die kritischen Karrieresituationen auf sie hatten. Die Ergebnisse sind in der Grafik dargestellt.

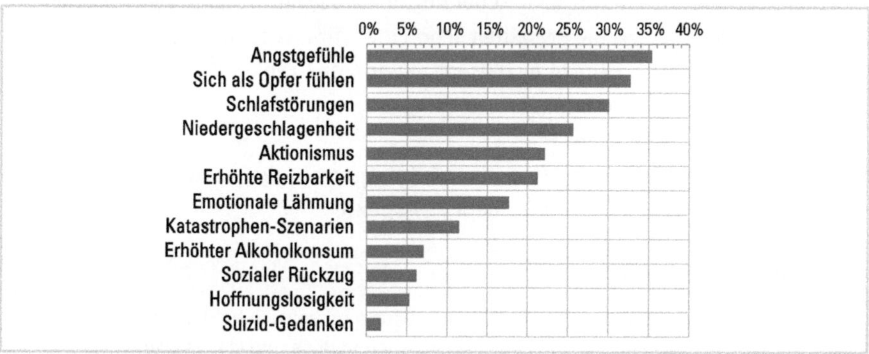

Auswirkungen kritischer Karrieresituationen

Vergleicht man diese Symptome mit dem charakteristischen Verlauf einer sich entwickelnden Erschöpfungsdepression, umgangssprachlich auch Burn-out genannt, so fallen erstaunliche Ähnlichkeiten in Symptomatik und Abfolge auf. Dabei ist zu bedenken, dass das Ausmaß der Auswirkungen von kritischen Karrieresituationen nicht nur von der Schwere und Häufigkeit der Symptome abhängt, sondern auch davon, wie lange diese anhalten.

43 % der befragten Managerinnen und Manager gaben an, dass die Auswirkungen von schwerwiegenden Rückschlägen bei ihnen einige Wochen angehalten hatten. Bei 28 % der Studienteilnehmenden waren es sechs Monate. Bei immerhin 12 % der Betroffenen dauerten die Symptome über einen Zeitraum von einem Jahr an, in knapp 7 % der Fälle sogar über mehrere Jahre. 10 % der Managerinnen und Manager, die derartig langanhaltende Folgen kritischer Karrieresituationen erlebten, trugen sich mit Selbstmordgedanken. Wie lassen sich diese Zahlen erklären? Von zentraler Bedeutung ist hierbei das Gefühl der Führungskraft, ein Opfer der Umstände zu sein und keine andere Wahl zu haben, als zu leiden. Hierbei handelt es sich natürlich um eine verzerrte Wahrnehmung der Realität, denn es gibt immer Handlungsoptionen. Doch dieser

Opfermodus ist im Kontext von schwierigen Karrieresituationen fast immer anzutreffen. Von außen ist es dann kaum möglich, die Person zu einer konstruktiveren Denkhaltung zu bewegen. Hintergrund dafür ist ein Phänomen, das in der Medizin auch als sekundärer Krankheitsgewinn bekannt ist.

BEISPIEL

Stellen Sie sich ein Kind vor, das eine Erkältung mit Fieber hat. Normalerweise arbeiten beide Elternteile, aber jetzt muss einer von beiden zu Hause bleiben, um sich um das Kind zu kümmern und den Sprössling zu pflegen. Das Kind bekommt heiße Suppe ans Bett gebracht und Geschichten vorgelesen. Außerdem gibt es Internet und Fernsehen in Hülle und Fülle. Zwar sind die Symptome der Erkrankung nervig, aber die liebende Zuwendung des Elternteils und der Luxus aufgehobener Regeln sind grandios. Und zwar in solch einem Maße, dass die Krankheit schon mal unbewusst um ein bis zwei Tage »verlängert« wird, um eben diesen sekundären Krankheitsgewinn noch länger auskosten zu können.

Doch was ist der Krankheitsgewinn einer Führungskraft, die sie aus seiner Opferhaltung ziehen kann? Hier gibt es verschiedene Aspekte.

Die Vorteile der Opferhaltung	
Schuld	Eine Führungskraft im Opfermodus trägt keine Schuld, denn ihr wurde ja von anderen übel mitgespielt. Gut und Böse sind klar verteilt.
Recht	Sie ist emotional im Recht und moralisch gesehen gegenüber dem Widersacher erhaben. Ihr gebührt Solidarität und Beistand von anderen.
Verantwortung	Sie ist nicht für die Geschehnisse verantwortlich, denn sie kann ja in dieser Situation nichts machen. Ihr sind die Hände gebunden.
Zuspruch	Wenn einem etwas Schlimmes widerfährt, kann man von anderen Zuspruch und Anteilnahme erwarten.
Freibrief	Jemandem, der viel verloren hat, lässt man Fehlverhalten und Entgleisungen eher durchgehen, denn er oder sie verdient Schonung.

Es gibt also durchaus einige triftige Gründe, sich selbst in der Opferrolle kritisch zu hinterfragen. Das ist aber leichter gesagt als getan, denn unser Gehirn wird in derart belastenden Situationen mit Adrenalin und Noradrenalin förmlich geflutet, was uns kognitiv zurück ins Tierreich befördert. Schuld daran sind unter anderem wenig hilfreiche Denkmuster, die es zunächst zu erkennen und dann zu durchbrechen gilt.

3.4 Achtung, Denkfallen!

Wenn Führungskräfte schwierige, ja bisweilen sogar traumatische Situationen, wie etwa Kündigung, Degradierung oder Machtkämpfe, durchleben, sind sie je nach Persönlichkeitsstruktur in besonderem Maße anfällig für sog. Denkfallen. Die am häufigsten auftretenden Denkfallen sind die folgenden.

- **Denken in Katastrophenszenarien:** Hier erschafft der oder die Betroffene durch Verzerrung und Übertreibung aus einem lösbaren Problem eine unbezwingbare Krise.

BEISPIEL

»Ich werde meinen Job verlieren und keinen neuen mehr finden. Wir werden das Haus verkaufen müssen. Ich kann meinen Kindern das Studium nicht mehr bezahlen, wofür sie mich verachten werden. Ich werde ein Niemand sein.«

- **Generalisieren:** Durch undifferenzierte Betrachtung wird der Problemzustand zum Standard erklärt.

BEISPIEL

»Ich bin einfach nicht zum Manager geboren. Ich war von Anfang an eine Fehlbesetzung und habe es nur nicht erkannt. In Wirklichkeit hatte ich nie das Zeug dazu.«

- **Negatives maximieren, Positives minimieren:** Sind die alten Selbstzweifel durch eine Karrierekrise erst mal aktiviert, übernehmen sie gerne das Kommando. Schlagartig treten bisherige Erfolge in den Hintergrund, und es kommen nur noch Misserfolge ins Gedächtnis.

BEISPIEL

»Schon wieder versagt! Mein Vater hatte doch recht damit, dass ich es nie zu etwas bringen würde. Was nützen da die Gehaltserhöhung letztes Jahr und die außergewöhnliche Belobigung durch den Chef vor zwei Jahren? In Wirklichkeit hab ich es nicht drauf.«

- **Gedanken lesen:** Menschen mit angekratztem Selbstwertgefühl neigen dazu, in irrationaler Weise alles persönlich zu nehmen und auf sich zu beziehen.

BEISPIEL

»Meine Mitarbeiter sind so freundlich zu mir. Und die Kollegen tuscheln und lachen zusammen in der Kaffeeecke. Bestimmt wissen alle bereits, dass ich gefeuert worden bin.«

- **Emotionale Begründung:** Unter großem Stress verschwimmen Emotionen und Kognitionen. Wir handeln und entscheiden dann vermehrt irrational, d.h. basierend auf Emotionen.

> **BEISPIEL**
>
> »Mein Chef hat mich gekündigt. Dafür gibt es keinerlei rationale Begründung. Er mag mich einfach nicht, das war schon immer klar. Ich hasse ihn. Es gibt nichts Gutes an ihm.«

- **Externer »Locus of Control«:** In der Opferhaltung ist es schwer bis unmöglich, die eigene Mitverantwortung an den Geschehnissen sowie die Handlungsoptionen, um sich aus der Misere herauszuarbeiten, realistisch einzuschätzen.

> **BEISPIEL**
>
> »Schuld an allem ist nur die Strategie, die vom neuen Vorstand ausgegeben wurde. Die ist von vorne bis hinten Quatsch. Ich habe gar keine andere Wahl, als dagegen anzurennen. Wären die da oben schlauer, wäre *ich* jetzt Vorstand, und alles wäre gut.«

Kommen Ihnen einzelne dieser Denkfallen oder sogar alle davon bekannt vor? Keine Sorge, dann sind Sie in guter Gesellschaft. Dennoch ist das Schadpotenzial dieser kognitiven Verzerrungen und Generalisierungen unter Umständen immens, denn sie machen eine ohnehin schon schwierige Situation unerträglich. Denkfallen sind quasi das Gift im eigenen Kopf. Die gute Nachricht ist: Gelingt es einer Führungskraft erst einmal, sich im Sinne des Barons von Münchhausen selbst aus seinem emotionalen Sumpf herauszuziehen, dann werden kritische Karrieresituationen in aller Regel auch gut verarbeitet und führen zu persönlichem Wachstum. So berichteten knapp 63% der Studienteilnehmenden von einer dauerhaft höheren Leistungsfähigkeit nach Überwindung der Jobkrise.

3.5 Von der Jobkrise zur schweren persönlichen Krise

Viele Führungskräfte identifizieren sich so sehr mit ihrem Berufsleben, dass sie nicht mehr unterscheiden zwischen dem Job und ihrem Leben außerhalb dieser Rolle. Eine Bedrohung der Karriere wird daher bei diesen Entscheiderinnen und Entscheidern immer mehr auch zu einer wahrgenommenen Gefährdung der eigenen Existenz. Diese Identifikation führt mitunter zu tragischen Konsequenzen, zum Beispiel zu Burn-out, zum Substanzmissbrauch, mitunter sogar zum Suizid. Kritische Karrieresituationen können also durchaus schwerwiegende und sogar lebensbedrohliche Konsequenzen haben.

3.5.1 Wenn Führungskräfte trauern

Bis eben noch fand das Leben auf der Überholspur statt. Ein Alltag unter Hochspannung, mit Arbeitstagen, die selten weniger als 12 Stunden hatten und an denen ein wichtiger Termin den anderen jagte. Und dann? Der Verlust des Jobs. Vollbremsung! Stillstand. Am Anfang steht der Schock, dem alsbald diese unbegreifliche Leere und das Gefühl von Bedeutungslosigkeit folgen. Und danach bleiben oft nur noch Selbstmitleid, Ratlosigkeit und Wut. So oder ähnlich beschreiben viele Führungskräfte den Moment, in dem sie von ihrer Kündigung, einer der schlimmsten Formen einer kritischen Karrieresituation, erfahren haben. Der ungewollte Verlust ihrer Position stürzt die meisten Führungskräfte in eine schwere persönliche Krise. Abgeschnitten von den Zirkeln der Macht, von vertraulichen Informationen und entscheidenden Krisensitzungen wird ihnen plötzlich bewusst, dass ihr Gefühl, unersetzbar zu sein, auf einer Illusion beruhte. Während sie noch vor kurzem beinahe jedes Erfolgserlebnis auf die eigene Leistungsfähigkeit zurückführten, stellt die neue Situation nun ihr Selbstkonzept komplett infrage. Es ist leichter gesagt als getan, sich in solchen Situationen nicht in sein Schneckenhaus zurückziehen, sondern vielmehr den Karriereknick als Chance für eine persönliche und berufliche Weiterentwicklung zu begreifen.

Und genau hier kommt die Resilienz, also die innere Widerstandsfähigkeit einer Person ins Spiel. Je resilienter eine Führungskraft ist, desto besser hat sie gelernt, Umbrüche nicht als Infragestellung und Abwertung der eigenen Person zu sehen, sondern vielmehr als eine interessante Lernerfahrung, die Teil des großen Spiels »Big Business« ist. Dieses Spiel ist nicht lustig, denn es ist ein Spiel von Erwachsenen, aber es funktioniert nach dem Prinzip eines Spiels. Es hat Regeln, auch wenn sie ungeschrieben sind, es gibt Spielfiguren, die eigene Interessen haben, es gibt Ereigniskarten, die die eigenen Pläne über den Haufen werfen, und es gibt Gewinner und Verlierer, die nicht selten ausgewürfelt werden.

Vergleicht man den Verlauf solch einschneidender Karriereumbrüche, wird eines offensichtlich: Die einzelnen Verarbeitungsschritte ähneln den unterschiedlichen Phasen der Trauer, die von Elisabeth Kübler-Ross beschrieben wurden. Die schweizerisch-US-amerikanische Psychiaterin hat ihr berufliches Leben dem Umgang mit Sterbenden sowie der Trauer und ihrer Verarbeitung gewidmet. Mit ihrem Buch »Interviews mit Sterbenden« erregte sie bereits 1971 weltweite Aufmerksamkeit, vor allem aufgrund des Modells der fünf Phasen der Trauer, das sie in zahllosen Gesprächen mit Sterbenden entwickelt hatte. Die folgende Grafik zeigt den typischen Verlauf der Verarbeitung von kritischen Karrieresituationen entlang der fünf Phasen der Trauer am Beispiel von Mangerinnen und Managern, die entlassen wurden.

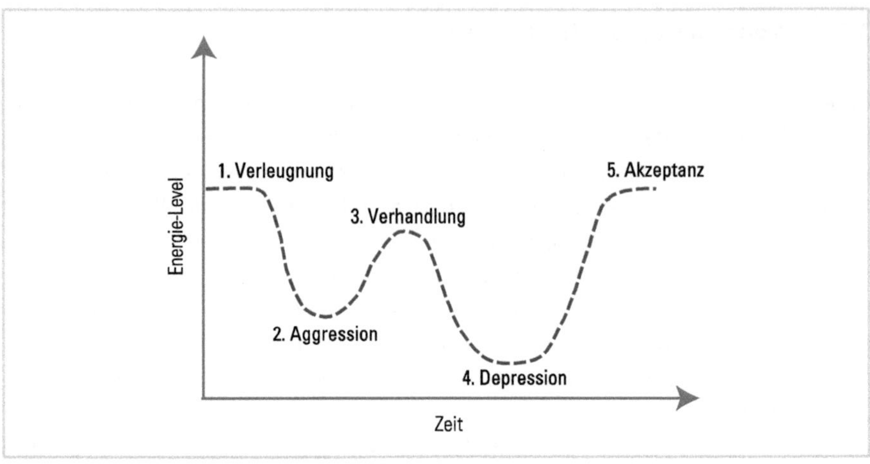

Die fünf Phasen der Trauer nach Kübler-Ross

3.5.2 Die 5 Phasen der Trauerarbeit

Die folgenden Erkenntnisse stammen zum einen aus meiner Arbeit mit Mangerinnen und Managern in vergleichbaren Situationen. Zum anderen basieren sie auf der 2014 veröffentlichten Studie »Auf der Überholspur ausgebremst«, die als Gemeinschaftsprojekt der Hochschule Fresenius, der HPO Research Group sowie der Talent- und Karriereberatung von Rundstedt durchgeführt wurde.

- **Phase 1 – Verleugnung:** Eine Führungskraft hat sich über viele Jahre erfolgreich auf eine Position hochgearbeitet, aus der sie voller Stolz auf ihre bisherigen Erfolge blicken kann. Aber in letzter Zeit stimmt Einiges nicht mehr. Die Spannungen nehmen immer mehr zu, und sie erhält nicht mehr den gewohnten Zuspruch. Vorgesetzte und Kolleginnen/Kollegen gehen plötzlich auf Abstand. Je sicherer sich Führungskräfte fühlen, umso weniger beziehen sie solche Vorboten auf sich selbst. Vielmehr sehen sie etwaiges Fehlverhalten stets auf der Seite des Gegenübers und halten sich selbst für unersetzlich. Erfahrene Executives, die bereits solche Umbrüche erlebt haben und daher Ähnlichkeiten und Parallelen feststellen können, erkennen die Signale in der Regel früher.
- **Phase 2 – Aggression:** Dann kommt auf einmal der Einschlag, der alles erschüttert: die Kündigung. Der Schock trifft die Führungskraft hart, denn mit dem Jobverlust bricht für sie die zentrale Säule ihres Lebenskonzepts weg. Kein Teil des »Systems« mehr zu sein, war für sie bis zu diesem Zeitpunkt nicht denkbar. Das Gefühl ohnmächtig zu sein und keine Chance zu haben, aktiv auf die Situation einwirken zu können, ist neu und schürt Wut und Verzweiflung. Klares Denken und besonnenes Handeln fallen schwer. Hinzu kommen Scham und die Sorge, den gewohnten Lebensstandard nicht mehr halten zu können, denn es gilt einen Ruf zu wahren und die Fassade muss aufrechterhalten werden. Wie die meisten geschassten

Managerinnen und Manager macht man sich Vorwürfe, weil man die Signale nicht richtig gedeutet und nicht rechtzeitig gegengesteuert hat. Im Nachhinein ist man immer klüger. Nachdem der erste Schock überwunden ist, sorgen administrative Prozesse dafür, dass der Schmerz nicht vage bleibt, sondern empfindlich spürbar wird. Was vorher nur auf dem Papier stand, wird immer mehr Realität, wenn Büroschlüssel, Keycards und der Dienstwagen zurückgefordert werden und die Führungskraft zusehends von allem abgeschnitten wird: von Kunden, Kolleginnen und Kollegen sowie Mitarbeitenden. Häufig quälen Fragen wie: Wer hat an meinem Stuhl gesägt? Wem kann ich noch trauen?

- **Phase 3 – Verhandlung:** In dieser Phase klingen die erste Lähmung und die damit einhergehende Aggression langsam ab. Das Ego ist zwar deutlich lädiert, aber dennoch macht sich die Führungskraft mit Eifer, Disziplin und den Strategien, die sich in der Vergangenheit bewährt haben, auf die Suche nach einer neuen, gleichwertigen Position. Das Bedürfnis, den aktuellen Schmerz und die Scham möglichst bald hinter sich zu lassen, ist übergroß. Noch ist die Führungskraft überzeugt davon, dass es sich nur um ein kurzes Tief handelt und sie schnell wieder auf einer ähnlichen Höhe angelangt sein wird wie vor dem Absturz. Schließlich hat sie ein sehr vorzeigbares Netzwerk, oder nicht? Den Gedanken, dass die Durststrecke etwas länger werden könnte, lässt sie nicht zu. Doch allzu oft werden die Erwartungen enttäuscht. Die Vorstellung von einem schnellen Comeback erweist sich trotz hohen Energieeinsatzes nicht selten als Illusion. Diese wird zum einen durch die Überzeugung gespeist, frühere Erfolge hingen untrennbar mit der eigenen Persönlichkeit zusammen, und zum anderen durch eine Fehleinschätzung des Arbeitsmarktes, der auf dem gewohnten Niveau meist nur wenig Attraktives bereithält.
- **Phase 4 – Depression:** In dieser Phase wird die Managerin oder der Manager auf die eigene Rollenkomplexität und alte, längst vergessen geglaubte Selbstzweifel zurückgeworfen. Die sogenannte Rollenkomplexität generiert sich aus den vielen voneinander unabhängigen Lebensbereichen des Einzelnen, wie etwa Familie, Hobbys und soziales Engagement. Sie bildet die Grundlage für den Selbstwert und die Identität einer Person. Je zahlreicher die Bereiche sind, aus denen sich die Rollenkomplexität zusammensetzt, desto eher kann der Verlust eines dieser Bereiche – wie zum Beispiel dem Job – durch die übrigen emotional kompensiert werden. Im Falle von hochrangigen Mangerinnen und Managern hat die eigene Karriere die meiste Zeit ihres Berufslebens die anderen Lebensbereiche dominiert oder gar ganz verdrängt. Soziale Kontakte blieben dabei häufig auf der Strecke. So wird die Rolle als erfolgreiche Führungskraft mit der Zeit zum zentralen Pfeiler des eigenen Selbstbilds. Andere identitätsstiftende Rollen, wie die Elternrolle oder die Rolle eines besten Freundes für einen langjährigen Weggefährten, werden dagegen immer weiter verdrängt, bis Person und Position schließlich miteinander verschmelzen. Hinzu kommen die alten, wohl vertrauten Selbstzweifel, die man schon aus Kindertagen kennt und die man durch Karriere, Erfolg und Ansehen stets versucht hatte zu kaschieren. Die nun folgende Depression fällt umso

heftiger aus, je geringer die bereits beschriebene Rollenkomplexität und je stärker die Selbstzweifel der Führungskraft sind.

- **Phase 5 – Akzeptanz:** Verleugnung, Aggression und Depression haben ihre Spuren hinterlassen. Sie werden die Führungskraft noch lange begleiten. Sie verspürt immer noch Scham und Kränkung, wenn sie an den zurückliegenden Absturz denkt. Allmählich dämmert ihr jedoch auch, dass diese schwierige Situation, die sie wirklich gerne vermieden hätte, trotz allem Verdruss auch etwas Positives hat. Es eröffnen sich nun neue Freiräume, um sich mit den eigenen Zielen und Werten einmal gründlich auseinanderzusetzen. Die Frage »Was will ich eigentlich wirklich?«, kommt auf und ist zunächst gar nicht so leicht zu beantworten. Aber das Nachdenken darüber lohnt, um für sich neue Perspektiven und Möglichkeiten zu erschließen.

Es braucht viel Zeit, um das eigene Scheitern in das Selbstbild zu integrieren. Aber es lohnt sich. Man ist danach selbstkritischer und reflektiert anders. Ja, man ist auch härter und abgeklärter geworden. Verbunden damit ist häufig eine neue berufliche Aufgabe, die oft stärker der persönlichen Ausrichtung entspricht und eine größere Zufriedenheit mit sich bringt.

Auf einen Blick: Führungskräfte am Limit
• Der Druck, unter dem Führungskräfte stehen, ist hoch. Nur wer über eine gute Selbststeuerung verfügt und in der Lage ist, seine Emotionen in die richtigen Bahnen zu lenken, anstatt sie zu unterdrücken, kann ihm – auch in schwierigen Situationen – dauerhaft erfolgreich widerstehen.
• Bei beruflichen Rückschlägen neigen viele dazu, sich als Opfer zu sehen und Denkfallen, wie zum Beispiel Generalisierungen, aufzusitzen. Mit der richtigen Selbstreflexion gelingt es, sich selbst aus diesem emotionalen Sumpf zu ziehen.
• Kritische Karrieresituationen können schwerwiegende und sogar lebensbedrohliche Konsequenzen haben. Das ist vor allem dann der Fall, wenn sich Führungskräfte allein über den Job definieren. Eine Bedrohung ihrer Karriere wird dann zur Bedrohung ihrer Existenz.

4 Die gefährlichsten Karrierefallen

Wenn Führungskräfte ins Straucheln kommen, liegt es nur selten daran, dass sie schlecht in ihrem Job waren. Die Karrierefallen und Stolpersteine lauern an ganz anderen Stellen.

In diesem Kapitel erfahren Sie u. a.,

- was die wahren Risikofaktoren in puncto Karriere sind,
- warum dabei der sog. blinde Fleck eine Hauptrolle spielt,
- warum Sie Ihr Verhalten auf sog. Derailer überprüfen sollten.

4.1 Risikofaktor Persönlichkeit

David Dotlich, ein ehemaliger Topmanager, und Peter Cairo, Dozent an der Columbia University, beschäftigte die Frage, warum rund zwei Drittel aller Führungskräfte in westlichen Industrienationen im Laufe ihrer Karriere kritische Karrieresituationen durchlaufen, sei es, dass sie gefeuert, entmachtet oder weggelobt werden. Sie fanden heraus, dass viele Mangerinnen und Manager nicht in der Lage sind, ein leistungsfähiges Team aufzubauen und zu entwickeln. Alles, was die Fähigkeit beeinträchtigt, ein Team aufzubauen, behindert auch die Leistung als Führungskraft, denn das Leitungspersonal kann nur durch sein Führungsteam steuernd auf das Unternehmen einwirken. Viele Managerinnen und Manager sind nicht in der Lage, Menschen zusammenzubringen, auf gemeinsame Ziele einzuschwören und durch eigenes, vorbildliches Verhalten zu führen. Sie kreisen um sich selbst und wollen stets die Kontrolle behalten.

In Stresssituationen treten bei den meisten Menschen gewisse negative Eigenschaften hervor. Diese werden vom Persönlichkeitspsychologen Hogan als »Risikofaktoren« bezeichnet. Unter normalen Umständen können diese Charaktereigenschaften auch Stärken darstellen. Werden sie hingegen einseitig genutzt und übertrieben, werden sie zur Falle. Wenn Führungskräfte überarbeitet, gestresst, besorgt oder anderweitig aus der Ruhe gebracht sind, können die Risikofaktoren zutage treten und ihre Effektivität sowie die Qualität ihrer Beziehungen zu Kundinnen und Kunden, Kolleginnen und Kollegen sowie Mitarbeitenden untergraben. Meist kennen Firmenangehörige die Verhaltensdefizite einer Führungskraft. Die einen tolerieren diese Eigenschaften – häufig aus Angst vor persönlichen Konsequenzen – oder blenden sie aus – oft aus falsch verstandener Loyalität. Andere nehmen die negativen Eigenschaften zwar wahr, geben aber aus Sorge um ihre eigene Karriere häufig kein Feedback dazu, was die Schere zwischen Selbst- und Fremdwahrnehmung noch vergrößert. Kein Wunder also, dass den betreffenden Managerinnen und Managern selbst ihre Verhaltensdefizite kaum auffallen.

4.2 Der blinde Fleck

Tatsächlich deuten Forschungsergebnisse darauf hin, dass Führungskräfte bestimmte Risikofaktoren in ihrem Verhalten schon in jungen Jahren im Umgang mit Eltern, Gleichaltrigen, Verwandten und anderen Personen entwickelt haben. Diese Verhaltensweisen können so automatisiert sein, dass sie weitgehend unbewusst ablaufen. Die beiden US-amerikanischen Sozialpsychologen Joseph Luft und Harry Ingham haben für dieses Phänomen bereits 1955 den Begriff »Blinder Fleck« geprägt, da die betroffene Person etwas über ihr Verhalten nicht weiß beziehungsweise es nicht wahrnimmt, was dagegen ihrer Umgebung wohlbekannt ist. Solche blinden Flecken sind nach meiner Erfahrung eines der größten Risiken für Karrieren. Jeder hat Ecken und Kanten, aber diese nicht zu kennen beziehungsweise ihre potenziell schädlichen Auswirkungen nicht in vollem Ausmaß zu begreifen, ist einfach fatal. Sie führen dazu, dass kritische Karrieresituationen aus Sicht der Führungskraft aus heiterem Himmel kommen, während ihr Umfeld dies schon lange hat kommen sehen. Die einzige Methode, einen blinden Fleck aufzulösen, ist es, Feedback von außen einzuholen, was glücklicherweise von immer mehr Unternehmen strukturiert und regelmäßig durchgeführt wird.

4.3 Beratungsresistenz lässt scheitern

In vielen Unternehmen fehlen noch immer die Voraussetzungen für eine Kultur der konstruktiven Kritik, wie man sie zum Beispiel durch regelmäßige 360°-Feedbacks oder Mitarbeitendenbefragungen schaffen kann. Oder, schlimmer noch, die Befragungen werden durchgeführt, aber aus den Ergebnissen werden keine personellen Konsequenzen gezogen. Oft mangelt es aber auch an der Bereitschaft der Führungskräfte, sich den Spiegel vorhalten zu lassen. In der Studie zu diesem Buch befragte ich die teilnehmenden Managerinnen und Manager nach ihren eigenen kritischen Karrieresituationen. 10 % räumten ein, dass ihre Beratungsresistenz zu dem Karriereumbruch beigetragen hat. 22 % gaben an, dass sie bei der Arbeit an sich zu wenig Durchhaltevermögen gezeigt hatten. In 38 % der Fälle waren eigene blinde Flecken im Spiel gewesen und in 65 % der Fälle hatten die Teilnehmenden vorhandene politische Signale aus dem eigenen Umfeld nicht ernst genug genommen.

Das zeigt: Fokus auf die Arbeit ist wichtig, aber ein Tunnelblick ist gefährlich. Es ist für Führungskräfte elementar wichtig, die Augen und Ohren offenzuhalten, wenn es um Feedback zur eigenen Arbeit geht. Denn ohne Motivation zur Veränderung ist jedes Coaching oder jede anderweitige Unterstützung fragwürdig bis sinnlos. Irgendwann ist der Punkt erreicht, an dem eine Unternehmensleitung gezwungen ist, eine Führungskraft auszuwechseln, weil dessen Fehlverhalten trotz hervorragender Leistungen nicht länger tolerierbar ist.

BEISPIEL

Auch bei Steve Jobs war es nicht anders, als er 1985 im Alter von 30 Jahren vom Vorstand desjenigen Unternehmens entlassen wurde, das er selbst mitbegründet hatte. Aufgrund seines despotischen Verhaltens hatte er jeglichen Vertrauensvorschuss und alle Glaubwürdigkeit bei seinen Kolleginnen und Kollegen verspielt. Von der Apple-Belegschaft wurde er wegen seiner visionären Art, gekoppelt mit Ignoranz, Sturheit und manipulierendem Verhalten zugleich bewundert und gefürchtet. Das ging so weit, dass es für diese Eigenschaften firmenintern einen eigenen Namen gab: Reality Distortion Field (Realitäts-Verzerrungs-Feld). Jobs blickte in einer Rede 2005 auf diese Zeit zurück mit den Worten: »Es war bittere Medizin, aber der Patient brauchte sie«.

Das Beispiel zeigt: Manchmal braucht es erst den Knick in der Karriere, um Feedback zuzulassen und an sich zu arbeiten.

4.4 Was Führungskräfte entgleisen lässt

Das Scheitern von Managerinnen und Managern ist selten das Resultat unzureichender Intelligenz, Erfahrungen oder Fähigkeiten. Es ist vielmehr die Konsequenz daraus, dass sich hochqualifizierte und erfahrene Führungskräfte mit den besten Absichten unlogisch, unberechenbar und irrational verhalten. Diese unbewussten Kräfte bezeichnen Dotlich und Cairo als Executive Derailers, also als Faktoren, die Mangerinnen und Manager zum Entgleisen bringen. In ihrer Arbeit mit Führungskräften haben sie elf dieser Derailer identifiziert und benannt. Meist führen einer bis drei solcher Faktoren zum Scheitern.

Selten haben Betroffene aber auch eine deutliche Ausprägung bei allen Derailern. Nur ganz wenige Profile zeigen dagegen gar keine Zuspitzung in einem Bereich. Es ist durchaus wahrscheinlich, dass auch Sie einen oder mehrere dieser Persönlichkeitseigenschaften haben. Vielleicht sind Sie brillant darin, Probleme zu strukturieren und zu analysieren, und diese Fähigkeit hat Ihrer Firma bereits zahlreiche Fehlinvestitionen erspart oder Ihr Unternehmen vom Wettbewerb differenziert. Wenn Sie aber unter Stress geraten, kann es sein, dass Ihre Tendenz, Sachverhalten analytisch und detailliert auf den Grund zu gehen, dazu führt, dass Sie keine Entscheidungen mehr treffen können. Dieses Phänomen ist gar nicht selten und wird in der Literatur auch als »Analysis Paralysis« bezeichnet.

4.4.1 Die 11 Derailer im Überblick

Die folgende Übersicht enthält die 11 Faktoren von Dotlich und Cairo. Vielleicht kommt Ihnen ja die eine oder andere davon bekannt vor? Am Ende der Übersicht können Sie sich selbst einschätzen.

1. **Anmaßend:** Führungskräfte mit diesem Derailer sind häufig unfähig, Fehler einzugestehen beziehungsweise aus Erfahrungen zu lernen. Für sie typisch ist das Denken: Ich habe recht und alle anderen haben unrecht. Indizien/Eigenschaften: überhöhtes Selbstvertrauen, Arroganz, überzogenes Selbstwertgefühl.
2. **Vorsichtig:** Führungskräfte mit diesem Derailer haben eine übersteigerte Angst, Fehler zu machen und dafür kritisiert zu werden. Es fällt ihnen schwer, folgenschwere Entscheidungen zu treffen. Indizien/Eigenschaften: zögerlich, widerwillig gegenüber Veränderungen, risikoscheu, langsame Entscheidungsfindung.
3. **Skeptisch:** Solchen Führungskräften fehlt es an sozialem Gespür, Souveränität und Vertrauen. Ihr Fokus liegt auf dem, was falsch ist oder ihren Interessen zuwiderläuft oder laufen könnte. Indizien/Eigenschaften: misstrauisch, zynisch, reagiert überempfindlich auf Kritik, fokussiert auf Negatives.
4. **Draufgängerisch:** Solche Führungskräfte sind erkennbar an ihrem charmanten Auftreten, gepaart mit einer großen Bereitschaft, auch unnötige Risiken einzugehen. Regeln gelten generell nur für andere. Für sie selbst gibt es immer Ausnahmen. Indizien/Eigenschaften: charmant, risikofreudig, testet Grenzen aus, sucht den Nervenkitzel.
5. **Passiver Widerstand:** Führungskräfte mit diesem Derailer verfügen über eine große Unabhängigkeit, was die Erwartungen von anderen ihnen gegenüber betrifft. Dies führt dazu, dass sie häufig als egoistisch, stur und unkooperativ gelten. Indizien/Eigenschaften: vordergründig kooperativ, aber innerlich reizbar und stur.
6. **Dramatisch:** Solche Führungskräfte zeigen überschwänglichen Enthusiasmus in Bezug auf Personen oder Vorhaben und eine häufig darauffolgende Enttäuschung wegen derselben Personen oder Vorhaben infolge mangelnder emotionaler Kontinuität. Indizien/Eigenschaften: launisch, leicht genervt, schwer zufriedenzustellen und emotional instabil.
7. **Dienstbeflissen:** Führungskräfte mit diesem Verhalten streben nach allseitiger Beliebtheit. Es fällt ihnen schwer, aus sich heraus eigenständig zu handeln und eventuell auch unpopuläre Entscheidungen zu treffen. Gemocht zu werden ist für sie bedeutsamer als alles andere. Indizien/Eigenschaften: möchte gefallen, handelt ungern unabhängig oder gegen die allgemeine Meinung.
8. **Phantasiereich:** Solche Führungskräfte gelten als kreativ, es fehlt ihnen aber häufig an praktischem Urteilsvermögen und Umsetzungsstärke. Ihr Drang, anders sein zu wollen als alle anderen, wird zum Selbstzweck. Indizien/Eigenschaften: kreativ, exzentrisch im Denken und Handeln.

9. **Pedantisch:** Wer diesen Derailer aufweist, hat einen übergroßen Hang zur Perfektion, der viel Zeit und Aufwand kostet und nur schwer zu befriedigen ist. Er konzentriert sich auf Details, verliert aber leicht das große Ganze aus den Augen. Indizien: akribisch genau und präzise, schwer zufriedenzustellen, Neigung zum Mikromanagement.
10. **Distanziert:** Solche Führungskräfte sind emotional nicht beteiligt und wirken intellektuell abgehoben. Dies führt häufig dazu, dass sie große Schwierigkeiten haben, ihr Gegenüber emotional zu erreichen oder gar zu inspirieren. Indizien: unnahbar, gleichgültig gegenüber den Gefühlen anderer, wenig kommunikativ.
11. **Buntschillernd:** Führungskräfte mit diesem Derailer stehen immer im Mittelpunkt. Sie lieben die große Geste und den dramatischen Auftritt. Sie haben ein einnehmendes Wesen und ein starkes Geltungsbedürfnis. Indizien: dramatisch, sucht nach Aufmerksamkeit, unterbricht andere, schlechter Zuhörer.

4.4.2 Welche Eigenschaften treffen auf Sie zu?

In der folgenden Tabelle können Sie das Risiko einschätzen, ob einer oder mehrere der Faktoren auf Sie zutreffen. Aber Vorsicht mit solchen Selbsteinschätzungen, denn auch Sie könnten einem blinden Fleck aufsitzen (siehe hierzu das Kapitel »Der blinde Fleck«).

	Risiko			
	Keines	**Gering**	**Moderat**	**Hoch**
Anmaßend				
Vorsichtig				
Skeptisch				
Draufgängerisch				
Passiver Widerstand				
Dramatisch				
Dienstbeflissen				
Phantasiereich				
Pedantisch				
Distanziert				
Buntschillernd				

4.5 Sind Führungskräfte Gefangene ihrer eigenen Persönlichkeit?

Vielen Managerinnen und Managern gelingt es nicht, ihr Fehlverhalten aus eigener Kraft zu ändern. Viele sind der Meinung, dass das mit Ende Vierzig oder Anfang Fünfzig ohnehin nicht mehr geht. Dem ist natürlich nicht so, wie die moderne Hirnforschung mittlerweile hinreichend unter Beweis gestellt hat. Das Stichwort lautet »Neuro-Plastizität«. Es umschreibt die Fähigkeit des Gehirns, lebenslang neues Wissen und neue Fertigkeiten in sein komplexes Erfahrungsnetzwerk zu integrieren. Die setzt natürlich zwingend voraus, dass die betroffene Führungskraft dies auch will. Leichter geht es, wenn man einen erfahrenen Coach zurate zieht oder das Glück hat, an eine gute Mentorin zu geraten. Zumindest sollte man sich eine Vertrauensperson aus dem persönlichen Umfeld suchen. Das kann ein Teamkollege oder eine Vorgesetzte sein. Sie kann man fragen, wie sie einen wahrnehmen – in Bezug auf Führung, Kommunikation, Teammanagement sowie persönliche Weiterentwicklung.

Gibt es plausible Kritik, so gilt es systematisch daran zu arbeiten. Das braucht Geduld und kostet Zeit. Nur Schritt für Schritt lässt sich eine Verbesserung des eigenen Verhaltens erzielen. Die Arbeit an sich selbst hat nichts damit zu tun, seine Persönlichkeit aufzugeben, wie viele unserer Klienten befürchten. Es geht vielmehr darum, das eigene Potenzial zu heben und mehr davon in das alltägliche Tun zu integrieren. Es geht darum, man selbst zu sein, nur mit mehr Eleganz und Souveränität. Wenn man sich, wie ich das tue, viel mit den Biografien erfolgreicher Mangerinnen und Manager beschäftigt, dann wird deutlich, dass fast alle hart an sich arbeiten mussten, um limitierende und potenziell karrieregefährdende Eigenschaften in den Griff zu bekommen. Die schlechte Nachricht ist, dass dies eine Menge harter Arbeit und Selbstreflexion erfordert. Doch es gibt auch eine gute Nachricht: Wir sind nicht die Gefangenen unserer eigenen Persönlichkeit und den damit einhergehenden Verhaltenspräferenzen. Wir haben eine Wahl. Wir können ein Verhalten wählen, dass den Präferenzen, die unsere Persönlichkeit ausmachen, zuwiderläuft, weil es die Situation erfordert und weil es uns erfolgreicher sein lässt. Das meine ich mit Eleganz und Souveränität. Jeder kann an sich arbeiten und den eigenen Werkzeugkoffer um weitere Tools anreichern.

Auf einen Blick: Die gefährlichsten Karrierefallen
• Es gibt Risikofaktoren für die Karriere, die nichts mit fachlicher Kompetenz zu tun haben: Es sind Persönlichkeitseigenschaften und Verhaltensdefizite, die früher oder später zur Karrierefalle werden können.
• Oft erkennt eine Führungskraft sie nicht und sie werden ihr von ihrer Umwelt auch nicht vermittelt. Diese blinden Flecken sind fatal: Sie führen dazu, dass kritische Karrieresituationen scheinbar aus heiterem Himmel kommen.
• Karrieregefährdende Persönlichkeitseigenschaften lassen sich in den Griff bekommen: mit Feedback von außen und Selbstreflexion – kein leichter, aber sehr lohnender Weg.

5 Die Kunst des Wiederaufstehens: Resilienz

Berufliche Krisen sind ganz normal. Je konstruktiver man mit ihnen umgeht, desto besser kann man sie überwinden. Dabei hilft Resilienz ungemein. Wer diese Kunst des Wiederaufstehens beherrscht, geht aus schwierigen Situationen sogar gestärkt hervor.

In diesem Kapitel erfahren Sie unter anderem,

- was Resilienz ausmacht,
- welche Schutzfaktoren uns resilienter werden lassen und
- wie man sie speziell auf Führungskräfte zuschneidet.

5.1 Das Phänomen Resilienz

Wie wir gesehen haben, hängt langfristiger beruflicher Erfolg von verschiedenen Faktoren ab. Einer der dominantesten ist dabei die Fähigkeit, Rückschläge und Misserfolge konstruktiv zu verarbeiten. Die Forschungsrichtung, die sich mit dieser Art der inneren Widerstandsfähigkeit beschäftigt, nennt sich Resilienz. Der Begriff »Resilienz« leitet sich aus dem Lateinischen ab. Das Verb »resilire« bedeutet so viel wie »zurückspringen« oder »abprallen«.

Resilienz ist ursprünglich ein Terminus aus der Materialwissenschaft. Dort beschreibt er die Fähigkeit eines Körpers, auf eine Einwirkung von außen elastisch zu reagieren und anschließend wieder seine ursprüngliche Form einzunehmen. Man könnte Resilienz also mit »Elastizität« oder »Wiederherstellungsfähigkeit« übersetzen. Angewandt auf den Menschen beschreibt Resilienz die Fähigkeit, Krisen unbeschadet zu bewältigen und an ihnen zu wachsen, ja, sogar gestärkt aus ihnen hervorzugehen.

Die prinzipielle Wirkungsweise von Resilienz zeigt sich in den verschiedenen Phasen, die auf ein als krisenhaft erlebtes Verhalten folgen.

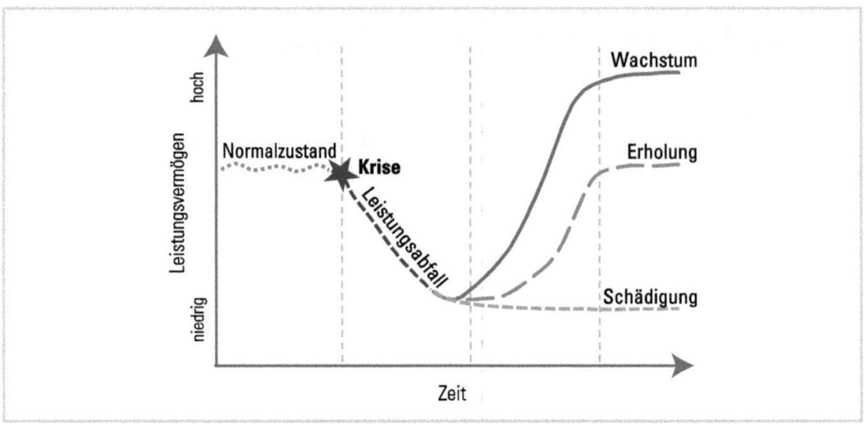

Schematische Funktionsweise von Resilienz (nach Patterson, Goens und Reed)

Auf eine Krise folgt typischerweise eine Phase von eingeschränkter Leistungsfähigkeit. Sie kann sich durch emotionale Instabilität oder Niedergeschlagenheit äußern, aber auch durch mangelnde Konzentration und Energielosigkeit. Je nach Stärke der Krise und abhängig von der Persönlichkeitsstruktur und den Ressourcen der betroffenen Person, entsteht wahlweise eine dauerhafte Schädigung, zum Beispiel in Form einer Depression, oder es erfolgt eine Erholung und damit eine Rückkehr zum ursprünglichen Leistungsniveau. Es gibt aber auch Fälle, in denen Menschen an Krisen wachsen und aus ihnen sogar gestärkt hervorgehen.

5.2 Die sieben Sphären der Resilienz

Viele Forscher beschäftigen sich seit langem in aufwendigen Studien mit der Frage, wie es Menschen unter schwierigsten Lebensumständen gelingt, ihr volles Potenzial zu entfalten. Sie haben Schutzfaktoren herausgearbeitet, die es Menschen ermöglichen, sich von Krisen besser und schneller zu erholen als andere.

Für die Coaching-Praxis benötigten wir ein einfaches und zugleich umfassendes Modell, das die Komplexität der Forschungserkenntnisse zur Resilienz minimiert und dennoch nicht trivial ist. Wir haben die verschiedenen Faktoren seelischer Widerstandsfähigkeit zu einem räumlichen Konstrukt zusammengefasst: den »Sphären individueller Resilienz«. Es dient dazu, Strategien zum Erhalt der Resilienz von Führungskräften zu entwickeln sowie zu trainieren, damit sich schwierige Situationen oder Krisen weniger schwerwiegend für den betroffenen Manager auswirken oder ihn im Idealfall sogar stärken. Entwickelt wurde das Kugelsphären-Modell unter Zuhilfenahme fundierter Konzepte anerkannter Psychologen, Psychiater, Soziologen, Biologen und Hirnforscher. Näheres zu deren Erkenntnissen lesen Sie in meinem Buch »Resilienz in der Unternehmensführung« (Freiburg, Haufe 2023).

5.3 Das Kugelsphären-Modell

Die sieben Sphären der Resilienz

Die sieben ineinander ruhenden Kugelschalen, mit von innen nach außen zunehmendem Radius symbolisieren, dass die äußeren Ebenen der Resilienz, d. h. Sinn und authentische Beziehungen, leichter vom Individuum zu beeinflussen sind als der innere Kern, d. h. die eigene Biografie und die Persönlichkeit.

5.3.1 Die Sphäre »Persönlichkeit«

Die Stressresistenz eines Menschen ist eine Persönlichkeitseigenschaft, die zur einen Hälfte genetisch bedingt ist und zur anderen Hälfte von der frühkindlichen Prägephase eines Menschen abhängt. Von allen Sphären der Resilienz ist die Sphäre »Persönlichkeit« am wenigsten bewusst beeinflussbar. Grundlegende Eigenschaften wie Introversion beziehungsweise Extraversion oder die emotionale Stabilität eines Menschen sind nur in sehr engen Grenzen willentlich dauerhaft zu ändern. Bei der Sphäre »Persönlichkeit« geht es vor allem darum, die eigenen Ecken und Kanten besser kennenzulernen, um sich selbst besser steuern zu können. Schon die Inschrift über dem Orakel von Delphi lautete: Erkenne dich selbst. Genau darum geht es bei dieser Ebene, unterstützt durch Selbstreflexion, Feedback von außen und durch Instrumente der Persönlichkeitspsychologie.

5.3.2 Die Sphäre »Biografie«

Die Persönlichkeit eines Menschen ist untrennbar mit seiner Vergangenheit verbunden, was wiederum Auswirkungen auf seine Einstellung zu Herausforderungen der Gegenwart und Erwartungen an die Zukunft hat. Grundlegende, unbewusste Entscheidungen das Leben betreffend, in der Psychologie auch Glaubenssätze genannt, können uns im späteren Berufsleben in die Quere kommen. Die Strategien, die in Kinder- und Jugendtagen effektiv waren, um Zuwendung zu erhalten, sind meist auch ein effektiver Antrieb für die spätere Karriere, allerdings zu einem hohen Preis. Viele Managerinnen und Manager haben Glaubenssätze verinnerlicht wie zum Beispiel »Wenn ich nicht alles gebe, werde ich nicht akzeptiert«. Diese tiefliegende Überzeugung setzt einerseits ungeheure Kräfte frei, andererseits kann sie sich auf Dauer negativ auf das soziale Leben, die nötige Regeneration und die persönliche Zufriedenheit eines Menschen auswirken. Solche Glaubenssätze gilt es zu überdenken und eventuell mit einem Update zu versehen. Ein anderer Aspekt der Biografie sind die Krisen und schwierigen Zeiten, die ein Mensch bereits in seinem Leben bewältigt hat. Sie sind wichtige Ressourcen, wenn es darum geht, erneut mit belastenden Situationen konstruktiv umzugehen und sich davon nicht unterkriegen zu lassen.

5.3.3 Die Sphäre »Haltung«

Die innere Haltung eines Menschen beeinflusst seinen Umgang mit den Herausforderungen des Lebens. Sie entscheidet letztlich darüber, ob eine unvorhergesehene Entwicklung als Überforderung oder aber als Herausforderung gesehen wird. Die innere Haltung gibt den Gedanken und Gefühlen einer Person quasi eine Richtung und hat damit Auswirkungen auf die Qualität des Handelns. Sieht ein Manager sich als Gestalter, der seines eigenen Glückes Schmied ist? Oder fühlt er sich eher als »Opfer«, das sich selbst bedauert und die Verantwortung für seine Misere bei anderen sieht? Eine solche Opferhaltung drückt sich in der verbalen und non-verbalen Sprache aus. Sie vermindert die eigene emotionale Souveränität sowie das Denkvermögen und schwächt damit auch die Qualität der Entscheidungen. Und dennoch ist es nicht leicht, sich aus einer Opferhaltung zu lösen. Das wissen wir alle. In der Sphäre »Haltung« geht es daher darum, Strategien zu entwickeln, um die eigene Haltung bewusst konstruktiv beeinflussen zu können.

5.3.4 Die Sphäre »Ressourcen«

Ressourcen sind einfache, schnell wirksame Strategien, um das eigene Wohlbefinden gezielt zu verbessern. Sie sind der Erste-Hilfe-Kasten für Führungskräfte und alle, die dann daran arbeiten möchten, sich zu erden, Kraft zu tanken, eine Distanz zu den Alltagsproblemen zu schaffen und sich so für schwierige Situationen zu wappnen. Die Bandbreite der möglichen Ressourcen, aus denen man neue Energie ziehen kann, ist dabei groß und individuell sehr unterschiedlich. Ressourcen müssen meist erst erarbeitet und danach regelmäßig angewendet werden, damit sie positiv wirken können.

5.3.5 Die Sphäre »Hirn-Körper-Achse«

Der Mensch besteht aus Körper und Geist. Beide sind eng miteinander verbunden und beeinflussen sich wechselseitig. Sie sollten deshalb gleichermaßen Beachtung finden. Dies gilt vor allem für Führungskräfte. Sie führen oft, bedingt durch lange Arbeitszeiten und häufiges Reisen, einen Lebenswandel, der einem sorgsamen Umgang mit dem Körper zuwiderläuft.

Die Arbeit an der Hirn-Körper-Achse beginnt bei der Schlafmenge und der Qualität der Ernährung und führt über verschiedene Formen der körperlichen Aktivierung, wie zum Beispiel Walken oder Yoga bis hin zu Achtsamkeits- und Meditationsübungen. Ebenfalls gehört die Messung von körperlichen Stressindikatoren dazu, beispielsweise der Herzraten-Variabilität oder des Ruhepulses, mit dem Ziel, die eigene Selbstwahrnehmung zu schärfen. Die Körperebene ist besonders gut dafür geeignet, kurzfristig eine gesunde innere Distanz zu den Geschehnissen des Alltags aufzubauen. Sie senkt so das Erleben von negativem Stress. Die Arbeit in dieser Sphäre konzentriert sich darauf, mithilfe des Körpers ein größeres Maß an Ausgeglichenheit sowie mehr gedankliche Klarheit zu erzielen.

5.3.6 Sphäre »Authentische Beziehungen«

Mit wem sprechen Sie, wenn Ihnen etwas »an die Nieren« geht? Wer bildet Ihren ganz persönlichen Aufsichtsrat? Vertrauensvolle, ehrliche Beziehungen sind gerade für Führungskräfte wichtig, da sie hier nicht die Rolle der oder des stets souveränen Entscheidenden mimen müssen, die/der zu allen Problemen eine Lösung parat hat. Authentische Beziehungen zu Freundinnen und Freunden, vertrauten Kolleginnen und Kollegen, Mentorinnen und Mentoren oder einem Coach schaffen die Gelegenheit, auch einmal seine Zweifel oder Ängste zeigen zu dürfen. Das macht solche Beziehungen ausgesprochen wertvoll. Viele erfolgreiche Managerinnen Managern unterschätzen die Tragweite solcher authentischen Beziehungen. Der Pflege solcher Kontakte wird eine entsprechend niedrige Priorität eingeräumt – bis dann irgendwann keine Bezugspersonen mehr da sind, die noch Zeit mit einem verbringen wollen, besonders wenn es hart auf hart kommt. In dieser Sphäre geht es daher darum, das Bewusstsein für die stabilisierende Wirkung dieser sog. Critical Leader Relationships zu schaffen.

5.3.7 Die Sphäre »Sinn«

Beruflich engagierte und erfolgreiche Menschen führen meist ein Leben auf der Überholspur. Sie leisten viel, nehmen jede Menge Unannehmlichkeiten für ihren Job in Kauf, verzichten oftmals auf ein erfülltes Privatleben. Nur wer wirklich einen Sinn in dem sieht, wofür er sich engagiert – für den sich also sein Handeln richtig und bedeutsam anfühlt –, kann beruflichem Druck und der Anfälligkeit von Lebenskrisen trotzen. In der Sphäre »Sinn« geht es folglich darum, die persönlichen Werte zu erarbeiten und herauszufinden, was wirklich bedeutsam ist im eigenen Leben.

Auf einen Blick: Die Kunst des Wiederaufstehens
• Langfristiger beruflicher Erfolg hängt von verschiedenen Faktoren ab. Mit der wichtigste ist die Fähigkeit, Rückschläge und Misserfolge konstruktiv zu verarbeiten. Die Forschung umschreibt diese Fähigkeit mit dem Begriff Resilienz.
• In vielen wissenschaftlichen Studien wurde herausgefunden, welche Schutzfaktoren es sind, die es Menschen ermöglichen, sich von Krisen besser und schneller zu erholen als andere.
• Resilienz lässt sich entwickeln und trainieren. Mithilfe des sog. Kugelsphären-Modell lassen sich entsprechende Ansatzpunkte dafür finden.

6 Training für Ihre Resilienz

Resilienz lässt sich trainieren wie ein Muskel. Je häufiger und intensiver Sie dieses seelische Fitnessprogramm absolvieren, desto besser sind Sie gewappnet gegen Krisen und Rückschläge. Dieses Kapitel enthält die passenden Trainingseinheiten und Übungen dafür.

6.1 Seelisches Krafttraining

Führungskräfte mit ausgeprägter Resilienz lassen sich von ihren negativen Emotionen und Gedanken nicht kontrollieren. Vielmehr gehen sie mit ihnen bewusst und konstruktiv um. Das ist eine Eigenschaft, die häufig auch als emotionale Agilität oder Selbststeuerung bezeichnet wird. Zahlreiche Studien legen nahe, dass emotionale Agilität Führungskräften dabei helfen kann, Stress zu managen, Fehlentscheidungen zu reduzieren sowie innovativer und leistungsfähiger zu werden.

Wie können Managerinnen und Manager aber lernen, Krisen und Rückschläge wegzustecken, ohne dabei zu Boden zu gehen? Lässt sich diese Fähigkeit überhaupt erlernen? Aktuelle Forschungserkenntnisse legen nahe, dass sich das Konstrukt der Resilienz bei Erwachsenen in die »rohe« Resilienz der Persönlichkeit unterteilt und außerdem in die »erarbeitete« Resilienz, die die Summe aller Bewältigungsstrategien, Einstellungen und Techniken repräsentiert, die sich ein Mensch im Laufe des Lebens erarbeitet hat, um sich bei Krisen zu stabilisieren.

Wichtig

Arbeit an sich selbst, insbesondere an der eigenen Resilienz, ist nichts anderes als mentales und emotionales Kraft- oder Fitnesstraining.

Es bringt nichts, sich bei einem Fitnessstudio anzumelden und dann nicht hinzugehen. Ein Buch über Fitness zu lesen oder nur einmal im Monat zu trainieren, hat auch keinen Effekt. Fitnesstraining wirkt hingegen nachweislich immer, wenn man es diszipliniert regelmäßig zwei bis drei Mal die Woche über einen langen Zeitraum praktiziert, wenn man dabei ins Schwitzen gerät und hin und wieder sogar bis an die eigene Schmerzgrenze geht. Mit psychischer Fitness verhält es sich nicht anders. Arbeit an der eigenen Resilienz gelingt nur, wenn sie als ein innerer Prozess verstanden wird, der über viele Monate und Jahre andauert. Ein Buch oder ein Seminar ist ein guter Anfang, aber auch nicht mehr. Die eigentliche Arbeit findet in einem selbst statt, durch kritische Eigenreflexion, Selbstbeobachtung und durch das Ausprobieren von neuen Denk- und Verhaltensweisen. Mitunter bedeutet das, die dunklen Ecken im Keller aufzusuchen und sich selbst vielleicht ein paar unschöne Wahrheiten einzugestehen. Eventuell erfordert dies auch, sich selbst überhaupt erst wichtig zu nehmen und an sich selbst die gleiche Gründlichkeit und Nachhaltigkeit walten zu lassen, die man auch jedem anderen Projekt widmen würde. Arbeit an sich selbst ist nicht immer angenehm, aber sie lohnt sich. Und wie im Fitnesstraining kann man diese Arbeit alleine oder in der Gruppe machen oder begleitet durch einen Personal Trainer beziehungsweise Coach.

Wichtig

Die innere Widerstandsfähigkeit wird am effektivsten **vor** dem Eintreten einer schwerwiegenden Karrieresituation geschult und nicht erst, wenn das Kind bereits in den Brunnen gefallen ist.

Die Arbeit an der eigenen inneren Kraft kann und soll, abhängig von den eigenen Präferenzen, durchaus auf verschiedenen Ebenen erfolgen. Das Modell der sieben Sphären der individuellen Resilienz (s. Kapitel »Die sieben Sphären der Resilienz«) kann hier eine gute Orientierung sein, um mögliche Ansatzpunkte zu identifizieren.

6.2 Bestandsaufnahme: Wie sieht es in Ihrem Leben aus?

Generell gilt, dass die Resilienz einer Führungskraft immer dann besonders gefordert ist, wenn es in mehreren Lebensbereichen zu Krisen oder Rückschlägen kommt. Je mehr Bereiche als nicht erfüllend oder gar problematisch empfunden werden, desto negativer ist die Auswirkung auf das zur Verfügung stehende Maß an Resilienz. Wie steht es um Ihre Lebenssituation? Machen Sie eine Bestandsaufnahme: Wie sehr sind Sie mit den folgenden Lebensbereichen zufrieden? Der Wert 1 steht für unzufrieden, 10 für sehr zufrieden.

Lebensbereich	1	2	3	4	5	6	7	8	9	10
Karriere										
Geld										
Partnerschaft										
Familie										
Freundinnen und Freunde										
Soziales Engagement										
Persönliches Wachstum										
Gesundheit										
Körper										
Seele										
Höhere Macht (Religion, Spiritualität)										
Sinn										

Auf der MyBook-Seite zu diesem Buch finden Sie einen ausführlichen Test mit Fragen zu den einzelnen Lebensbereichen und einer Auswertung zum Download. MYBOOK+

6.3 Persönlichkeit: Wie gehen Sie derzeit mit Krisen um?

Wie bereits gezeigt, hat die persönliche Grundausstattung eines Menschen starke Auswirkung auf seine Resilienz. Ziel sollte es daher sein, zunächst die Aspekte und Facetten der eigenen Persönlichkeit zu reflektieren: Wie gehen Sie aktuell mit Rückschlägen um? Welche Ihrer Persönlichkeitszüge sind dabei hilfreich, welche eher hinderlich? In welche Denkfallen geraten Sie für gewöhnlich unter großem emotionalem Stress? Wie gut sind Sie allgemein darin, sich selbst zu steuern? Bei diesen Überlegungen kann Ihnen die SWOT-Analyse helfen. SWOT steht für Strength (Stärke), Weakness (Schwäche), Opportunity (Chance) und Threat (Risiko). Auch wenn die Methode eigentlich zur Strategieentwicklung in Unternehmen gedacht ist, so lässt sie sich doch auch bestens für die Bestandsaufnahme der eigenen inneren Widerstandsfähigkeit einsetzen. Wichtig ist dabei nicht die Methode an sich, sondern die tiefe Eigenreflexion, die für viele Managerinnen und Manager nach meiner Erfahrung immer wieder eine Herausforderung ist. Viele Führungskräfte sind von Hause aus eher Macher als Denker.

Nehmen Sie sich Zeit für die Eigenreflexion mit der SWOT-Analyse. Wie gehen Sie aktuell mit Rückschlägen um? Was klappt, was funktioniert nicht so gut? Was wollen Sie zukünftig besser machen und was gilt es auf jeden Fall zu vermeiden?

Beispiel für eine SWOT-Analyse zum Umgang mit Schwierigkeiten	
Strength (Stärke) • Bin meist ausgeglichen • Kann gut mit Stress umgehen, wenn ich Sport mache und genug schlafe • Bin erfolgreich	**Weakness (Schwäche)** • Unsicherheit strengt mich an • Versuche, Konflikte zu vermeiden • Neige zu Selbstzweifeln
Opportunity (Chance) • Unsicherheit eher als Chance sehen • Konstruktiveren Umgang mit Konflikten finden • Konsequenter meine Interessen vertreten	**Threat (Risiko)** • Komme leicht in eine Abwärtsspirale, wenn ich nicht gut für mich sorge • Neige zu Katastrophen-Szenarien

6.4 Biografie: Wie Sie Kraft aus der Vergangenheit ziehen

Die Art, wie ein Mensch seine Lebensgeschichte sieht, insbesondere sein Blick auf schwierige Phasen und belastende Erlebnisse, ist entscheidend für seine Haltung gegenüber Gegenwart und Zukunft und damit auch für seine Resilienz. Da das menschliche Gedächtnis in Geschichten und Bildern organisiert ist und nicht zwischen Sinneseindrücken, Sachinhalten und emotionaler Bewertung unterscheidet, ist die eigene Lebensgeschichte nicht statisch. Vielmehr ist sie insbesondere in Bezug auf die emotionale Bewertung von vergangenen Ereignissen durchaus veränderbar. Um die innere Widerstandsfähigkeit zu stärken, ist es daher sinnvoll, sich einmal intensiver mit der eigenen Geschichte zu beschäftigen.

6.4.1 Die eigene Geschichte erzählen

Wie ist Ihr Leben bisher verlaufen? Die meisten Menschen erinnern sich spontan an eine Handvoll Ereignisse, die ihr bisheriges Leben geprägt haben. Diese Ereignisse stechen in der Erinnerung heraus. Andere Ereignisse verblassen dagegen.

Manche fühlen sich unwohl, wenn es um die Arbeit an der eigenen Geschichte geht. Insbesondere belastende Situationen in der Kindheit sind häufig sauber abgespalten und schlummern im Bereich des vermeintlich Vergessenen. Die Konfrontation damit ist manchmal unangenehm und steht im starken Kontrast zur heutigen Souveränität und Stärke. Dennoch ermutige ich Manager, sich mit den dunklen Ecken im eigenen Keller zu beschäftigen, denn nur so verlieren diese ihren Schrecken.

Die eigene Lebensgeschichte kann man sehr detailliert oder sehr grob beschreiben. Am besten ist es, dies so detailliert und facettenreich wie möglich zu tun. Entscheidend ist dabei einzig und allein, was für den Erzählenden bedeutsam erscheint.

- Erstellen Sie zunächst eine Übersicht zentraler Lebensereignisse, angefangen von Ihrer Kindheit.
- Notieren Sie anschließend zu jedem Ereignis Ihr damals empfundenes Maß an Lebensenergie beziehungsweise Wohlbefinden (+10 bis -10).
- Visualisieren Sie diese Ereignisse in einem Diagramm wie unten dargestellt.
- Welche wesentlichen Erkenntnisse haben Sie in Ihrem Leben gewonnen? Welche grundlegenden Entscheidungen haben Sie getroffen? Was gibt Ihnen heute noch Kraft? Machen Sie Ihre Entscheidungen und Erkenntnisse im Diagramm kenntlich.

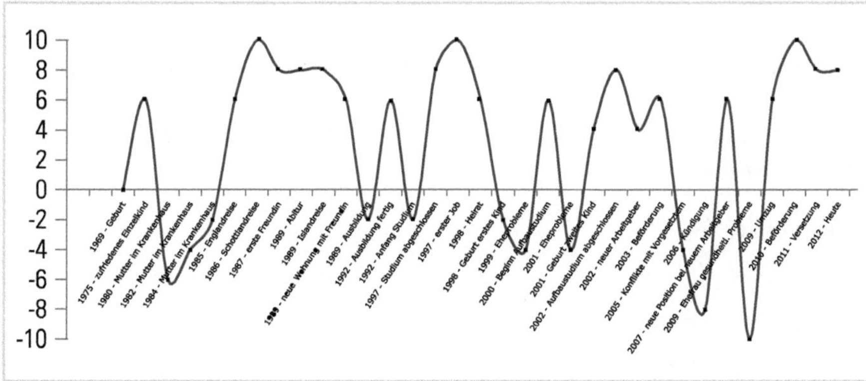

Dokumentation zentraler Ereignisse der eigenen Lebensgeschichte

Was fällt Ihnen auf?

6.4.2 Glaubenssätze transformieren

Ein Mitbringsel aus unserer Kindheit und Jugend sind Glaubenssätze. Sie lassen sich als kindliche Strategien verstehen, elterliche Aufmerksamkeit und Fürsorge zu erlangen. Diese einmal erlernten Strategien behalten dabei bis ins Erwachsenenalter ihre Gültigkeit, obwohl sich das Bezugssystem mittlerweile vollständig verändert hat. An die Stelle der Herkunftsfamilie sind die eigene Familie und die Arbeitsstelle getreten und aus dem kleinen Jungen oder Mädchen wurde zwischenzeitlich eine erfolgreiche Führungskraft. Und dennoch sind die Glaubenssätze weiterhin aktiv, was man am besten beobachten kann, wenn ein Manager unter Stress gerät.

Da sich existierende Glaubenssätze aus hirnbiologischer Sicht nicht löschen lassen, gilt es, sie zu identifizieren und sie in neue, der aktuellen Lebenssituation angemessenere Verhaltensstrategien umzuwandeln. Diese neuen Glaubenssätze sollten dann immer wieder ausprobiert und eingeübt werden. Am Anfang fühlt sich das sehr ungewohnt an. Aber mit der Zeit macht man sich den neuen Glaubenssatz durch beständige Anwendung zu eigen.

Es kann durchaus mehr als einen Glaubenssatz geben. Doch meist ist eines dieser mentalen Muster dominant. Um diesen Glaubenssatz zu finden, ist es sinnvoll, eine Logik im Sinne von »Wenn [Verhalten], dann [negative Konsequenz]« zu unterstellen, denn so lässt sich sowohl die getroffene Entscheidung zum Verhalten als auch deren Auswirkung beschreiben. Wie die Erfahrung zeigt, ähneln sich die Glaubenssätze verschiedener Menschen, was die Suche nach dem für eine Person richtigen Satz erleichtert. Ob ein Satz »passt«, lässt sich dabei nur von der Person selbst wahrnehmen. In der Regel kann der Einzelne sehr eindeutig benennen, ob sich ein Glaubenssatz stimmig anfühlt.

Im ersten Schritt geht es darum, den ersten Teil, also das beschriebene Verhalten des mentalen Musters zu finden. Hierbei kann die folgende Tabelle helfen, wobei die Formulierungen natürlich individuell abweichen können. Ein Glaubenssatz basiert auf kindlicher Logik und wirkt daher einfach und eher undifferenziert. Welcher Satzbeginn passt am ehesten zu Ihnen?

Beispiele für Anfänge von Glaubenssätzen – Verhalten	
Negativ formuliert	**Positiv formuliert**
Wenn ich nicht perfekt bin	Wenn ich mich zeige
Wenn ich es nicht allen Recht mache	Wenn ich erfolgreich bin
Wenn ich nicht stark bin	Wenn ich bin wie alle
Wenn ich nicht alles gebe	Wenn ich Hilfe brauche
Wenn ich nicht vorsichtig bin	Wenn ich Gefühle zeige

Der zweite Teil des Glaubenssatzes beschreibt die negative Konsequenz aus Sicht des Kindes. Sie erscheint aus der Perspektive von Erwachsenen typischerweise übertrieben und einseitig, da Große nicht mehr so magisch denken, wie Kinder das noch tun. Die Endungen von Glaubenssätzen variieren meiner Erfahrung nach individuell mehr als die Anfänge. Hier ist es besonders wichtig, die passenden Begrifflichkeiten zu finden, die die emotionale Verbindung herstellen. Die folgende Tabelle kann hierzu einige Anregungen geben. Welches Satzende passt für Sie am besten?

Beispiele für Endungen von Glaubenssätzen – negative Konsequenz		
dann werde ich:	**dann habe ich:**	**dann gehe ich:**
… nicht geliebt.	… Angst.	… unter.
… nicht beachtet.	… Furcht.	... vor die Hunde.
… ausgestoßen.	… Panik.	… kaputt.
… klein gemacht.	… Not.	… drauf.

Im nächsten Schritt geht es darum, eine emotionale Kosten-/Nutzenbetrachtung für den Glaubenssatz zu erstellen. Auch wenn ein Glaubenssatz häufig als störend empfunden wird, so ist er doch als ehemalige Bewältigungsstrategie und daher als vormals hilfreich zu würdigen. Kein Glaubenssatz ist ausschließlich schlecht oder gut. Vielmehr hat er einerseits nützliche Aspekte und andererseits einen Preis, den man für ihn zahlt. Die Kosten-/Nutzenbetrachtung ist Ergebnis einer umfangreichen Eigenreflexion.

Der letzte Schritt zur Transformation von Glaubenssätzen ist der eigentliche kreative Prozess. Hierbei geht es darum, die wesentlichen Aspekte des ursprünglichen Satzes dergestalt neu zu kombinieren, dass er den gleichen Nutzen bringt, allerdings bei deutlich reduzierten Kosten. Der so entstehende neue Glaubenssatz soll dabei eine Herausforderung darstellen, die, prinzipiell und realistisch gesehen, erreichbar erscheint, die nicht überfordert. Der neue Glaubenssatz muss kraftvoll sein, daher ist auch die Stimmigkeit der Worte sehr wichtig.

Alter Glaubenssatz: Wenn ich nicht alles gebe, dann gehe ich unter!	
Kosten	Nutzen
• »Fremdbestimmung« von innen • Unbarmherzigkeit • Getriebener	• Erfolg • Sicherheit • Selbstbewusstsein, Stolz • Unabhängigkeit
Neuer Glaubenssatz: Wenn ich mir vertraue, bin ich richtig gut!	

Ist der neue Glaubenssatz erst einmal gefunden, muss er eingeübt werden. Das funktioniert nur, wenn Sie sich zunächst regelmäßig an Ihr neues mentales Muster erinnern. Dies kann durch verschiedene visuelle Erinnerungshilfen passieren. Sehr praktisch und daher beliebt sind Bilder, die die betroffene Person mit dem Glaubenssatz verbindet, die aber für andere Menschen keine Bedeutung haben, wie etwa eine Naturaufnahme. Welche Erinnerungshilfe ist passend für Sie?

6.5 Haltung: Auf die richtige Einstellung kommt es an

Die Einstellung oder innere Haltung einer Führungskraft ist entscheidend für die Art, wie sie mit belastenden Situationen umgeht. Daher hat die Einstellung einen maßgeblichen Einfluss auf die innere Widerstandsfähigkeit. Sie entscheidet darüber, ob eine schwierige Entwicklung eher als Herausforderung verstanden wird, die Ansporn zur Höchstleistung ist, oder aber als Überforderung, die früher oder später in die Resignation führt. Die innere Haltung eines Menschen ist etwas Unwillkürliches, d. h., sie wird typischerweise nicht bewusst eingenommen, ist aber wahrnehmbar und kann daher auch mit einiger Übung beeinflusst werden. Mit den folgenden Ansätzen können Sie Ihre innere Haltung bewusst wahrnehmen und verbessern.

6.5.1 Selbstverantwortung stärken

Die Resilienzforschung ist sich einig: Ein hohes Maß an Selbstverantwortung ist ein entscheidender Aspekt der inneren Energie, die Menschen unbeschadet Krisen überstehen lässt. Das bedeutet konkret, dass diejenigen, die für alle Aspekte ihres Lebens in Vergangenheit, Gegenwart und Zukunft die volle Verantwortung übernehmen, eher mehr innere Stärke und Widerstandsfähigkeit mobilisieren können als andere, die das nicht tun. Die Aspekte unseres Lebens lassen sich dabei vereinfachend in drei verschiedene Bereiche unterteilen.

- Den ersten Bereich »Kontrolle« können wir direkt steuern. Dieser umfasst zum Beispiel den eigenen Körper, die Familie, das Team, die Abteilung und das Verhältnis zu Mitarbeitern, Kollegen und Vorgesetzten. In diesem Bereich kann jeder einen direkten Unterschied machen.
- Der zweite Bereich »Einfluss« beinhaltet alle Aspekte des Lebens, die ein Mensch indirekt beeinflussen kann. Dazu gehören zum Beispiel das Betriebsklima, die Strategie des Bereichs, Innovationen oder die Förderung bestimmter Initiativen.
- Der dritte Bereich »Sorge« lässt sich hingegen durch Einzelne auch bei größtem persönlichem Einsatz so gut wie gar nicht beeinflussen. Um diesen Bereich kann man sich nur Gedanken machen, beispielsweise um die Firmenstrategie.

Auf welchen dieser Bereiche verwenden Sie den größten Teil Ihrer Energie? Wo üben Sie direkt oder indirekt Einfluss aus und übernehmen Verantwortung für die Geschehnisse? Und wie viel Zeit verwenden Sie darauf, sich über Dinge aufzuregen, die Sie nicht beeinflussen können?

Gerade in Unternehmen, die vielen Veränderungen ausgesetzt sind, trifft man oft auf hochrangige Führungskräfte, die eine Menge Zeit und Energie darauf verwenden, sich über Dinge zu beklagen, die schiefgelaufen, aber nicht mehr veränderbar sind. In dieser Zeit nutzen sie nicht die ihnen zur Verfügung stehenden Handlungsspielräume. Dies ist zwar menschlich, aber nicht sonderlich sinnvoll. Menschen mit einem hohen Maß an Resilienz beschäftigen sich hingegen sehr viel mit den Bereichen, die sie direkt kontrollieren und indirekt beeinflussen können und verbringen vergleichsweise wenig Zeit damit, sich um Dinge zu sorgen, die außerhalb ihres Machtbereichs oder in der Vergangenheit liegen.

Noch deutlicher wird es, wenn persönliche Niederlagen hinzukommen und Führungskräfte in die Rolle des Opfers verfallen. Dadurch wird der Bereich, den sie kontrollieren oder beeinflussen können, nochmals künstlich verkleinert, und zwar durch ihr eigenes Zutun. Das Schwierige daran ist, dass sich diese Managerinnen und Manager häufig nicht bewusst sind, was sie da tun, selbst dann nicht, wenn man sie darauf hinweist. Die reflexhafte Gewohnheit, andere für das eigene Ungemach verantwortlich zu machen, ist bei vielen lange antrainiert. Trifft das auch auf Sie zu? Wo sind Sie in der Opferhaltung? Was ist Ihr Vorteil daraus, sich als Opfer zu fühlen und nicht die Verantwortung für sich zu übernehmen? Was wird dadurch besser, was wird schlechter? Was brauchen Sie von sich, um die Opferrolle zu verlassen?

6.5.2 Innere Führung übernehmen

Manchmal laufen in unserem »inneren Theater« Vorstellungen, die wir gar nicht bestellt haben. Selten sind es Premieren, meist sind es neue Interpretationen von bereits gut bekannten Stücken. Dann sind Emotionen und Gedanken am Werk, die die Kontrolle über unser Innenleben übernommen haben und sich negativ auf unsere innere Stärke und Widerstandskraft auswirken. Der US-amerikanische Psychologe Derek Roger bezeichnet dies als »geistiges Wiederkäuen«. Sein Kollege Albert Ellis, einer der Begründer der Kognitiven Verhaltenstherapie, nannte dieses Phänomen lange vor ihm »automatische Gedanken«.

BEISPIEL

Das Projekt eines Managers, in das er bereits sehr viel Arbeit und Herzblut investiert hatte, ist gestoppt worden. Das verletzte Kind in ihm schreit: »So eine Sauerei!«. Es beschwert sich tagelang immer wieder. Der ewige Skeptiker in ihm legt noch den Finger in die Wunde und murmelt beständig: »Ich hab's dir ja gleich gesagt!«. Bei dem ganzen Lärm im Kopf kann es leicht zu karriereschädigendem Verhalten kommen, zum Beispiel wenn der Manager »aus der Rolle« fällt und verbal um sich schlägt.

Kennen Sie solche Gedankenschleifen auch bei sich? Es ist wesentlich leichter, ein solches Denkmuster zu identifizieren, als es zu unterbrechen oder gar zu beenden, nicht wahr? Ein hilfreicher Ansatz dazu ist es aus unserer Sicht, sich ein inneres Theater oder Team vorzustellen, wie es der deutsche Kommunikationswissenschaftler Friedemann Schulz von Thun beschrieben hat. Das Team oder die Schauspieler repräsentieren dabei die verschiedenen eigenen Persönlichkeitsanteile beziehungsweise die inneren Stimmen, die viele Menschen »hören«, wenn sich in ihnen innere Konflikte abspielen und sie sich deswegen hin- und hergerissen fühlen. Die Stimmen sind natürlich für jede Person individuell verschieden. Es sind aber immer mehrere, und sie unterscheiden sich oft in der jeweiligen Lautstärke.

BEISPIEL

Eine Stimme ist vielleicht »der Reichsbedenkenträger«, die immer schon alles besser wusste und schon immer gegen das Projekt war. Ein anderer Akteur ist möglichweise »der Empörte«, der sich oft ungerecht behandelt fühlt und die Schlechtigkeit der Welt beklagt. Solche Stimmen sind sehr laut und oft richtig zeternd. Aber es gibt auch leisere Stimmen, die im allgemeinen Lärm leicht überhört werden. Vielleicht ist da der Nüchterne, der in der Lage ist, die Situation von ihrer sachlichen Seite zu sehen, und die Entscheidung daher nachvollziehen kann. Vielleicht gibt es auch die Stimme des Genießers, die sich darüber freut, dass man nun wieder weniger Verantwortung tragen muss.

Welches Stück wird bei Ihnen aufgeführt? Welche Stimmen sind dabei typischerweise auf der Bühne? Was sagen die einzelnen Akteure?

Das Team oder Ensemble wird dabei von einem Teamleiter beziehungsweise einer Regisseurin geleitet. Diese Rolle muss als einzige bewusst installiert werden, damit das Team nicht kopflos umherirrt. Sie entspricht dem erwachsenen, souveränen Persönlichkeitsanteil. Die Aufgabe des Teamleiters ist es dabei zunächst, alle Stimmen einzeln anzuhören, und zwar sowohl die lauten als auch die leisen. Im inneren Dialog wird gedanklich jede Stimme um ihre Meinung gebeten, und ihre Motive beziehungsweise höhere Absichten werden erfragt. Dabei ergibt sich in der Regel, dass die höheren Absichten aller Stimmen sehr ähnlich sind. Typischerweise geht es darum, die eigene Person zu schützen beziehungsweise vor Schmerz zu bewahren. Aber jede Stimme hat einen anderen Ansatz, dieses höhere Ziel zu erreichen. Ein innerer Konflikt entsteht also in der Regel aufgrund unterschiedlicher Lösungsstrategien, obwohl die höhere Absicht der inneren Teammitglieder ähnlich oder gleich ist. Wurden alle Stimmen gehört, trifft der innere Chef eine Entscheidung, die von allen getragen wird.

Dieser gedankliche Vorgang ist für viele Managerinnen und Manager eher ungewohnt und erfordert einiges an Übung, weswegen die einzelnen Schritte häufig im Rahmen einer Coaching-Sitzung gegangen werden. Das Verfahren ist erfahrungsgemäß eine zuverlässige Hilfe, wenn sich Emotionen und Gedanken infolge eines belastenden Ereignisses verselbstständigen.

6.5.3 Realistischen Optimismus praktizieren

Führungskräfte, die mit großer Energie ihre Ziele verfolgen, neigen nach einiger Zeit dazu, einen Tunnelblick zu entwickeln, der gefährlich für sie werden kann. Sie fokussieren alle Aufmerksamkeit auf ihren Erfolg und das Erreichen ihrer Ziele. Da sie mit hoher Geschwindigkeit agieren, nehmen sie ihre Umgebung und alles, was nicht auf dem direkten Weg zu ihrem Ziel liegt, nur noch undeutlich wahr – ähnlich wie ein Autofahrer, der mit hoher Geschwindigkeit unterwegs ist.

Dieses Verhalten macht sie anfällig für böse Überraschungen. Führungskräfte mit einer ausgeprägten Resilienz gehen dagegen stets davon aus, dass sich ihnen Probleme in den Weg stellen werden, die sie umso besser bewältigen können, je eher sie darauf vorbereitet sind. Führungskräfte, die von krisenhaften Entwicklungen »kalt erwischt« worden sind, haben meiner Erfahrung nach in aller Regel einige deutliche Warnsignale übersehen oder überhört, entweder aufgrund ihrer hohen inneren Geschwindigkeit oder aufgrund eines ausgeprägten Zweckoptimismus. Die meisten dieser Krisen wären in der Rückbetrachtung tatsächlich vermeidbar gewesen, hätten sie ein bisschen auf ihre Umwelt geachtet. Die Studie zu diesem Buch bestätigt das. So gaben 65 % der teilnehmenden Managerinnen und Manager an, eine Mitverantwortung am Eintritt der kritischen Karrieresituationen gehabt zu haben, indem sie politischen Aspekten nicht genug Aufmerksamkeit schenkten. 40 % waren über blinde Flecken in ihren Verhaltensmustern gestolpert und immerhin 14 % waren zu wenig einsichtig, wenn es darum ging, Feedback zu ihrem Verhalten ernst zu nehmen.

Das Ergebnis von einseitiger Fokussierung ist ein Tunnelblick mit einem ausgeprägten toten Winkel, der im Management leicht gefährlich werden kann. Um sich gezielt auf eventuell entstehende Probleme vorzubereiten, hilft es daher, von Zeit zu Zeit innezuhalten und sich einmal gründlich mit einem Rundumblick in seinem System umzuschauen. Holen Sie gezielt Feedback ein von Menschen, denen Sie vertrauen. Wie werden Sie wirklich gesehen? Was von Ihrem Verhalten kommt gut an? Wann ecken Sie an? Fragen Sie sich auch, wie es sonst in Ihrem System aussieht. Mit wem stehen Sie in Beziehung? Wer sollte Sie kennen, wen sollten Sie kennen? Worauf müssen Sie Ihre Aufmerksamkeit fokussieren? Wo müssen Sie Beziehungsarbeit leisten, wo Risikominimierung betreiben? Wer verfolgt Interessen, die Ihren zuwiderlaufen? Wer könnte ein Verbündeter oder eine Verbündete für Sie sein?

Viele Managerinnen und Manager nutzen einen Coach für solche Betrachtungen, doch das ist gar nicht zwingend nötig, wenn die Systematik erst einmal klar ist. Diese Risikobetrachtung des eigenen Systems sollte mindestens einmal im Quartal durchgeführt werden, um unliebsamen Überraschungen vorzubeugen.

6.5.4 Gesunde Distanz einnehmen

Wer sind Sie, wenn Sie keiner sieht? Wer sind Sie ohne Ihre Ausbildung, ohne Position und Titel? Wer sind Sie ohne Ihre Mitarbeitenden, ohne Ihren reservierten Parkplatz, ohne sonstige Statussymbole? Diese unangenehmen Fragen stelle ich vielen Topmanagern. Und die Reaktionen darauf reichen von Unverständnis über tiefe Einsichten bis hin zur Existenzangst.

Verantwortung ist ungemein sinnstiftend, d. h., sie gibt uns einen Grund, morgens energiegeladen aufzustehen und die Welt zu bereisen. Es ist für uns wichtig, gebraucht und gewollt zu werden und etwas zu sagen zu haben. Status, Gestaltungsspielraum, Macht und Gehör bei den noch Mächtigeren wirken positiv verstärkend auf Selbstwertgefühl und Resilienz. Die Position, die Managerinnen und Manager bekleiden, lässt viele mit der Zeit größer und bedeutsamer erscheinen, als sie sich eigentlich tief drinnen fühlen. Dann richtet sich das eher schwache Ego an einer großen Position auf und stärkt sich dadurch. Dagegen ist prinzipiell nichts zu sagen, denn Wachstum im Management funktioniert oft nach dem Motto »Fake it until you make it« (zu Deutsch: »Tu so, dann wirst du so«).

6.5.4.1 Wenn Rolle und Person eins werden

Problematisch wird es, wenn aus einem hohen Maß an Identifikation mit der Rolle eine vollständige Verschmelzung und damit eine Abhängigkeit wird. Dann verwechselt die Führungskraft, dass die Aura der Macht, die sie umgibt, und die Autorität, die sie bei ihren Mitarbeitenden genießt, nicht ihr gelten, sondern der Rolle, die sie innehat. Die Zusammenarbeit zwischen Führungskraft und Team basiert allerdings nicht nur auf einem legalen, sondern auch auf einem emotionalen Kontrakt. Die Führungskraft kann von den Mitarbeitenden Leistung, Respekt und Loyalität erwarten, dafür erwarten diese umgekehrt eine Vorbildfunktion, Führung und Unterstützung. Die Tatsache, dass jemand Teammitglied ist und das Gegenüber die Führungskraft, ist dabei oft eher zufällig oder in externen Faktoren, wie etwa dem Lebensalter, begründet. Personen sind austauschbar, Rollen bleiben. Vergisst dies eine Führungskraft, dann bekleidet sie nicht mehr die Rolle, sondern sie wird zu der Rolle. Wird sie geschasst, dann fällt sie tief, was auch ihre Resilienz arg in Mitleidenschaft zieht. Nicht selten sind depressive Episoden und Sinnkrisen die Folge.

Wie ist das bei Ihnen? Was ermöglicht Ihnen Ihre Rolle? Füllen Sie sie innerlich ganz aus? Wie sehr brauchen Sie Ihre Rolle? Wozu gibt sie Ihnen das Recht?

Indizien dafür, dass eine Führungskraft irgendwann selbst von der Wichtigkeit und Andersartigkeit ihrer Person überzeugt ist, sind ethisch indiskutable Verhaltensweisen, wie zum Beispiel das Runterputzen von Mitarbeitenden in einem Meeting oder fehlende finanzielle Bescheidenheit trotz wirtschaftlich angespannter Lage des Unternehmens. Was hier hilft, sind ehrliches Feedback und die Arbeit an der eigenen Demut. Je weniger Sie sich selbst für etwas Besseres halten, desto mehr Bodenhaftung behalten Sie, und desto weniger tief können Sie fallen.

Der Führungsansatz, der sich bei solchen Managerinnen und Managern anbietet, ist die vom US-amerikanischen Management-Autor Robert Greenleaf bereits 1970 geprägte Idee des »Servant Leadership«, also der dienenden Führung, die sich konsequent an den Bedürfnissen der Mitarbeiter orientiert. Thomas Sattelberger, ehemaliger Personalvorstand der Telekom, sagte dazu: »In einem Dienstleistungsunternehmen muss Führung eine ausgeprägt dienende Komponente haben und nicht als Positionsmacht gelebt werden ... Offensichtlich habe ich das nicht hingekriegt.« Selbstkritische Worte. Wie sehr dienen Sie denn Ihrem Unternehmen und seinen Mitarbeitern?

Eine andere, weitaus kleinere Gruppe von Führungskräften läuft aus einem anderen Grund Gefahr, die Trennung zwischen Rolle und Person zu vergessen. Ihnen geht es weniger um Statussymbole, Macht und Habitus. Ihre Gedanken kreisen weniger um eigene Interessen. Diesen Managerinnen und Managern geht es um ihre Ideale, um etwas, das größer ist als sie selbst. Kennen Sie das auch von sich? Während karriereorientierte Managerinnen und Manager riskieren, irgendwann in der Karriere in eine

Sinnkrise zu stürzen, verspüren idealistische Executives Sinn im Überfluss. Da alles, was sie tun, einem höheren Zweck dient, wie zum Beispiel der Familie, der Firma oder der Gesellschaft, ist auch all dies sehr bedeutsam für sie, und es gibt ihnen viel Kraft. Diese Führungskräfte sind sehr diszipliniert und beuten sich regelrecht selbst aus für die gute Sache. Ihre Gefahr ist die totale Erschöpfung. Man könnte meinen, dieser Typus wäre ausschließlich im sozialen Bereich anzutreffen. Dem ist aber nach meiner Erfahrung nicht so. Auch der deutsche Mittelstand und einige Konzerne sind geprägt von dieser stark werteorientierten Sorte Mensch. Solche Führungskräfte brauchen sich nicht in »Servant Leadership« zu üben, sie praktizieren es automatisch jeden Tag. Ihre Herausforderung liegt darin, auch mal an sich zu denken und ein gesundes Maß an Egoismus zu kultivieren. Dazu muss meist erst der Glaubenssatz bearbeitet werden, dass man keine eigenen Ansprüche stellen darf. Wie ist das bei Ihnen?

Aus Sicht der Resilienz gibt es dabei kein »gut« oder »schlecht«. Beide Extreme brauchen eine Portion der Gegenseite, um ihre Resilienz zu schützen. Karriereorientierte Managerinnen und Manager brauchen das Element der Demut, um sich selbst nicht mit ihrer Rolle zu verwechseln. Idealistisch geprägte Führungskräfte brauchen ein Stück Egoismus, um die eigenen Bedürfnisse nicht zu vergessen. Was brauchen Sie?

6.5.5 Bewusst Dankbarkeit praktizieren

Die US-Armee ist mit insgesamt 1,3 Millionen zivilen und militärischen Angehörigen und einem Etat von über 800 Milliarden US-Dollar die größte, komplexeste und wohl auch teuerste Organisation der Welt (Statista 2022). Sie steht kaum im Verdacht, in übertriebenem Maße experimentierfreudig oder besonders menschenfreundlich zu sein. Aber die Army hat ein großes Problem, denn im Jahr 2013 starben erstmals mehr Army-Angehörige an Selbstmord als durch feindliches Feuer. George W. Casey Jr., ein heute pensionierter US-amerikanischer Vier-Sterne-General und ehemaliger Stabschef der US Army, rief als Reaktion auf diese sich abzeichnende Entwicklung bereits im Oktober 2009 das weltweit größte Förderprogramm für Resilienz unter dem Namen »Comprehensive Soldier and Family Fitness« ins Leben. Das Programm ist auf mehrere Jahre angelegt und war ursprünglich mit einem Budget von 140 Millionen US-Dollar ausgestattet. Es soll mittels verschiedener Maßnahmen rund eine Million Angehörige der US Army und deren Familien gegen die traumatischen Erfahrungen eines lang andauernden Kriegseinsatzes wappnen. Zu diesen Maßnahmen gehören freiwillige Online-Kurse, ein Online-Portal für Soldatinnen und Soldaten und ihre Familien zur vertraulichen Selbsteinschätzung ihrer persönlichen Resilienz-Situation sowie die 10-tägige Ausbildung von speziell dafür freigestellten Soldatinnen und Soldaten zu sog. Master-Resilience-Trainerinnen und Trainern, die dann als Kontaktpersonen für die Einsatzkräfte an der Front zur Verfügung stehen, wo sie auch Resilienz-Kurse abhalten.

Die wesentlichen konzeptionellen Wurzeln des Programms liegen im sog. Penn Resiliency Program, das von Jane Gillham, Karen Reivich und Martin Seligman 1994 an der University of Pennsylvania entwickelt wurde. In diesem Programm werden Elemente aus der Kognitiven Verhaltenstherapie und der Positiven Psychologie zu einem Curriculum kombiniert, das Schülerinnen und Schülern wie auch Studierenden dabei helfen soll, belastende und frustrierende Situationen besser zu bewältigen. In über 20 unabhängigen Studien wurde mittlerweile nachgewiesen, dass es das Auftreten von mittleren bis schweren depressiven Symptomen über einen Zeitraum von bis zu 24 Monaten gegenüber einer Kontrollgruppe reduziert. Auch das Auftreten von Ängsten und Gefühlen von Hoffnungslosigkeit konnte damit nachweislich vermindert werden. Dagegen nahmen Optimismus und das allgemeine Wohlbefinden zu.

Eine der zentralen Interventionen beider Programme ist interessanterweise eine Übung zum bewussten Praktizieren von Dankbarkeit. Im Armeejargon trägt sie den plakativen Namen »Hunting the Good Stuff«. Im Kern besteht die Übung aus einer täglichen Reflexion über die guten Dinge, die einem heute widerfahren sind. Dabei sollen von den Teilnehmern täglich mindestens drei Ereignisse niedergeschrieben werden, für die diese echte Dankbarkeit empfinden. Das liest sich deutlich einfacher, als es letztlich ist. Probieren Sie es doch selbst einmal aus.

Übung: Praktizieren von Dankbarkeit

Für welche drei Ereignisse, Begegnungen, Gespräche, Gesten etc. verspüren Sie gerade Dankbarkeit? Schreiben Sie sie auf.
Nicht damit gemeint sind übrigens generelle Ereignisse, wie die Tatsache, dass Sie am Leben sind, und dass es Menschen gibt, die Sie lieben. Vielmehr geht es hier um mitunter sehr kleine Dinge, die sich heute ereignet haben.

Und jetzt stellen Sie sich vor, Sie befinden sich in einem Kriegsgebiet in einer heißen, sandigen Gegend umgeben von fremden Menschen, die Sie töten wollen, weit weg von Ihrer Familie, und zwar für viele Monate. Wie leicht fällt es wohl den Soldatinnen und Soldaten, täglich drei Events zu finden, für die sie echte Dankbarkeit verspüren? Das ist tatsächlich harte Arbeit. Der Trick dabei ist, dass man nicht in einer Opferhaltung und gleichzeitig dankbar sein kann. Probieren Sie es mal aus. Selbstmitleid, Ausweglosigkeit, Rechthaben und Passivität lassen sich nur schwer empfinden, wenn man sich zeitgleich darauf konzentriert, für welche Geschehnisse man tiefe Dankbarkeit verspürt.

Die neurobiologische Grundlage für diese Intervention ist das sog. Hebb'sche Gesetz. Der kanadische Psychologe Donald Hebb postulierte bereits im Jahre 1949 eine These, die mittlerweile hinlänglich bewiesen ist: What fires together, wires together. Das bedeutet, dass Neuronen verschiedener Hirnareale, die regelmäßig gemeinsam erregt werden, mit der Zeit immer stärkere Vernetzungen ausbilden, bis sie schließlich zu einem eigenständigen Erregungsmuster geworden sind. Je öfter Sie also bewusst

Dankbarkeit empfinden, desto mehr werden Ihre neuronalen Netze, die für diese Emotion zuständig sind, gestärkt und verfestigt. Gleichzeitig wird durch die tägliche Übung Ihre Aufmerksamkeit geschult, und Sie nehmen auch während des Tages eher diejenigen Dinge wahr, die Sie als positiv empfinden.

In Resilienz-Workshops und in der Einzelarbeit mit Klienten nutze ich diese Methode regelmäßig. Die Ergebnisse sind wirklich verblüffend. Bereits nach wenigen Wochen berichten die Managerinnen und Manager von spürbaren Veränderungen in ihrem Wohlbefinden, ihrer Souveränität und der Fähigkeit, eine gesunde Distanz zu schwierigen Situationen einzunehmen.

6.6 Ressourcen: der private Erste-Hilfe-Koffer

Welche Mechanismen haben Sie entwickelt, um Stress abzubauen, wenn Sie angespannt sind? Wie fahren Sie Ihre Energie hoch, wenn Sie vor einem wichtigen Termin stehen? Welche Werkzeuge nutzen Sie, um sich besser zu organisieren? Wovor halten Sie sich bewusst oder unbewusst fern? All dies sind Ressourcen, die Sie für sich entwickelt haben. Ressourcen sind Kompetenzen, um sich selbst emotional zu steuern. Je mehr Sie davon haben und je flexibler Sie diese einsetzen können, desto besser. Sie helfen Ihnen, besser mit herausfordernden Situationen umzugehen und damit Ihre individuelle Resilienz zu steigern. Demgegenüber stehen Situationen, Verhaltensweisen oder konkrete Menschen, die Sie auf unerklärliche Weise Energie verlieren lassen, so wie eine elektrische Batterie, die bei Kälte viel mehr Energie verliert als bei Wärme. Oft bekommt man erst im Nachhinein mit, wenn man es mit Energieräubern zu tun hatte.

Nehmen Sie sich ein paar Minuten Zeit für eine erste Energiebilanz.

Was gibt Ihnen Energie?	Was lässt Sie Energie verlieren?

6.6.1 Unterschiedliche Arten von Ressourcen

Menschen haben die einmalige Fähigkeit, aus einem Gedanken, einer Tätigkeit und sogar aus einem leblosen Objekt Kraft für sich zu schöpfen. In Bezug auf Resilienz umfasst die Sphäre der Ressourcen alle Kompetenzen, die eine Person entwickelt hat, um sich selbst emotional zu steuern. Dazu gehört die Fähigkeit, Stress abzubauen und den Kopf freizubekommen, sich auf- und abzuregen, Gedankenströme in eine Richtung zu lenken, den eigenen emotionalen Status willentlich zu verändern, Probleme zu strukturieren und die eigenen Batterien wieder aufzuladen. Sie umfasst dabei die Summe aller Gedanken, Tätigkeiten und Objekte, die es einem Menschen ermöglichen, sich einem gewünschten emotionalen Zustand anzunähern beziehungsweise eine innere Haltung einzunehmen, um besser mit herausfordernden Situationen umgehen zu können.

Meiner Erkenntnis nach gibt es verschiedene Arten von Ressourcen, die von Person zu Person zudem stark variieren:

- **Wurzeln:** Gedanken, Tätigkeiten und Objekte, die Erdung geben, Kontakt zum eigenen Körper herstellen und aufgestaute Energie abbauen;
- **Flügel:** Gedanken, Tätigkeiten und Objekte, die dabei unterstützen, eine bestimmte Energie oder Haltung aufzubauen und Energie, Kraft und Zuversicht zu bündeln;
- **Tools:** organisatorische Hilfsmittel und administrative Unterstützung, die die eigene Effizienz erhöhen;
- **Energielöcher:** Verhaltensweisen, Menschen und Situationen, die Energie abziehen und uns daran hindern, einen gewünschten inneren Zustand einzunehmen.

Beispiele für Wurzel-Ressourcen		
Gedanken	**Tätigkeiten**	**Objekte**
Erinnerungen an positive Momente, z. B. einen Urlaub	Bewegung, z. B. Laufen, oder Yoga	Bilder, die positive Erinnerungen auslösen
Denkrituale, z. B. Fokussierung auf Positives	Wellness, z. B. Sauna	Bestimmte Musik
Gedankliche Entspannungsübungen	Handwerkliche bzw. körperliche Arbeit	Feuer, z. B. Kerzen
Meditation	Lachen oder Lächeln	Bestimmte gemütliche Kleidung

Beispiele für Flügel-Ressourcen		
Gedanken	**Tätigkeiten**	**Objekte**
Visualisierung besonders erfolgreicher Momente	Körperliche Aktivierung, z. B. durch Rennen	Abbildungen, die Ziele, Haltungen oder Glaubenssätzen symbolisieren
Bewusstes Erinnern an positive Glaubenssätze	Rituale, z. B. Texte laut vorlesen	Bestimmte energiegeladene Musik
Bewusstmachen des höheren Ziels, das man erreichen möchte	Energie tanken, z. B. durch genügend Schlaf	Talismane, d. h. Objekte, die eine subjektive positive Bedeutung haben
Reflektieren, was ein reales oder fiktives Vorbild tun würde	Bewusst unterstützendes, positives Umfeld schaffen	Ausgesuchte Kleidung, um sich optimal gewappnet zu fühlen

Tools laden unsere Batterien zwar nicht auf, aber sie sorgen dafür, dass diese nicht so schnell leer werden. Ein Beispiel für solch ein Tool ist das Management von Prioritäten zum Beispiel mit der Eisenhower-Matrix. Es ist erstaunlich, wie viele Führungskräfte heute solche oder ähnliche Modelle zwar kennen, aber nicht beherzigen. Ein weiteres Beispiel für ein Tool ist ein aktives Kalendermanagement. Viele Führungskräfte haben ihren elektronischen Kalender offen für jeden, so dass die Aussage »Ich bin nicht Herr meiner eigenen Agenda!« tatsächlich stimmt. Mit Zugriffsbeschränkungen und wiederkehrenden Serienterminen für Sport, Networking, Strategie oder einen Rundum-Check sorgen Sie dafür, dass Sie die Kontrolle behalten und dass Ihre Bedürfnisse nicht zu kurz kommen. Die Königsklasse im Bereich Unterstützungsstrukturen ist natürlich ein gut funktionierendes, umsichtiges und intelligentes Sekretariat.

Welche Hilfsmittel und Unterstützungsstrukturen haben Sie für sich geschaffen? Was ließe sich noch weiter ausbauen?

Die vierte Gruppe an Qualitäten, die wir im Kontext von Ressourcen betrachten, ist der Umgang mit sog. Energiedieben, d.h. Menschen oder Dingen, die uns Energie abziehen und unseren Energiespeicher leerlaufen lassen. Die Ressource besteht hier in der für uns richtigen Strategie zum Umgang mit diesen negativen Einflüssen. Ein Beispiel für Energiediebe sind Menschen mit einer sehr negativen Grundhaltung. Eine Strategie könnte hier die Vermeidung solcher Menschen sein, oder, falls das nicht realistisch ist, die Minimierung des Kontakts. Eine weitere Gruppe von Energieräubern sind Smartphones. Eine Strategie für den Umgang mit diesen Geräten ist es, Zeiten und Orte zu definieren, in und an denen man sie nicht benutzt.

Was sind Ihre Energielöcher? Welche Strategien haben Sie entwickelt, mit ihnen umzugehen?

6.7 Hirn-Körper-Achse: gesunder Körper – starker Geist

Die Annahme, Gedanken, Emotionen und körperlicher Zustand seien voneinander unabhängig, ist heute eindeutig widerlegt. Nicht nur beeinflusst die Psyche mit ihren Emotionen und Gedanken über das Gehirn zahlreiche Vorgänge im menschlichen Körper, wie etwa das Immunsystem und sogar Teile der Erbanlagen. Umgekehrt ist es genauso: Auch der Körper hat Einfluss auf den Gehirnstoffwechsel und damit die seelische Balance und geistige Leistungsfähigkeit, zum Beispiel über Sport oder Meditation.

Wer diese Wechselwirkungen versteht und sie gezielt nutzt, kann entscheidenden Einfluss auf seine innere Widerstandsfähigkeit ausüben. Leider wird diese Erkenntnis nur zögerlich umgesetzt. Das liegt auch daran, dass Menschen in Industrienationen westlicher Prägung dazu neigen, intellektuelle Fähigkeiten einseitig überzubewerten. Dies ist bei Führungskräften besonders deutlich ausgeprägt, da hier vor allem kognitiv orientierte Natur- und Wirtschaftswissenschaftler anzutreffen sind.

6.7.1 Einstellung zum Körper überprüfen

Hand aufs Herz: Fühlen Sie sich wohl in Ihrer Haut? Mögen Sie Ihren Körper? Wissen Sie, wie es Ihrem Körper geht? Viele Menschen haben ein eher schwieriges Verhältnis zu ihrem Körper. So wie sie sind, mögen sie sich oft nicht. Die einen reagieren darauf mit Ignoranz oder Resignation, die anderen entwickeln einen ausgeprägten Körperkult und versuchen sich beständig durch Sport, Diäten und chirurgische Maßnahmen zu optimieren. Ohne unseren Körper sind wir nichts, doch das merken viele erst, wenn er nicht mehr mitmacht. Im Sinne der Resilienz geht es vor allem um eine wertschätzende und annehmende Haltung dem Körper gegenüber. Dazu gehört vor allem die Wahrnehmung körperlicher Signale, des subjektiven Körpergefühls und des körperlichen Energielevels.

- Wahrnehmung der körperlichen Signale: Hier geht es darum, die Signale des Körpers zu registrieren und zu verstehen. Was tut Ihnen gut, was nicht? Nehmen Sie es wahr, wenn Sie hungrig, durstig oder müde sind? Bekommen Sie auch eher flüchtige Empfindungen mit, wie zum Beispiel ein Ziehen im Bauch, feuchte Hände oder einen Kloß im Hals? Was sagen Ihnen diese Signale?
- Körpergefühl: Hier geht es um die innere Stimmigkeit, die Sie in Ihrem Körper empfinden. Fühlt es sich richtig und gut an, in diesem Körper zu sein? Wann haben Sie sich das letzte Mal vollständig wohl in Ihrer Haut gefühlt?
- Level an Energie: Er ist Teil des Körpergefühls und hängt unter anderem von Faktoren wie Schlaf und Ernährungsweise ab. Manchmal könnten Sie Bäume ausreißen und manchmal ist Ihnen vielleicht mehr nach einem Tag auf dem Sofa zumute.

Nun ist es nicht so, dass jemand, der ein hohes Energielevel und ein gutes Körpergefühl hat, wie zum Beispiel ein Spitzensportler, automatisch über ein hohes Maß an Resilienz verfügt. Allerdings ist derjenige, der sich wohl und energiegeladen in seinem Körper fühlt, mit großer Wahrscheinlichkeit eher ausgeglichen und kann Stress daher besser verarbeiten.

Doch wann fühlt man sich wohl in seiner Haut? Mit subjektiven Gefühlen ist das so eine Sache, denn sie sind nicht vergleichbar. Um die eigene Wahrnehmung zu kalibrieren, gibt es aus medizinischer Sicht drei leicht zu erfassende Kenngrößen, die das körperliche Energieniveau eines Menschen näherungsweise beschreiben. Dies sind der Ruhepuls, der sog. Body-Mass-Index und die Herzratenvariabilität.

1. Der Ruhepuls ist eine dynamische Kenngröße und macht eine Aussage über die Tagesform. Ein gesunder, untrainierter Erwachsener hat einen Ruhepuls von 50 bis 100 Schlägen pro Minute. Wenn sich Ihr Ruhepuls vor dem morgendlichen Aufstehen im optimalen Korridor bewegt, so ist das eine erste grobe Aussage über den Wirkungsgrad, mit der Ihr Organismus arbeitet. Ein zu hoher Ruhepuls bedeutet, dass der Herzmuskel mehr arbeiten muss als nötig. Ein zu niedriger Ruhepuls kann dagegen ein Zeichen von Erschöpfung sein.
2. Die zweite vergleichsweise statische Kenngröße, ist der sog. Body-Mass-Index (BMI). Er stellt das Körpergewicht in Abhängigkeit von der Körpergröße dar und macht eine Aussage über die aus gesundheitlicher Sicht optimale Körpermasse, das Normal- beziehungsweise Idealgewicht. Auch wenn es keinen direkten Zusammenhang zwischen BMI und dem Maß an individueller Resilienz gibt, so gibt es doch einen Zusammenhang zwischen dem eigenen Körpergefühl und dem Maß an innerer Ausgeglichenheit. Viele Menschen erleben ein optimales Körpergefühl, wenn sie sich im Korridor des Normalgewichts bewegen.

6.7.2 Achtsamkeit üben

Einer der Pioniere des Achtsamkeitskonzepts in der westlichen Welt ist der US-amerikanische emeritierte Professor für Medizin Jon Kabat-Zinn. Ende der 1970er Jahre nahm er an einem Retreat des vietnamesischen Buddhisten-Mönches, Autors und spirituellen Lehrers Thich Nhat Hanh in den USA teil. Dort entdeckte er die Wirkungsweise dieser Methode und ihren Nutzen für Menschen, die mit großen Belastungen umgehen müssen, wie beispielsweise Führungskräfte. Kabat-Zinn übernahm die wesentlichen Konzepte Hanhs, löste sie jedoch von jeglichen religiösen Elementen und strukturierte die Übungen in einem reproduzierbaren achtwöchigen Programm, das seither als Mindfulness Based Stress Reduction (MBSR) zunehmend bekannter wird. MBSR bietet einen pragmatischen Fahrplan für das Erlernen der Meditationspraktiken an, die aus jeweils einer zweieinhalbstündigen Gruppensitzung pro Woche und einem Tag der Achtsamkeit bestehen. Die tägliche Übungszeit beträgt 45 Minuten. Es braucht also durchaus einiges an Energie und Durchhaltevermögen, was sich aber schnell bezahlt macht. Kern von MBSR ist es, durch das Schulen von nicht bewertender Wahrnehmung die automatische Verknüpfung zwischen externer Belastung und Stressreaktion aufzulösen. Das MBSR-Programm ist weltweit standardisiert und enthält unter anderem folgende Übungselemente:

- Einübung achtsamer Körperwahrnehmung
- Ausgewählte einfache Körperübungen (Yoga)
- Kennenlernen und Einüben des »Stillen Sitzens« (Sitzmeditation)
- Achtsames Ausführen langsamer Bewegungen (Gehmeditation)
- Spezielle Atemübungen

Ziel der Methode ist es dabei, einen inneren Freiraum und Abstand zu den Problemen in der äußeren Welt zu schaffen. Die Wirksamkeit des Konzepts wurde mittlerweile in vielen Studien nachgewiesen. Es gilt als anerkannt und ist zwischenzeitlich über globale Konzerne zumindest auf der Ebene der Mitarbeiter auch in Deutschland angekommen. Unternehmen wie BMW, Bosch, SAP und Siemens bieten ihren Mitarbeitern MBSR-Kurse an und stellen teilweise sogar eigene Meditationsräume zur Verfügung. Vorreiter waren allerdings, wie so oft, US-amerikanische Unternehmen wie General Mills, Target oder Google, die bereits seit Mitte des letzten Jahrzehntes Meditationsangebote für ihre Mitarbeiter bereitstellen, und das mit großer Nachhaltigkeit. So durchliefen das MBSR-Programm von Google, das den sehr stimmigen Namen »Search inside yourself« trägt, bereits weit mehr als 1.000 Mitarbeiter und Führungskräfte seit seinem Beginn im Jahre 2007. Dabei ist es natürlich von großem Nutzen, dass Topmanager, so zum Beispiel der Medienmogul Rupert Murdoch und der Ford-CEO Bill Ford, öffentlich davon berichten, wie ihnen Achtsamkeit bei der Bewältigung ihrer Aufgaben hilft.

Es ist also an der Zeit, dass sich auch in Deutschland Führungskräfte intensiver mit diesem Konzept auseinandersetzen. Die tägliche Praxis der Achtsamkeit beginnt dabei mit vielen kleinen Schritten. Bei allen Übungen steht die nicht bewertende Wahrnehmung dessen, was gerade im Augenblick passiert, im Vordergrund. Das können Körperempfindungen, Sinneswahrnehmungen, Gedanken oder Emotionen sein. Mit zunehmender Übung lassen sich durch MBSR auch alltägliche Arbeiten mit mehr Bewusstsein und Achtsamkeit ausführen. Ein Prinzip von Achtsamkeit ist es, der Sache, die man gerade tut, jeweils die volle, uneingeschränkte Aufmerksamkeit zukommen zu lassen, so zum Beispiel keine E-Mails während des Essens zu lesen und sich in dieser Zeit auch nicht von Telefonaten unterbrechen zu lassen. Das ist also das exakte Gegenteil von Multitasking. Die MBSR-Methode ist hoch wirksam, genau wie viele andere Formen der Körperarbeit auch. Probieren Sie sie doch einfach mal selbst aus. Entsprechende Kurse finden Sie im Internet, wenn Sie nach »MBSR-Kurs« in Ihrer Stadt suchen.

6.8 Authentische Beziehungen: der persönliche Aufsichtsrat

Authentische und vertrauensvolle Beziehungen sind elementar für die Festigung und Verbesserung unserer psychischen Widerstandsfähigkeit. Die meisten Managerinnen und Manager ziehen großen Nutzen daraus, sich mit ihresgleichen vertrauensvoll auszutauschen. Sie messen diesen besonderen Beziehungen eine hohe Bedeutsamkeit bei, wenn sie sie erst einmal erlebt haben. In der Forschung werden solche wechselseitigen Beziehungen auch als Critical Leader Relationships (CLRs) bezeichnet. Eine solche CLR kann beschrieben werden als eine stabile, dauerhafte, vertrauensvolle Beziehung zu einer anderen Person mit dem Ziel der Unterstützung und der Beratung in führungsrelevanten Fragestellungen. Es handelt sich also hier nicht um Freundschaften oder um normales kollegiales Networking. Nigel Nicholson, ein Professor für Organisationsentwicklung an der London Business School, identifizierte gemeinsam mit seiner Kollegin Åsa Björnberg von der London School of Economics in einer Studie die folgenden nutzbringenden Faktoren von CLRs.

Nutzen von CLRs	
Feedback	Offene und ehrliche Rückmeldung zu den Auswirkungen des eigenen Verhaltens
Emotionale Unterstützung	Herzlichkeit, Sympathie, Zutrauen, Bestätigung und Lob, die das Selbstvertrauen im Gegenüber stärken
Konkrete Hilfe	Praktische Unterstützung bei der Lösung konkreter Problemstellungen.
Beratung	Preisgabe von eigenen Erkenntnissen, die für das Gegenüber in Bezug auf Strategien hilfreich sein können
Hinterfragen	Einnehmen eines anderen Standpunktes als Advocatus Diaboli, um die Meinung des anderen infrage zu stellen und dadurch seinen Blickwinkel zu erweitern
Einsicht	Mitteilen der eigenen Weltsicht mit ihren Abhängigkeiten zur Erweiterung des Verständnisses im Gegenüber

In der Regel entstehen CLRs nicht einfach so, sondern müssen aktiv gepflegt werden, was Zeit und Energie kostet. CLRs funktionieren am besten auf Augenhöhe, wenn beide Beteiligten die regelmäßigen informellen Gespräche schätzen und gleichermaßen einen Nutzen daraus ziehen. Aber diese Beziehungen gelingen nicht nur zwischen gleichrangigen Managerinnen und Managern. Auch CLRs im Sinne einer Beziehung zwischen »Mentor« und »Mentee« können funktionieren, denn auch hier haben beide Seiten etwas davon. Der Mentor oder die Mentorin kann seine/ihre Erfahrung weitergeben, was seine Eigenreflexion anregt und zudem dem Ego schmeichelt. Der Mentee hat einen erfahrenen Sparringspartner an der Seite, der ihn im Sinne eines wohlwollenden Ratgebers und Advocatus Diaboli hinterfragt.

Entscheidend ist, dass Chemie und Wellenlänge stimmen und dass sich keine vordergründigen oder opportunistischen, sondern vertrauensvolle und authentische Beziehungen entwickeln. Die Zielsetzung dabei ist, dass der Austausch von beiden Seiten als eine Gelegenheit geschätzt wird, sich weitgehend so zeigen zu können, wie man wirklich ist. Keine einfache, aber eine sehr lohnenswerte Aufgabe.

Wie steht es mit Ihnen? Auf welche CLRs können Sie zurückgreifen? Wie vertrauensvoll und lebendig sind diese Beziehungen? Wie oft haben Sie Kontakt? Was wäre erstrebenswert? Was werden Sie tun, um die Qualität und Intensität dieser Beziehungen zu verbessern? Nutzen Sie die folgende Tabelle, um eine Bestandsaufnahme Ihres Beziehungsnetzwerks zu machen und einen Aktionsplan zu entwickeln.

Vertrauensperson (CLR)	Grad des Vertrauens	Wie oft Kontakt? (aktuell	Wie oft Kontakt gewünscht?	Maßnahmen

6.9 Sinn: Stark werden durch die Antwort auf das Warum

Welchen Sinn hat Ihr Leben? Viele Managerinnen und Manager haben keine genaue Vorstellung von dem Sinn, den ihr Leben hat oder haben könnte. Nicht wenigen ist das Gespräch darüber bereits ziemlich unangenehm. Und dennoch ist empfundener Sinn die ultimative Quelle von Resilienz. Und auch der Umkehrschluss trifft zu: Fehlender Sinn, also empfundene Sinnlosigkeit, ist eine große Gefahr für die eigene Resilienz, die Gesundheit und letztlich auch für das eigene Leben. Die zentrale Frage ist also: »Hat das, was ich tue, haben meine Entscheidungen, hat meine Karriere, mein Leben als Ganzes einen Sinn?«.

Das Erleben von Sinn hat neben äußeren Faktoren, wie dem individuellen Beruf und den eigenen Taten und Unterlassungen, vor allem auch eine innere Komponente, die in der Einstellung des Menschen zum Leben begründet ist. Der Glaube an das Gute, an den Ausgleich oder an eine höhere Instanz hat damit zu tun. Aber auch die Werte eines Menschen und seine Motive zählen hier. Das Erleben von Sinn gibt dem eigenen Handeln Bedeutsamkeit und Ausrichtung sowie das Gefühl von Zugehörigkeit und Stimmigkeit. Sinn stellt nicht das Individuum und sein alleiniges Wohlergehen in den Mittelpunkt des Handelns, sondern vielmehr etwas, das sich richtig und bedeutsam anfühlt und größer ist als jeder Einzelne. Daher ist Sinn auch mit Spiritualität im weiteren Sinne verwandt. Sinn kann sich jeder Mensch nur selbst stiften, auch wenn der Sinn durch unser Umfeld, sei es durch andere Menschen, die uns nahestehen, oder durch die Arbeit, bei der man uns braucht, gefestigt wird. Da es sich bei Sinn im weitesten Sinne um eine Überzeugung handelt, ist diese Komponente der Resilienz in dem Maße veränderbar, wie eine Überzeugung veränderbar ist.

Was also ist Ihr Sinn? Welchen Unterschied werden Sie bewirkt haben, wenn Sie einmal nicht mehr sind? Wird sich Ihre Karriere und der Preis, den Sie dafür bezahlt haben, gelohnt haben? Was möchten Sie als Erbe hinterlassen? Woran sollen die Menschen denken, wenn sie sich an Sie erinnern? Viele Führungskräfte haben keine Antwort auf diese Fragen. Und das, obwohl doch für uns alle das Leben endlich ist. Managerinnen und Manager sind gewohnt zu steuern, Einfluss zu nehmen und die Kontrolle zu behalten. Und doch endet unser aller Leben mit einem riesigen Kontrollverlust: dem Tod. Das menschliche Bedürfnis nach Sinn ist ein Geschenk dieser Perspektive.

6.9.1 Einsichten von Sterbenden

Wenn Menschen mit dem Tod konfrontiert sind, haben sie oft einen wesentlich schärferen Blick für die Dinge, die in ihren letzten Wochen und Monaten noch Sinn ergeben, und solchen, die eigentlich bedeutungslos sind. Dies sind auch die Erkenntnisse der Australierin Bronny Ware, die mehr als acht Jahre als Privatpflegerin arbeitete und Menschen in den letzten Monaten und Wochen ihres Lebens begleitete. Manche davon bereuten nichts und konnten mit dem nahenden Ende gut umgehen, andere waren bitter und wollten bis zum Schluss nichts davon wissen. Die Themen der Sterbenden ähnelten sich dabei. Ware hat ihre Erkenntnisse in dem Buch »The Top Five Regrets of the Dying« verarbeitet, das zu einem internationalen Bestseller wurde. Die Einsichten der Sterbenden sind in der folgenden Tabelle aufgelistet.

Einsichten von Sterbenden	
Ich wünschte, ich hätte den Mut gehabt, mein eigenes Leben zu leben.	Viele bedauerten, dass sie das Leben geführt hatten, das andere von ihnen erwarteten, nicht aber das Leben, das sie selbst wollten.
Ich wünschte, ich hätte nicht so viel gearbeitet.	Vor allem Männer bedauerten, dass sie ihrer Karriere zu viel Raum gegeben hatten und dafür darauf verzichtet hatten, Zeit mit den Menschen zu verbringen, die ihnen etwas bedeuten.
Ich wünschte, ich hätte den Mut gehabt, meine Gefühle auszudrücken.	Viele berichteten, dass sie selbst ihren engsten Vertrauten nie ihr wahres Ich und ihre Gefühle gezeigt haben. Sie hielten diese zurück aus Angst vor Ablehnung und vor Konflikten. Viele arrangierten sich lieber mit einer sicheren, aber mittelmäßigen Existenz, als ein Risiko einzugehen und zu dem zu werden, was sie hätten sein können.
Ich wünschte mir, ich hätte den Kontakt zu meinen Freunden aufrechterhalten.	Alle Sterbenden vermissten alte Freunde, deren Fährte sie im Laufe des Lebens verloren hatten. Sie bedauerten, nicht mehr Energie in diese Beziehungen investiert zu haben, so dass die Geschäftigkeit des Alltags selbst engste Freundschaften über die Jahre hatte verblassen lassen.
Ich wünschte, ich hätte mir erlaubt, glücklicher zu sein.	Viele steckten bis zum Schluss in ihren alten Mustern und Gewohnheiten. Sie realisierten zu spät, dass sie immer eine Wahl gehabt hatten, ihre Komfortzone zu verlassen. Sie bedauerten, dass sie Menschen, die ihnen viel bedeuteten, verloren hatten, weil sie nicht willens gewesen waren, aus ihrer Komfortzone zu treten.

6.9.2 Was gibt Ihnen Sinn?

Tatjana Schnell, Professorin für Persönlichkeitspsychologie an der Universität Innsbruck, hat mit ihrer Arbeit zur wissenschaftlichen, d.h. messbaren Ergründung des Phänomens »Sinn« Pionierarbeit geleistet. Sie entwickelte ein Inventar von fünf wesentlichen Sinndimensionen und 26 dazugehörigen Lebensbedeutungen, um die individuelle Ausprägung von Sinn messbar zu machen. Welche das sind, sehen Sie in der folgenden Tabelle.

Wie steht es mit Ihnen in Bezug auf Sinn? Wofür machen Sie das alles? Was möchten Sie nicht bedauern, wenn sich Ihr Leben einmal dem Ende zuneigen wird? Welche der Lebensbedeutungen in der Übersicht ist für Sie bedeutsam und sinnstiftend?

Sinndimensionen / Lebensbedeutungen	**Was daran genau macht dies sinnstiftend für Sie?**
1 Orientierung an einem jenseitigen größeren Ganzen	
• Konkrete Religiosität • Abstrakte Spiritualität	
2 Orientierung an einem diesseitigen größeren Ganzen	
• Soziales Engagement • Naturverbundenheit • Selbsterkenntnis • Gesundheit, Fitness • Erschaffen bleibender Werte	
3 Wirgefühl	
• Gemeinschaft • Freude • Liebe • Wellness • Fürsorge • Achtsamkeit • Harmonie	
4 Selbstverwirklichung	
• Bewältigung von Herausforderungen • Eigenes Potenzial ausleben • Macht, Gestalten • Entwicklung, Zielstrebigkeit • Leistung, Ziele erreichen • Freiheit, Unabhängigkeit • Wissen, Lernen • Kreativität	

Sinndimensionen / Lebensbedeutungen	Was daran genau macht dies sinnstiftend für Sie?
5 Ordnung	
• Tradition • Bodenständigkeit • Moral, Werte • Vernunft	

Menschen neigen dazu, Erfüllung zu empfinden, wenn das, was sie tun, dem entspricht, was sie für sinnvoll halten.

Wie können Sie Ihr Leben stärker an dem ausrichten, was Ihnen Sinn gibt? Welche Maßnahmen wollen Sie beschließen, um dies umzusetzen?

6.9.3 Was verändern Sie?

Die Stanford-Psychologen Howard Friedman und Leslie Martin fanden heraus, dass Menschen, die sich sozial für andere engagieren, dazu neigen, zufriedener zu sein, und dass sie auch länger leben. Das eigene Glück war hierbei aber stets ein Nebenprodukt und nicht das eigentliche Ziel des sozialen Engagements. Tatsächlich empfinden viele Menschen das Engagement für andere als enorm sinnstiftend. In meinen Workshops bitte ich die Teilnehmer darüber zu reflektieren, welchen Unterschied sie auf verschiedenen Ebenen machen wollen. Das wäre sicherlich auch eine interessante Frage für Sie.

Welchen Unterschied möchten Sie machen in Bezug auf

- **sich selbst?** Beispiel: Ich werde eine bessere Version von mir selbst.
- **Ihren »Inner Circle«?** Beispiel: Ich bin für meinen Partner/meine Partnerin und meine Kinder Stütze und Vorbild.
- **Ihren »Outer Circle«?** Beispiel: Ich inspiriere meine Kolleginnen und Kollegen und unterstütze meine Mitarbeitenden in deren Weiterentwicklung.
- **die Welt?** Beispiel: Ich baue ein Unternehmen auf/entwickle ein Unternehmen weiter.

7 Die Erfolgsformel

Dieser Buchteil handelt von den Spielregeln des Erfolgs. Was macht nun also Erfolg aus? Nun, Formeln sind zwar nicht jedermanns Sache, aber zumindest bringen sie die Dinge auf den Punkt. Basierend auf den bisherigen Erkenntnissen, stelle ich die These auf, dass sich dauerhafter beruflicher Erfolg gemäß der Logik der folgenden Formel verhält:

$$\text{Erfolg} = \left(\frac{\text{Fähigkeiten} \times \text{Hingabe} \times \text{Resilienz}}{\text{Derailer}}\right)^{\text{Passung}}$$

Hier die genaue Bedeutung, die ich dabei den einzelnen Faktoren zumesse:

- **Fähigkeiten:** Wie bereits gezeigt, sind hier vor allem interpersonelle Fähigkeiten von zentraler Bedeutung. Aber natürlich spielen auch professionelle Fähigkeiten sowie einschlägige Erfahrungen und Fachwissen eine große Rolle. Auch ein überdurchschnittliches Maß an Intelligenz gehört dazu, wobei ab einem bestimmten Level ein Mehr nicht immer unbedingt besser ist.
- **Hingabe:** Die Begeisterung für die eigene Sache ist ebenfalls fundamental wichtig, denn sie steuert die Motivation, den Arbeitseinsatz und das Erschaffen von Gelegenheiten, wo andere keine sehen.
- **Resilienz:** Wenn Sie nicht in der Lage sind, Rückschläge, Misserfolge und Durststrecken zu überstehen, bringen Sie Fähigkeiten und Hingabe nicht weit. Auf dem Weg zum Erfolg werden unweigerlich Krisen und Kritiker auftauchen. Diese Anfeindungen müssen konstruktiv verarbeitet werden. Je resilienter Sie sind, desto besser gelingt das. Ein Teil unserer Resilienz ist angeboren, der weitaus größere Rest kann und muss erlernt werden.
- **Derailer:** Bestimmte destruktive Persönlichkeitseigenschaften, die vor allem unter großem Druck auftreten, haben das Potenzial, Karrieren zum Straucheln zu bringen, wenn sie nicht durch ein entsprechendes Selbstmanagement in Schach gehalten werden. Zu den Derailern gehören zum Beispiel übermäßige Arroganz oder übergroßes Misstrauen anderen gegenüber. Je stärker diese Derailer das beobachtbare Verhalten bestimmen, desto eher behindern sie den langfristigen Erfolg.
- **Passung:** Ein Pinguin ist nicht erfolgreich, wenn es ums Fliegen geht. In seinem Element, dem Wasser, ist er dagegen kaum zu schlagen. Es kommt also vor allem auf die Passung an, beispielsweise zum Umfeld, in dem man sich bewegt. Ein charismatischer Visionär mag mit dem richtigen Team als Unternehmer sehr erfolgreich sein. Als in einem Konzern angestellter Manager, der sich den Weg durch die Instanzen versucht zu bahnen, wird er hingegen sicherlich scheitern. Aber auch die Passung zu den eigenen Werten und zu dem, was das Umfeld, also zum Beispiel der Markt oder das eigene Unternehmen, braucht, sind von großer Wichtigkeit.

Literatur

Dotlich/Cairo: Why CEOs Fail; Wiley & Sons 2003.

Drath: Resilienz in der Unternehmensführung; 3. Auflage, Haufe 2023.

Hogan: Management Derailment; APA 2009.

Reimer/Schäffer: WHU Vorstandsstudie; WHU 2015.

Segal: Getting There; Abrams 2015.

Sonnenfeld/Ward: Firing Back; HBR 2007.

Verfürth/Debnar-Daumler: Auf der Überholspur ausgebremst; Rundstedt 2015.

Zenger/Folkman; Ten Fatal Flaws That Derail Leaders; HBR 2009.

Teil 2: Teams zum Erfolg führen

8 Einführung

In den letzten Jahren haben sich die Unternehmen und Organisationen gewandelt. Was heute zählt, sind nicht mehr Hierarchien, sondern eigenverantwortliche Mitarbeitende, die in selbstständigen Teams Spitzenleistungen erbringen.

Teamfähigkeit und Teamarbeit stehen daher bei den Personalverantwortlichen wie bei den Bewerberinnen und Bewerbern hoch im Kurs: Wer neue Mitarbeitende sucht, fragt natürlich zuerst nach der fachlichen Eignung der Kandidatinnen und Kandidaten; dann aber steht schon die Teamfähigkeit ganz oben an. Wer sich auf Stellensuche begibt, erhofft sich natürlich eine interessante und gut bezahlte Aufgabe. Ebenso wichtig ist den meisten, Teil eines erfolgreichen Teams zu werden.

Dieser Buchteil soll vor allem Teamleiterinnen und -leitern und Führungskräften, aber auch Teammitgliedern zeigen, warum Teambildung und Teamentwicklung wichtig sind. Sie erfahren, wie Sie Teams richtig zusammenstellen und entwickeln, Ihre Mitarbeitenden ins Boot holen und Konflikte produktiv lösen, was erfolgreiche Teamarbeit begünstigt und wo sie zu Spitzenleistungen führen kann.

Dr. Wolfgang Krüger

9 Spitzenleistungen durch Teamentwicklung

Starke Teams meistern Extremsituationen. Doch wie wird aus einem Team ein Spitzenteam?

In diesem Kapitel erfahren Sie,

- was eine bloße Gruppe von einem leistungsfähigen Team unterscheidet,
- wie ein Team zu Spitzenleistungen befähigt wird und
- wie man ein Team konsequent zum Spitzenteam entwickelt.

9.1 Eine Gruppe macht noch kein Team

Viele haben schon erlebt, dass die Arbeit in einer Gruppe recht mühselig und wenig fruchtbar sein kann. Der zähe Prozess und der mangelnde Erfolg führen nicht selten dazu, dass eine Gruppe schon auseinanderfällt, noch bevor die Chance genutzt wurde, ein leistungsstarkes Team zu entwickeln.

PRAXIS-BEISPIEL

In einem Unternehmen beschließt die Geschäftsführung, eine Projektgruppe mit der Aufgabe zu betrauen, Vorschläge zur Verbesserung der Kommunikation und der Abläufe zwischen den einzelnen Abteilungen zu erarbeiten. Die Abteilungen Einkauf, Produktion, Marketing und Vertrieb, Personal und Recht, Organisation und DV, Rechnungswesen und Controlling werden gebeten, jeweils eine Mitarbeiterin oder einen Mitarbeiter in die Projektgruppe zu entsenden. Nach drei unbefriedigend verlaufenen Sitzungen mit zähen Debatten zur Tagesordnung, Profilierungskämpfen und nichtigen Streitereien fragt sich der Projektleiter, was schiefgelaufen ist.

Die Ursachen, warum Teams scheitern, sind häufig:

- Die Gruppenmitglieder vertreten die Interessen ihrer Abteilungen und nicht die der Projektgruppe.
- Trotz mehrfachen Bemühens ist es nicht geglückt, eine klare gemeinsame Zielsetzung für das Projekt zu finden. Einzelne verfolgen eigene Ziele.
- Einige Gruppenmitglieder empfinden die Teilnahme als Belastung. Sie argumentieren, ihre Hauptaufgaben seien wichtiger und auch andere Gruppen würden sie fordern.
- Verabredete Zeiten und Abmachungen werden nicht von allen eingehalten. Einzelne Teilnehmende lassen sich entschuldigen, kommen zu spät oder gehen früher und erfüllen ihre Aufgaben nur teilweise oder gar nicht.

- Unter einigen Gruppenmitgliedern wird offen oder verdeckt ein persönlicher Konkurrenzkampf geführt.
- Man checkt sich gegenseitig ab. Es wird wenig offen miteinander gesprochen.
- Die Mitglieder zeigen wenig Loyalität zur Gruppe.

Dies macht bereits deutlich, was zu tun ist, um aus einer zusammengewürfelten Gruppe ein effizientes und effektives Team zu machen. Es geht darum,

- die Interessen der Gruppe zu harmonisieren,
- klare und von jedem akzeptierte Teamziele zu definieren,
- der Arbeit in diesem Team Priorität gegenüber anderen Verpflichtungen zu verleihen,
- die Verbindlichkeit von Termin- und Aufgabenabsprachen zu erhöhen,
- die internen Konkurrenzkämpfe zu beenden,
- die interne Kommunikation zu verbessern,
- die Gruppenloyalität zu erhöhen.

Damit sind schon wesentliche Merkmale benannt, an denen man leistungsfähige Teams von kaum entwickelten und leistungsschwachen Gruppen unterscheiden kann. Auf dem Weg von einer Gruppe zu einem Hochleistungsteam kommt es also vor allem darauf an,

- zielorientiert, mit verbindlichen organisatorischen Absprachen zusammenzuarbeiten,
- Vertrauen und Loyalität im Team aufzubauen.

Das allein reicht aber noch nicht, um wirklich zu Spitzenleistungen zu kommen.

Unterschiede zwischen Gruppe und Team

Merkmale	Gruppe	Hochleistungsteam
Wo liegen die Interessen?	Die meisten verfolgen eigene Interessen.	Alle ziehen an einem Strang.
Welche Ziele gibt es?	Es werden unterschiedliche Ziele verfolgt.	Alle verfolgen dasselbe Ziel.
Was hat Priorität?	Die Zugehörigkeit zur Gruppe ist nachrangig.	Die Zugehörigkeit zum Team hat erste Priorität.
Wie ist die Organisation?	Locker und unverbindlich.	Straff und verbindlich.
Wie ist die Motivation?	Die Motivation kommt von außen (man muss).	Die Motivation kommt von innen (man will).
Wer konkurriert mit wem?	Einzelne konkurrieren untereinander.	Die Konkurrenz ist nach außen gerichtet.

Merkmale	Gruppe	Hochleistungsteam
Wie wird kommuniziert?	Man kommuniziert teils offen, teils verdeckt.	Man gibt sich offen Information und Feedback.
Wer vertraut wem?	Wenig Vertrauen untereinander und in die Gruppe.	Starkes Vertrauen untereinander und in das Team.

9.2 Was führt zu Spitzenleistungen im Team?

Hollywood liebt einsame Helden, aber auch erfolgreiche Teams. Wer kennt sie nicht, die spannenden Filme über Menschen in extremen Ausnahmesituationen: die wenigen Überlebenden eines Flugzeugabsturzes in der Wüste, die eingeschlossenen Passagiere in dem halb gesunkenen Schiff, die Bergleute im verschütteten Stollen. Von Gruppen in solchen Extremsituationen kann man viel lernen – die meisten Merkmale eines erfolgreichen Teams lassen sich daraus ableiten.

Bei Filmen mit Happy End vollziehen zufällig zusammengewürfelte Menschen im Zeitraffertempo den Schritt von der Gruppe zum eingeschworenen Team:

- Es gibt nur ein gemeinsames Interesse und ein eindeutiges Ziel – zu überleben.
- Die Gruppe und ihre Ziele haben absolute Priorität.
- Interne Konkurrenzkämpfe unterbleiben.
- Die Kommunikation ist ziel- und zweckorientiert.
- Vertrauen in und Loyalität mit der Gruppe sind gleichbedeutend mit Loyalität sich selbst gegenüber.

Dies sind die wichtigsten Voraussetzungen, um als Team erfolgreich zu sein. Über das Wohl oder Wehe eines Teams entscheidet aber letztlich das Potenzial an Wissen und Können, das die Teammitglieder einbringen, um aus der problematischen Situation herauszukommen. Wenn folgende Voraussetzungen gegeben sind:

- Organisation (Ziele und verbindliche Ordnung),
- Qualifikation (Wissen und Können),
- Kooperation (Vertrauen und Loyalität),

dann ist das richtige Synergiepotenzial für ein erfolgreiches Team vorhanden. Die Leistungen der einzelnen Teammitglieder summieren sich nicht einfach nur, die Leistungsfähigkeit der Gruppe wird durch Synergieprozesse potenziert. So werden Spitzenleistungen möglich.

9.3 In drei Schritten zum Spitzenteam

Gruppen können zu Hochleistungsteams werden, wenn sie sich in jeder Entwicklungsphase in den Bereichen Organisation, Qualifikation und Kooperation weiterentwickeln. Die Entwicklung in diesen Bereichen lässt sich bewusst steuern – doch wie können Sie als Teamleiterin oder Teamleiter dabei vorgehen?

9.3.1 So werden Gruppen zu Teams

Gruppen durchlaufen zumeist drei Phasen bis sie zu leistungsfähigen Teams geworden sind. Diese Phasen verlaufen nicht strikt geordnet nacheinander, sie können ineinander übergehen oder sich überlappen. Auch wenn die Teamentwicklung schon weit vorangeschritten ist, kann es Rückschläge geben. In jedem Fall muss Ihre Gruppe diese Entwicklungsschritte vollziehen. Die Schrittfolge kann freilich variieren und die Dauer der einzelnen Phasen von Team zu Team verschieden sein.

9.3.1.1 Die drei Teamentwicklungsphasen

In der ersten Phase »formieren« Sie Ihr Team. Das kann auf unterschiedliche Weise erfolgen. Ob Sie nun selbst ein Projektteam aus unterschiedlichen Bereichen zusammenstellen oder eine Teamleiterin / einen Teamleiter benennen und sie oder ihn mit der Zusammenstellung des Teams beauftragen – es gibt viele Wege zum Erfolg. Teams können sich zum Beispiel auch selbst formieren, indem sie eine Teamleiterin / einen Teamleiter aus ihrer Mitte wählen und sich je nach Anforderungen und Teamauftrag neu gruppieren oder umgruppieren.

Wichtig

Von der Formierung eines Teams, seiner Größe und dem, was die Gruppenmitglieder an Fähigkeiten und Verhaltensweisen mitbringen, hängt es ganz entscheidend ab, ob eine Entwicklung zum Team gelingt oder scheitert.

Teams brauchen zu ihrer Entwicklung eine Orientierung. Deshalb müssen Sie in der zweiten Phase konkrete Ziele und Meilensteine auf dem Weg zu den Zielen setzen. In dieser Orientierungsphase werden die Kompetenzen des Teams geklärt und die Teamarbeit organisiert.

Damit die Teamarbeit und die Teamentwicklung richtig losgehen, werden in der dritten Phase, der Aktivierungsphase, die Teampotenziale durch Trainingsmaßnahmen aktiviert.

Der »Reifegrad« eines Teams und damit auch der Stand seiner Leistungsfähigkeit lassen sich danach bestimmen, in welcher Entwicklungsphase es sich gerade befindet.

Das Drei-Phasen-Modell hilft Ihnen

- zu Beginn der Teamentwicklung den »Reifegrad« und damit den Leistungsstand einer Gruppe zu bestimmen,
- die Maßnahmen der Teamentwicklung planvoll und systematisch in den drei Aufgabenfeldern Organisation, Qualifikation und Kooperation zu betreiben.

Phasen, Aufgaben und Maßnahmen der Teamentwicklung

Aufgaben	Phase 1 Formierung	Phase 2 Orientierung	Phase 3 Aktivierung und Stabilisierung
Organisation	Auswahl der Teamleiterin/des Teamleiters; Festlegung der Teamgröße	Aufbau- und Ablauforganisation; Zielvereinbarung	Leistungen erkennen und anerkennen
Qualifikation	Teambildung nach fachlichen und persönlichen Anforderungen und Fähigkeiten		Lernbedarf planen; Lernstilanalyse; Lernpotenziale aktivieren
Kooperation	Teambildung nach Teamfähigkeiten		Teamtraining und Teamcoaching

10 Das Team zusammenstellen

Teambildung und Teamentwicklung gehen zumeist Hand in Hand. Mit der Zusammenstellung eines Teams mit unterschiedlichen Persönlichkeiten, Fähigkeiten und Aufgaben stellen Sie die Weichen für die weitere Entwicklung Ihres Teams.

In diesem Kapitel erfahren Sie,

- wie ein Team gebildet wird,
- welche Aufgaben eine Teamleiterin/ein Teamleiter hat und welche Kompetenzen sie oder er braucht,
- welche Teamgröße und Zusammensetzung ideal ist.

10.1 Wie ein Team gebildet wird

Handlungsfelder	Maßnahmen in der Formierungsphase
Organisation	Teamleiterin/Teamleiter auswählen; Gruppengröße bestimmen
Qualifikation	Team nach fachlichen und persönlichen Fähigkeiten zusammenstellen
Kooperation	Team nach Kooperationsfähigkeit zusammenstellen

Selten gibt es eine Stunde Null, in der man nach Herzenslust unter einer Vielzahl von Teamkandidaten auswählen und Aufgaben verteilen kann. Wenn Sie sich dafür entscheiden, ein Team zu entwickeln, müssen Sie von den Gegebenheiten ausgehen: Bestehende Gruppenbildungen, fest verteilte Rollen und Aufgaben. Eine begrenzte Anzahl möglicher personeller Alternativen sollten Sie bei der Teambildung mitbedenken.

Ob bestimmte Gruppenkonstellationen schon bestehen oder ob Teams neu zusammengestellt werden, in jedem Fall steht am Beginn der Teamentwicklung die Überlegung: Haben wir den richtigen Mix, beziehungsweise wie schaffen wir uns den richtigen Mix? Es muss geklärt werden,

- wer sich als Teamleiterin oder Teamleiter eignet,
- wie groß das Team sein soll,
- wie das Team zusammengesetzt sein soll.

10.2 Wie man den richtigen Teamleiter auswählt

Teams haben Auftraggeber, beispielsweise Bereichs-, Abteilungs- oder Gruppenleiter, die in der Regel gegenüber dem Team die Führungsverantwortung tragen – auch die disziplinarische. Mehr und mehr setzt sich durch, dass Führungskräfte Coachingaufgaben wahrnehmen, also Teams bilden und weiterentwickeln.

Wenn diese Führungsaufgaben außerhalb des Teams angesiedelt sind, wozu bedarf es dann noch einer Teamleitung und was sind ihre Aufgaben? Die Praxis zeigt, dass auch hoch entwickelte Teams, die sehr kooperativ zusammenarbeiten, nicht auf eine Teamleiterin oder einen Teamleiter verzichten können. Denn wenn sich jeder im Team für alles zuständig fühlt und die Arbeit nicht nach Aufgaben und Fähigkeiten verteilt ist, wird ein Team unproduktiv. Sowohl für entwickelte Teams als auch für Teams, die erst am Anfang ihres Entwicklungsprozesses stehen, ist es also unverzichtbar, einen geeigneten Teamleiter als »Gleichen unter Gleichen« zu finden.

10.2.1 Was muss ein Teamleiter leisten?

Zentrale Aufgaben, denen sich eine Teamleiterin oder ein Teamleiter stellen muss, sind:

- das Team koordinieren,
- das Team moderieren,
- die Teammitglieder beraten,
- Konflikte managen,
- Ergebnisse präsentieren,
- das Team nach außen repräsentieren,
- für das Team verhandeln.

10.2.1.1 Das Team koordinieren

Wichtigste Aufgabe der Teamleitung ist, dafür zu sorgen, dass die Arbeit im Team und die Zusammenarbeit mit anderen Personen, Teams und Organisationen möglichst effektiv verläuft. Innerhalb des Teams heißt das

- die Teamziele zu klären und zu vereinbaren,
- die interne Arbeitsteilung und die Abläufe transparent zu machen und ständig zu verbessern,
- das Zeitbudget einzuhalten und für Termintreue zu sorgen,
- die Abstimmung mit anderen Organisationseinheiten vorzunehmen.

Damit die eigentliche Teamarbeit reibungslos verläuft, muss die Koordinationsaufgabe von einem Teammitglied wahrgenommen werden, das verbindlich in der Form, aber eindeutig in der Sache ist, das Organisationsgeschick besitzt und führen kann, ohne das Team zu dominieren.

10.2.1.2 Das Team moderieren

Teamarbeit funktioniert nicht nach einem hierarchischen Führungsmodell. Entscheidungen müssen im Konsens erfolgen, sonst droht das Team schnell auseinanderzufallen. Dabei ist die Rolle des Moderators unverzichtbar. Als »Gesprächshelfer« sorgt ein Moderator dafür, dass

- jeder »ins Spiel« kommt und seine Meinung sagen kann,
- die Argumente klar herausgearbeitet und abgewogen werden,
- Unterschiede und Gemeinsamkeiten in den Auffassungen klar erkennbar werden,
- Probleme der Kommunikation im Team erkannt und behoben werden,
- in verfahrenen Situationen das Thema vertagt oder an eine Teilgruppe delegiert wird,
- Zwischenergebnisse gesichert werden,
- das Endergebnis dokumentiert und zur weiteren Bearbeitung aufbereitet wird.

Diese Aufgabe fordert ganz bestimmte Fähigkeiten. Prüfen Sie deshalb, ob die gewählte Teamleitung

- sich selbst aus der Sachdiskussion vorübergehend herausnehmen und sich auf das Prozessgeschehen konzentrieren kann,
- zur »Meta-Kommunikation« fähig ist, d. h. ob er Beziehungs- und Verständigungsprobleme im Team ansprechen und vermitteln kann,
- mithilfe von Visualisierungstechniken (Flipchart, Kartenabfrage an der Pinnwand usw.) den Moderationsprozess unterstützen kann.

10.2.1.3 Teammitglieder beraten

Eine Teamleiterin oder ein Teamleiter muss immer dann als Ansprechpartner/-in zur Verfügung stehen, wenn ein Teammitglied den Wunsch hat, ein Thema nicht im Gesamtteam zu erörtern. Ein Teammitglied will zum Beispiel darüber sprechen, wie ein fachliches Problem zu lösen ist, wie eine bestimmte Aufgabe am besten anzugehen ist oder auch nur wie es sich im Team sieht und gesehen wird. Die Beratung ist also auf unterschiedlichen Ebenen erforderlich:

Geht es um Fachfragen, kann der Teamleiter sein Know-how einbringen oder aber Wege aufzeigen, wo man sich das Wissen beschaffen kann. Die Teamleitung muss also auch selbst über ausreichend Fachwissen verfügen, um von den Teammitgliedern akzeptiert zu werden. Wichtiger ist aber noch ein Querschnittwissen, das es ihr oder ihm möglich macht, Zusammenhänge aufzuzeigen und das erforderliche Know-how zu beschaffen, um die Probleme zu lösen.

Geht es um Verfahrensfragen, also darum wie ein Problem bearbeitet werden soll, ist die Teamleitung gefordert, mit dem Partner Möglichkeiten zu erörtern und Alternativen abzuwägen. Die Teamleiterin oder der Teamleiter sollte dazu ausreichende Kenntnisse über Arbeits- und Projektmethodik haben und über fachliches Methodenwissen verfügen, zum Beispiel über die Anwendung bestimmter statistischer Verfahren.

Geht es um Beziehungsprobleme im Team, muss die Teamleitung vor allem zuhören und nachfragen, um die Sichtweise des Teammitglieds zu erkunden. Sie sollte rasch erkennen, ob das Problem unter »vier Augen« gelöst werden kann oder ob das ganze Team einbezogen werden muss. Hier sind Fingerspitzengefühl und Einfühlungsvermögen erforderlich. Andererseits muss ein Teamleiter, nachdem das Problem hinreichend geklärt ist, durchaus direktiv auf eine Problemlösung drängen – entweder durch eine Entscheidung des Teammitglieds oder des ganzen Teams.

Hinweis: Im Haufe TaschenGuide »Moderation« finden Sie weitere Anregungen zu diesem Thema.

10.2.1.4 Konflikte im Team managen

Teamarbeit und Teamentwicklung gehen nie ohne Konflikte und Reibungsverluste ab. In den einzelnen Phasen der Teamentwicklung gibt es typische Konflikte, die wie Meilensteine den Entwicklungsprozess markieren. Die typischen Konflikte treten meist sowohl auf der Sachebene wie auf der Beziehungsebene auf:

- auf der Sachebene,
  - weil man sich über die gemeinsamen Ziele nicht klar wird,
  - weil man Ziele verfolgt, die sich widersprechen beziehungsweise miteinander konkurrieren,
  - weil man sich über Termine, die Vorgehensweise und die Methoden nicht einigen kann,
- auf der Beziehungsebene,
  - weil die Rollenverteilung untereinander noch nicht klar ist,
  - weil die Beziehung zwischen Teamleiter und Team noch nicht eingespielt ist,
  - weil zwischen den Teampartnern »chemische Prozesse« ablaufen, noch ohne Ergebnis.

In der Praxis werden Sie freilich feststellen, dass sich die dynamischen Prozesse in einem Team meist nicht so leicht in Sach- oder Beziehungskonflikte trennen lassen. Hinter einer vermeintlich sachbezogenen Auseinandersetzung verbergen sich meist Positions- und »Revierkämpfe«. Der scheinbar offensichtliche Wettbewerb zweier Teammitglieder, wer den größeren Sachverstand zu einem Thema besitzt, kann im Kern eine Beziehungsstörung zugrunde liegen. Achten Sie deshalb auf die kleinen Signale und versuchen Sie den eigentlichen Grund des Konflikts zu erspüren. Werden die Konflikte produktiv gemeistert, ist die Gruppe einen Schritt weiter auf ihrem Weg zum erfolgreichen Team.

Wichtig

Konflikte und deren Klärung sind die Hefe zur Entwicklung eines Teams. Werden Konflikte nicht erkannt oder gar unter den Teppich gekehrt, gären sie unterschwellig weiter und ein Scheitern ist vorprogrammiert.

10.2.1.5 Wann typische Konflikte auftreten

Wollen Sie als Teamleiterin oder Teamleiter erfolgreich sein, müssen Sie aktiv mit Konflikten umgehen können (siehe Abschnitt »Konfliktpotenziale produktiv nutzen«). Dazu müssen Sie wissen, in welchen Phasen der Teamentwicklung welche Konflikte entstehen können und wie man mit ihnen umgeht.

In der Formierungsphase ist noch alles offen. In dieser Phase wird denn auch häufig mit subtilen Waffen um die eigene Stellung im Team, um Macht und Einfluss gekämpft. Ein allzu vorsichtiges wechselseitiges Abtasten unter den Teammitgliedern kann schnell in eine Teameiszeit münden oder in offene Feindseligkeit umschlagen, wenn Sie nicht eingreifen. Ein im Ton verbindlicher, in der Sache eindeutiger Hinweis darauf, dass Streithähne das Team verlassen müssen, schafft erst einmal eine Atempause, in der die eigene Position und das eigene Verhalten im Team noch einmal überdacht werden können.

In der Orientierungsphase wird es immer dann kritisch, wenn einigen ungeduldigen Teammitgliedern die Definition der Ziele und die Vereinbarung über das weitere Vorgehen zu lang erscheinen und sie zu Taten drängen. Geben Sie hier nach und brechen Zielfindung und Ablaufplanung ab, rächt sich das später bitter. Hier müssen Sie hartnäckig und energisch bleiben.

Im Verlauf der Aktivierungsphase treten in Teams leicht Ermüdungs- und Sättigungserscheinungen auf: Sich mit sich selbst und der Entwicklung des Teams zu beschäftigen, nagt an der Motivation. Hier muss die Teamleiterin oder der Teamleiter ermutigen und ermuntern nach dem Motto »Abschlaffen gilt nicht«.

10.2.1.6 Teamergebnisse richtig präsentieren

Eine noch so gute Teamarbeit mit noch so guten Ergebnissen kann scheitern, wenn sie nicht richtig verkauft wird. Teamergebnisse – zumal aus der Projektarbeit – müssen immer wieder präsentiert werden, zum Beispiel vor der Geschäftsführung, um Rechenschaft über die geleistete Arbeit abzulegen, vor dem Betriebs- beziehungsweise Personalrat bei einem mitbestimmungspflichtigen Projekt oder vor anderen Teams, um die Abstimmung untereinander zu verbessern.

Dabei kommt es auf die folgenden Fähigkeiten an:

- einen Vortrag überzeugend zu gestalten,
- abstrakte oder komplexe Zusammenhänge mit geeigneten Mitteln (z. B. Beamer, Flipchart) zu visualisieren
- diplomatisch zu verhandeln; denn nicht selten sind mit der Präsentation von Teamergebnissen kritische Einwände und Fragen verbunden.

10.2.1.7 Das Team repräsentieren

Teamleiterinnen und Teamleiter wirken nicht nur nach innen, sondern auch nach außen, indem sie ihr Team und seine Arbeit repräsentieren.

Teams stehen innerhalb einer Organisation nicht allzu selten im Wettbewerb untereinander. Hier muss ein Teamleiter durchaus auch hartnäckig die Interessen und Forderungen seines Teams vertreten können, ohne dabei allerdings das Große und Ganze aus den Augen zu verlieren. Als Teamleiter sollten Sie deshalb in der Lage sein,

- die eigene Teamarbeit zu erläutern und zu präsentieren,
- sachlich und selbstbewusst die Interessen Ihres Teams zu vertreten,
- die eigene Teamarbeit in übergeordneten Zusammenhängen zu verstehen und entsprechend zu handeln.

10.2.1.8 Für das Team verhandeln

Teams handeln letztlich immer im Auftrag und nicht isoliert in einem Vakuum. Es muss also auch immer wieder mit den Auftraggebenden verhandelt werden. Nicht nur Ressourcen wie Zeit und Geld müssen für das Team angemessen ausgehandelt werden, oft geht es auch um seine Ziele und Aufgaben. Bei Projekten kommt noch dazu, dass die Hilfe Dritter eingefordert werden muss, angefangen mit der erforderlichen IT-Unterstützung bis hin zur Beratung in Rechtsangelegenheiten.

Gefragt sind also verhandlungstechnisch erfahrene »knallharte Softies«, die

- mit Einwänden und Kritik souverän umgehen und ergebnisorientiert verhandeln können,
- diplomatisches Geschick besitzen, also freundlich im Verhalten, aber hart in der Sache bleiben,
- kompromissfähig sind, ohne Terrain zu verschenken,
- Konflikte mit dem Auftraggeber und anderen Bereichen produktiv bewältigen können.

Checkliste: Anforderungen an den Teamleiter

Aufgaben	Anforderungen	Fähigkeiten
Koordinieren	Ziele vereinbaren; Ablauf organisieren; Zeitbudget überwachen; Außenkontakte abstimmen	Verzicht auf Dominanz; verbindlich, aber hartnäckig
Moderieren	Alle ins Spiel bringen; Argumente herausarbeiten; Moderationstechnik beherrschen; Störungen erkennen; Konsens herstellen	Visualisieren; Beziehungsstörungen erkennen und beheben
Beraten	Fach- und Methodenfragen klären; Beziehungsprobleme klären	In Alternativen denken; nicht-direktive Gesprächsführung
Konflikte managen	Rollenkonflikte im Team erkennen und klären	Die Kommunikation im Team gezielt analysieren
Präsentieren	Die Ergebnisse der Teamarbeit darstellen und »verkaufen«	Visualisieren, z. B. mit Flipchart, Overhead-Technik, Pinnwänden
Repräsentieren	Die eigene Teamarbeit in den Gesamtzusammenhang stellen und Teaminteressen vertreten	Selbstbewusster Auftritt; Balance halten zwischen Team- und Gemeinschaftsinteressen
Verhandeln	Über Aufgaben, Zeit, Geld und personelle Unterstützung verhandeln	Verhandlungsstrategie und -taktik

10.3 Welches Profil braucht ein Teamleiter?

Ein altes Sprichwort sagt »Es ist noch kein Meister vom Himmel gefallen«. Auch Teamleiterinnen und Teamleiter müssen in ihre Aufgaben hineinwachsen. Vieles lässt sich lernen – doch wer bestimmte Fähigkeiten schon mitbringt, wird sich leichter dabei tun. Je mehr der im Folgenden aufgelisteten Kompetenzen Sie sich zuschreiben können, desto besser:

- Soziale Kompetenz, um die Bedürfnisse, Interessen und Spannungen im Team zu erkennen.
- Kontaktfähigkeit, um Zugang zu allen Teammitgliedern zu finden und das Team nach außen zu vertreten.
- Kooperationsfähigkeit, um nach innen und außen eine effiziente Zusammenarbeit zu gewährleisten.
- Integrationsfähigkeit, um das Team zu bilden und zusammenzuhalten.
- Kommunikationsfähigkeit, um Informationen richtig aufzunehmen und präzise weiterzugeben.
- Selbstkontrolle, um das Klima positiv zu gestalten.
- Kommunikationstechniken beherrschen, um überzeugend zu moderieren, zu präsentieren und zu verhandeln.

10.3.1 Prüfen Sie Ihre Kompetenz

Jeder kann an seinem Profil arbeiten und seine Kompetenzen erweitern. Dazu freilich sollte man ein möglichst objektives Bild der eigenen Kompetenzen und Schwächen besitzen. Auf den folgenden Seiten können Sie Ihr persönliches Kompetenzprofil für die Teamleitung ermitteln. Benutzen Sie dieses Instrument im Sinne von »Stärken stärken und Schwächen schwächen«. Zeichnen Sie zunächst Ihr Profil für sich. Bitten Sie dann jemanden, der Sie wirklich gut kennt, Ihr Profil zu entwerfen und vergleichen Sie danach die beiden Profile. Bei Differenzen zwischen Selbstbild und Fremdbild bitten Sie die befragte Person um ein Gespräch. Je stärker die Profilausprägung nach rechts tendiert, desto mehr eignen Sie sich für die Teamleitung.

Checkliste: Kompetenz als Teamleiter

Kompetenzbereiche	Profilausprägung schwach ⇒ stark						
Soziale Kompetenz							
Erkennen von Problemen und Gefühlen anderer							
Berücksichtigung von Bedürfnissen anderer							
Eigene Wirkung auf andere realistisch einschätzen							
Kontaktfähigkeit							
Von sich aus auf andere zugehen							
Ziele, Absichten, Methoden offen legen							
Anbieten von Beratung							
Anderen Vertrauen entgegenbringen							
Kooperationsfähigkeit							
Aufgreifen von Meinungen und Ideen							
Bei Schwierigkeiten helfen							
Erfolgserlebnisse mit anderen teilen							
Integrationsfähigkeit							
Definition von Spielregeln							
Ausrichten unterschiedlicher Interessen auf ein Ziel							
Erkennen von Konflikten, Lösungen anstreben							
Eingehen auf andere, ohne eigene Ideen aufzugeben							
Kommunikationsfähigkeit							
Informationen an andere weitergeben							
Keine wichtigen Informationen zurückhalten							

Kompetenzbereiche	Profilausprägung schwach ⇒ stark						
Zuhören, andere nicht unterbrechen							
Sich Zeit nehmen für das Gespräch							
Selbstkontrolle							
Nicht aggressiv reagieren							
Nicht laut werden							
Keine Spannung/Aggression erzeugen							
Ausgeglichene, vorhersehbare Stimmungslage							
Kommunikationstechniken							
Fähigkeit zu visualisieren							
Fähigkeit zu moderieren							
Repräsentieren und überzeugen							
Verhandlungstechniken beherrschen							

10.4 Gibt es die ideale Teamgröße?

Ein Team sollte groß genug sein, um eine produktive Vielfalt von Erfahrungen, Wissen und Fertigkeiten zu repräsentieren; es sollte aber auch klein genug sein, um rein praktisch den Austausch von Informationen und Argumenten zwischen allen Beteiligten reibungslos zu ermöglichen. Produktive Teamarbeit lebt unter anderem von

- einer klaren, überschaubaren Rollen- und Aufgabenverteilung,
- dem schnellen Informationsaustausch untereinander,
- einem fruchtbaren Für und Wider der Argumente,
- einer zeitlich begrenzten Bearbeitung von Beziehungsproblemen und Konflikten.

Doch wie groß sollte ein Team sein? Ist fünf die richtige Zahl und sind zwölf zu viel für ein Team? Was sagt die Wissenschaft dazu? Aus der Verhaltensbiologie von Konrad Lorenz ist uns der Begriff der Elfer-Sozietät bekannt. In dieser überschaubaren »Urhorde«, so vermutet Lorenz, konnte jeder jeden noch hören, sehen, ja auch »riechen«. Das war wichtig, weil man so den Zusammenhalt gegenüber anderen, feindlichen Horden sichern konnte. Und wie sieht es heute aus?

PRAXIS-BEISPIEL

Die Fußballelf ist das Paradebeispiel für eine »Urhorde«. Vom Torwart über die Verteidiger, die Mittelfeldpositionen bis hin zu den Stürmern sind die Rollen genau verteilt. Hinzu kommt noch der Kapitän der Mannschaft, der darauf achtet, dass jeder seine Rolle wahrnimmt und seinen taktischen Auftrag erfüllt. Fehlt ein Spieler aufgrund einer Verletzung oder einer roten Karte, wird diese offene Flanke vom Gegner meist sehr schnell zum Angriff genutzt. Eine besondere Rolle spielt die Gruppengröße auch beim Seilziehen zweier Mannschaften gegeneinander. Bis zu einer Gruppengröße von sieben steigt die Kraft einer Mannschaft proportional an, während durch jedes weitere Mannschaftsmitglied die Gruppenstärke nur noch unterproportional anwächst. Ist die Gruppe größer als zwölf, sinkt die Teamleistung sogar. Dann zieht man nicht mehr gleichzeitig an einem Strang und die Reibungsverluste nehmen zu.

Tatsächlich markiert die Zahl ± 7 den Bereich des Grenznutzens für die Produktivität eines Teams. Gruppen mit weniger als fünf Mitgliedern haben ein deutlich geringeres Potenzial, durch Synergien Spitzenleistungen zu erbringen. Teams mit mehr als elf Mitgliedern werden entweder zu Vortragsveranstaltungen oder zerfallen in Untergruppen. Der Informationsaustausch und die Dynamik des gesamten Geschehens werden unüberschaubar. Entsprechend rapide nimmt die Produktivität ab.

10.4.1 Was tun, wenn die Teamgröße nicht stimmt?

Wenn Sie feststellen, dass Ihr Team zu groß ist, versuchen Sie es zu teilen. Achten Sie jedoch dann darauf, dass sich die beiden Teams immer wieder zu einem Informations- und Erfahrungsaustausch zusammensetzen. Sonst besteht die Gefahr, dass gewachsene Bindungen und Synergiepotenziale verloren gehen.

Sollte Ihr Team dagegen zu klein sein, um die Leistung zu steigern, gilt ausnahmsweise der Satz: kleckern statt klotzen. Schon ein neues Teammitglied verändert die gesamte Gruppendynamik und wirkt manchmal Wunder – im Positiven wie allerdings auch im Negativen. Geben Sie dem Team Zeit, das neue Mitglied zu integrieren. Beobachten Sie den Gruppenprozess und messen Sie den Output. Entscheiden Sie erst danach, ob das Team weiter vergrößert werden soll oder nicht. Für die praktische Teamarbeit helfen folgende Kontrollfragen, um festzustellen, ob die richtige Teamgröße gegeben ist, beziehungsweise welcher Handlungsbedarf sich stellt. Sie sollten möglichst alle Fragen mit »Ja« beantworten können:

Checkliste: Teamgröße

	Ja	Nein
Kann sich das Team regelmäßig und ohne zu großen Koordinierungsaufwand versammeln?		
Ist allen die Rollen- und Aufgabenverteilung im Team bekannt?		
Haben alle Teammitglieder die Chance, zu Wort zu kommen?		

	Ja	Nein
Beteiligen sich alle Teammitglieder aktiv, so dass Vielredner keine Chance haben und die anderen auch nicht in Konsumentenhaltung verharren?		
Gibt es »echte« Teambesprechungen und nicht bloß Zweier- und Dreiergespräche?		
Gehen vom Team neue Impulse aus?		
Hat das Team Dynamik und sitzt seine Stunden nicht nur ab?		

10.5 Auf den richtigen Teammix kommt es an

Wichtige Voraussetzung für die Entwicklung eines Teams zur Spitzenleistung ist der richtige Mix. Drei Faktoren sind bei der Auswahl der Teammitglieder zu beachten:

- die fachliche Qualifikation,
- die Persönlichkeitsprofile und
- die Teamfähigkeit.

All diese Faktoren sind wichtig. Achten Sie also darauf, dass kein Bereich in Ihrem Team zu kurz kommt.

10.5.1 Prüfen Sie die fachliche Qualifikation

Die Unterschiede zwischen den Anforderungen an die Mitglieder von Teams sind immens. Denken Sie zum Beispiel an ein Sportteam – dort sind körperliche und spielerisch-taktische Fähigkeiten gefragt, an ein Forschungsteam mit methodischen und fachwissenschaftlichen Anforderungen oder an ein Bauteam im Ausland, das nicht nur bautechnische und handwerkliche Fähigkeiten braucht, sondern ebenso interkulturelles Verständnis und Fremdsprachenkenntnisse.

Die fachlichen Anforderungen sind also abhängig von der konkreten Aufgabe des jeweiligen Teams. Vor der eigentlichen Teambildung sollten deshalb die fachlichen Anforderungen, die mit der Aufgabe verbunden sind, zusammengestellt werden. Sie schaffen sich damit die Basis, die Fähigkeiten der einzelnen Teammitglieder mit den geforderten Fachkenntnissen abzugleichen und können so den Bedarf an fachlicher Teamentwicklung ermitteln.

Als Instrument zum Vergleich von fachlichen Anforderungen und Ist-Profilen können Sie die folgende Checkliste nutzen.

Checkliste: Fachliche Anforderungen

Wissen & Fertigkeiten	Anforderungen			Ist-Profil		
	Niedrig/Mittel/Hoch			Niedrig/Mittel/Hoch		
Allgemeines Fachwissen						
Fachliches Spezialwissen						
Wissen aus anderen Fachgebieten						
Fertigkeiten, z. B.						
- DV-Anwendungen						
- statistische Verfahren						
- technische Verfahren						
Sprachkenntnisse						
Sonstige Kenntnisse und Fertigkeiten						

Bei der Zusammensetzung eines Teams sollten Sie darauf achten, dass sich möglichst alle Teammitglieder auf einem vergleichbaren fachlichen Leistungsniveau bewegen. Das ist gerade zu Beginn der Teamentwicklung jedoch häufig nicht der Fall. Hoffnungsträger sind dann vor allem die Teammitglieder, die zwar die Leistungsvoraussetzungen noch nicht ganz erfüllen, sich aber durch ihre Motivation und Lernbereitschaft auszeichnen. Denn Teamentwicklung ist vor allem auch ein Lernprozess.

10.5.2 Checken Sie die Persönlichkeitsprofile

Vor der Anwendung von »Schablonen« und »Schubladen« beim Umgang mit Menschen wird häufig gewarnt. Gleichwohl brauchen wir im Alltag solche Schablonen, um uns überhaupt zurechtzufinden. Jeder Mensch hat seine eigene Wirklichkeit, in der Personen und Zusammenhänge interpretiert werden. Es kommt also darauf an, solche »Schubladen« so zu nutzen, dass wir Tendenzen erkennen, mit denen wir arbeiten können, ohne unsere Mitmenschen ein für allemal in eine Schublade zu stecken, aus der es kein Entrinnen mehr gibt.

Bei der Teambildung ist es wichtig, dass wir unsere Wahrnehmungen und Interpretationen bis zu einem gewissen Grad untereinander abgleichen und uns um ein gemeinsames Verständnis von Personen und deren Handlungsweise bemühen. Die folgende Typologie von Persönlichkeitsmerkmalen und Verhaltensmustern soll Sie dabei unterstützen. Sie können unterscheiden zwischen

- stark außenorientierten und personenbezogenen »Botschaftern«, die es verstehen, schnell Kontakt aufzunehmen und Dinge zu verkaufen;
- stark außenorientierten und sachbezogenen »Machern«, die vorausschauend denken und planen und Risiko und Wettbewerb nicht scheuen;
- eher binnenorientierten und personenbezogenen »Moderatoren«, die reflektiert und einfühlsam Entwicklungen voranbringen können;
- eher binnenorientierten und sachbezogenen »Experten«, die auch projektbezogen und kenntnisreich im Detail innovativ nach Lösungen und Ergebnissen suchen.

10.5.2.1 Wie können Sie die Typologie nutzen?

Auf den ersten Blick mag es so aussehen, als würden »Moderatoren« und »Experten« die Idealbesetzung für ein Team darstellen. Doch Vorsicht: Gebraucht werden auch Teammitglieder, die die Gruppe anspornen und strategisch planvoll beeinflussen können, und Teammitglieder, die das Team und dessen Ergebnisse »verkaufen« können. Mit anderen Worten, alle Persönlichkeiten sind gefragt.

Wichtig

In einer Typologie wird systematisch voneinander abgegrenzt, was in Wirklichkeit sanft ineinander übergeht.

Jeder Typ wird auch Merkmale der anderen drei Typen haben. Je nach Situation können die Rollen auch getauscht werden: der »Macher« moderiert eine Gruppe, der »Experte« repräsentiert ein Team, der »Botschafter« engagiert sich bei der Lösung eines Problems und so weiter. Im Großen und Ganzen bleiben wir uns aber treu und gewisse Merkmale unserer Persönlichkeit und unseres Verhaltens sind für jeden von uns charakteristisch.

Außenorientiert

Botschafter	Macher
Nimmt schnell Kontakt auf; kann positive Bindung herstellen; hat Selbstvertrauen; ist wettbewerbsorientiert; kann Situationen gut einschätzen; gewinnt Vertrauen; kann auf Bedürfnisse anderer eingehen; kann zuhören; kann überzeugen; Mobilität, Flexibilität; Enthusiasmus; Einfühlungsvermögen; positive Ausstrahlung; Präsentationsfähigkeit	Setzt Ziele; Macher/Auslöser von Veränderungen; kann komplexe Situationen schnell und treffsicher einschätzen; zeigt Selbstvertrauen; vorausschauendes und strategisches Denken und Planen; durchsetzungsfähig; leistungsorientiert; risikobereit; entscheidungsfreudig; belastbar; ausdauernd; kontaktfähig; wettbewerbsorientiert
Personen-bezogen	Sach-bezogen
Kann positive Bindung herstellen; reflexionsfähig; Einfühlungsvermögen; Anpassungsfähigkeit an Teams; ist bereit, eigenelnteressen zugunsten gemeinsamer Ziele zurückzustellen; kann motivieren; Moderationsfähigkeit; Fähigkeit, Vertrauen zu gewinnen; interessenausgleichend; zeigt Wertschätzung und Anerkennung; entwicklungsorientiert	Fachkompetent; lösungs- und ergebnisorientiert; logisch-analytisches Denken; ausdauernd; hat innovative Ideen; arbeitet Ziele aus und findet Wege; projektorientierte Kooperationsfähigkeit; Überzeugungskraft; befasst sich mit Details; sucht nach neuen Perspektiven; hinterfragt kritisch; Präsentationsfähigkeit; leistungsorientiert
Moderator	Experte

Binnenorientiert

Persönlichkeits- und Verhaltens-Check

Als Teamcoach oder Teamleiterin können Sie auf der Basis dieser Typologie zum einen Teammitglieder gezielt aussuchen. Zum anderen haben Sie die Möglichkeit, schon bestehende Gruppen unter dem Aspekt der Persönlichkeitsprofile zu analysieren.

Stärken und Schwächen verschiedener Persönlichkeitsprofile

Persönlichkeits-profil	Stärken im Team	Schwächen im Team
Botschafter	Stellt schnell Kontakt im Team her und für das Team nach außen; reißt mit und ist flexibel	Begeisterung flaut leicht ab; scheut Detailarbeit; Neigung zum Solospieler
Macher	Nimmt Ziele ernst; erkennt Zusammenhänge; arbeitet strategisch, planvoll; spornt an	Wendet sich ab oder wird aggressiv, wenn andere seine Ideen nicht teilen; Neigung zum Autokraten
Moderator	Integriert, steuert den Prozess ohne unbedingten Anspruch auf die Führungsrolle	Leistungsanspruch eher schwach; kann das Ziel aus den Augen verlieren; Neigung zum Guru
Experte	Geht den Dingen auf den Grund; geht projektorientiert und planvoll vor	»Bohrt tief«, wo es darum geht, »Land zu gewinnen«; Neigung zum Bastler

Im Rahmen der Teamentwicklung können Sie die folgende Checkliste in der Orientierungs- beziehungsweise in der Aktivierungs- und Stabilisierungsphase gezielt einsetzen. Jedes Teammitglied schätzt sich selbst und die anderen Teammitglieder danach ein, welcher Typus jeweils dominiert. Anschließend erläutert und begründet jeder jedem, wie er zu seiner Einschätzung gekommen ist. Dies kann insbesondere dann hilfreich sein, wenn in der Gruppe Rollenkonflikte und Störungen in der Kommunikation entstanden sind.

Checkliste: Persönlichkeitsprofile und Verhaltensmuster

Welches Profil hat der Teamleiter oder soll er haben?	
Welche Persönlichkeitsprofile braucht das Team?	
Sind bei der bisherigen Zusammenstellung des Teams Profile unter- bzw. überrepräsentiert?	
Welche Rollenkonflikte können zwischen den einzelnen Persönlichkeiten entstehen?	
Welche Arbeitsteilung bietet sich aufgrund vorhandener Profile an?	
Gibt es dominante Persönlichkeiten, die das Team sprengen bzw. lähmen können?	

10.5.3 Testen Sie die Teamfähigkeit

Teamfähigkeit ist sowohl Voraussetzung als auch Ergebnis einer Teamentwicklung. Das klingt paradox. Doch ohne eine Basisfähigkeit, mit anderen Gruppenmitgliedern ergebnisorientiert zusammenzuarbeiten, geht nichts. Bei der Teambildung gilt es also, erst einmal die Anforderungen an die Teamfähigkeit zu benennen. Dann bedarf es sowohl einer kritischen Selbsteinschätzung der Teamkandidatinnen und -kandidaten, als auch der Fremdeinschätzung, ob beziehungsweise inwieweit man diesen Anforderungen entsprechen will und kann.

Wer von sich selbst weiß, dass er diesen Anforderungen nicht entspricht oder entsprechen will, sollte die Finger von der Teamarbeit lassen. Druck von außen anzuwenden oder jemanden gegen seine Überzeugung zur Teamarbeit zu überreden, führt unweigerlich zu Frust auf beiden Seiten.

Wenn Sie bereit sind, den Anforderungen zu entsprechen, kann für Sie der Prozess beginnen, Ihre Kompetenz zur produktiven Teamarbeit weiterzuentwickeln. Wenn Sie in der Phase der Teambildung sind, nutzen Sie den folgenden Anforderungscheck, um sich selbst und andere zu prüfen. Vergleichen Sie dabei die jeweilige Selbst- und Fremdeinschätzung. Das ist der erste Schritt zur Teamentwicklung.

Checkliste: Wie teamfähig sind Sie?

Anforderungen	Selbsteinschätzung					Fremdeinschätzung				
	++	+	0	-	- -	++	+	0	-	- -
Offen kommunizieren										
Information geben										
Feedback geben										
Ideen aufnehmen										
Wissen einbringen										
Teamziele erarbeiten										
Teamregeln beachten										
Kompromisse eingehen										
Sagen, was man denkt										
Anderen zuhören										
Sich in andere versetzen										
Anderen helfen										
Verlauf mitsteuern										
Flexibel sein										

Wenn sich Ihre Ergebnisse bei selbstkritischer Betrachtung mehr im positiven Bereich befinden und Ihnen andere dies Ergebnis bestätigen, stehen Ihnen alle Türen für erfolgreiche Teamarbeit und Teamentwicklung offen.

10.5.4 Vorsicht vor Laumännern und Heckenschützen

Der Teamarbeit sind dort Grenzen gesetzt, wo es – bei allem guten Willen – an der Teamfähigkeit einzelner Mitglieder mangelt. Gefährlich für die Teambildung und Teamentwicklung wird es dann, wenn einzelne die Teamzugehörigkeit missbrauchen, um eigene Leistungsschwächen zu kaschieren oder persönliche Machtziele zu verfolgen.

10.5.4.1 Trittbrettfahrer

»Fein, ich mache Teamwork, arbeiten können die anderen!« Eine solche Haltung kann das Aus für ein Team bedeuten. Seien Sie auf der Hut: Teams dürfen nicht zur Fluchtburg werden, weil die Mitarbeiter

- ihre Leistungsschwäche auf Kosten anderer in der Gruppe verbergen wollen,
- den eigenen, an persönlicher Leistung messbaren Arbeitsplatz fliehen,
- Anerkennung durch geistreiche Auftritte in der Gruppe suchen,
- die Gruppe als emotionale Hängematte nutzen wollen.

Der Begriff »Team« schützt nicht davor, dass Schwachleister, Schaumschläger oder Schmusesucher das Niveau einer Gruppe nach unten ziehen und Gruppen zu kollektiven »Schlechtleistern« werden. Spätestens in der zweiten Phase der Teamentwicklung, der Orientierungsphase, wird es ernst für Laumänner. Durch Zielvereinbarungen und persönliche Verantwortlichkeiten entsteht ein Koordinatensystem, in dem auch die individuelle Leistung messbar wird. Wenn Sie also ein Team zusammenstellen, achten Sie schon in der Formierungsphase darauf, dass Sie Leistungsträgerinnen und Leistungsträger und keine Trittbrettfahrer bekommen. Das gesamte Team wird es Ihnen danken.

Checkliste: Leistungsverhalten

Wie ist das individuelle Leistungsverhalten der zukünftigen Teammitglieder bisher gewesen?	
Haben sie sich schon einmal durch besondere Leistungen hervorgehoben?	
Sind sie in Projekten aktiv gewesen, und wie war ihr persönlicher Anteil am Ergebnis?	
Gibt es Anzeichen dafür, dass sie Leistung und Verantwortung scheuen?	
Gibt es Anzeichen dafür, dass sie von anderen »weggelobt« und ins Team »hineingelobt« wurden?	

10.5.4.2 Nur Einzelkämpfer siegen?

Vorsicht ist auch geboten gegenüber Kandidaten, die sich später als »Wölfe im Schafspelz« und als »Heckenschützen« erweisen können. Mit solchen Verhaltensmustern ist man umso mehr konfrontiert je stärker die jeweiligen Organisationen von Machtkämpfen, Intrigen und persönlichen Eitelkeiten bestimmt werden. Auch wenn in offiziellen Aussagen der Teamgeist beschworen wird und in Leitbildern und Führungsgrundsätzen verankert ist: Die Realität wird letztlich doch durch verdeckte Organisationsspiele geprägt. Dies hat für die Praxis der Teamentwicklung nicht selten Konsequenzen:

- Das obere Management praktiziert untereinander den harten »Nahkampf«. Das vorgelebte Beispiel wird meist durch die jeweiligen Mitarbeitenden nach unten weitergegeben.
- Das Prinzip »jeder gegen jeden« wird offiziell oder inoffiziell zum Leitbild erhoben und entsprechende Karrieren werden als Mythos wach gehalten.
- Mitarbeitende werden als Sprengköpfe und Spione in Teams entsandt.
- Teammitglieder »spielen Team«, nutzen es aber nur zur eigenen Profilierung und dem Verfolgen eigener Interessen.

Gegen eine solchermaßen ausgeprägte Einzelkämpferkultur in Organisationen ist allerdings kaum ein Kraut gewachsen. Hier werden Sie immer auf Trittbrettfahrerinnen und Einzelkämpfer stoßen, die das Team für eigene Zwecke instrumentalisieren. Um Missverständnissen vorzubeugen: Ein Bekenntnis zu Teamentwicklung und Teamarbeit bedeutet nicht, dass damit jeglicher Wettbewerb ausgeschaltet wird oder werden soll. Der Wettbewerb Einzelner um bessere Leistung und um Ansehen und Einfluss, ist eine wichtige Triebfeder auch für die Leistung und den Erfolg einer ganzen Organisation.

Wichtig

Wenn Sie ein Team zusammenstellen, achten Sie darauf, dass die Mitarbeitenden aus einem Umfeld kommen, in dem Vertrauen und individuelle Leistung etwas gelten. »Gewächse« einer ausgeprägten »Misstrauensorganisation« erschweren Teamentwicklung erheblich.

Checkliste: Unternehmenskultur

Kommen die Mitarbeitenden aus Organisationen mit wenigen oder sehr vielen Hierarchieebenen?	
Sind die Mitarbeitenden gewohnt, eigenständig zu arbeiten oder werden sie stark reglementiert?	
Sind die Mitarbeitenden eine flexible, bedarfsgerechte Arbeitszeitgestaltung oder eine strikte Zeiterfassung gewohnt?	
Sind die Mitarbeitenden Handlungsfreiheit im Rahmen von Zielvereinbarungen oder Anweisungen gewohnt?	
Sind die Mitarbeitenden Offenheit und Feedback oder nur eine verdeckte Kommunikation gewohnt?	

11 Den Handlungsrahmen abstecken

Teamarbeit, Teambildung und -entwicklung fordern eine ganz spezifische, wohldurchdachte Organisation. Es ist also nicht damit getan, vorhandenen Organisationseinheiten einfach den Teambegriff überzustülpen.

In diesem Kapitel erfahren Sie,

- mit welchen Schwierigkeiten Sie in der Orientierungsphase rechnen müssen,
- welche Organisationsfragen geklärt werden müssen und
- wie man Teamziele vereinbart.

11.1 Was in der Orientierungsphase wichtig ist

Handlungsfelder	Maßnahmen in der Orientierungsphase
Organisation	Aufbau, Ablauf und Handlungsrahmen; Zielvereinbarung
Qualifikation	Keine
Kooperation	Keine

Die Teamleitung ist bestimmt, die Teammitglieder sind ausgewählt. Mit dem nächsten Schritt beginnt nun die Arbeit im Team – sie beginnt als Arbeit am Team. Die Orientierungsphase ist die kritischste Phase der Teamentwicklung. Der Orientierungsrahmen und das Koordinatensystem für das gemeinsame Handeln müssen noch abgesteckt werden. Regeln für die Zusammenarbeit müssen erst erstellt werden. Spannungen und Konflikte in dieser Phase sind keine Seltenheit und nur allzu schnell scheint die Situation ausweglos.

Die Orientierungsprobleme in dieser Phase äußern sich häufig folgendermaßen:

- die organisatorische Abgrenzung ist im Team unklar;
- es ist unklar, wer für das Team verantwortlich ist;
- Verfahrensfragen werden langatmig behandelt;
- es wird kontrovers über die richtigen Ziele diskutiert;
- die Aufgaben sind nicht allen klar;
- der Sinn und Zweck des Teamauftrags wird in Zweifel gezogen;
- der Teamleiter oder die Teamleiterin wird angegriffen;
- man tastet sich gegenseitig vorsichtig ab;
- es besteht Unklarheit darüber, wer was kann und tun soll.

Es treffen Unsicherheiten auf persönlicher und inhaltlicher Ebene aufeinander. Schwierigkeiten in dieser Phase gehören also dazu und die Teammitglieder sollten darauf vorbereitet sein. Kontroversen auf der Sachebene entpuppen sich bei näherer Betrachtung häufig als Probleme auf der Beziehungsebene. Um keine »Spielchen« um Macht und Einfluss entstehen zu lassen, sollten Sie für eine verbindliche Organisation und klare Ziele zwischen allen an der Teamentwicklung Beteiligten sorgen.

11.2 Wie wird ein Team organisiert?

Für eine effiziente Teamentwicklung und eine erfolgreiche Teamarbeit sind zunächst vier Organisationsfragen grundsätzlich zu klären:

1. Wer übernimmt die Verantwortung für das Team?
2. Wie wird das Team in die Organisation eingefügt?
3. Welchen Handlungsspielraum braucht das Team?
4. Wie wird die alltägliche Arbeit organisiert?

11.2.1 Wer übernimmt die Verantwortung für das Team?

Durch klare Absprache darüber, wer welche Verantwortung für die Entwicklung eines Teams und dessen Input und Output trägt, wird verhindert, dass Teamentwicklung zur »unendlichen Geschichte« oder vollends zur Misserfolgsstory wird. Folgende Rollen und Verantwortlichkeiten gilt es zu verteilen:

- Gesamtleitung
- Coaching
- Teamleitung
- Teammitglieder.

11.2.1.1 Gesamtleitung

Diese Rolle kann von einer Führungskraft, der Geschäftsführung oder einem Steuerungsausschuss wahrgenommen werden. In der Praxis können Führungsaufgaben an die Teamleitung delegiert werden (Abteilungsleitung=Teamleitung). Diese Doppelrolle empfiehlt sich allerdings nur dann, wenn ein besonderes Vertrauensverhältnis zwischen Team und Teamleitung besteht und der Teamleiter oder die Teamleiterin ein sehr bewusstes Rollenverständnis vertritt. Die Gesamtverantwortung umfasst

- die Erteilung und Veränderung des Teamauftrags,
- die Zielvereinbarung und das Controlling,
- die Personalverantwortung gegenüber Teamleiter/in und Teammitgliedern.

Verzichten Sie in keinem Fall auf verbindliche Absprachen, wenn Mitarbeiter zugleich in ein Team, zum Beispiel ein Projekt, und in eine andere Organisationseinheit, etwa eine Abteilung, eingebunden sind.

11.2.1.2 Coaching

Coaching kann von einer erfahrenen und qualifizierten Führungskraft oder einem externen Berater wahrgenommen werden. Insbesondere in der Startphase einer Teamentwicklung sollte externe Unterstützung dabei sein. Das Coachen von Teams umfasst:

- die Unterstützung insbesondere des Teamleiters im systematischen Teamentwicklungsprozess,
- die Sicherung des Teamspielraums durch die Beratung der Führungskräfte, die Gesamtverantwortung für das Team tragen,
- die Beratung des Teams und einzelner Teammitglieder bei persönlichen Problemen oder Konflikten.

11.2.1.3 Teamleitung

Der Teamleiter hat keine disziplinarische Verantwortung. Als »Erster unter Gleichen« ist er verantwortlich

- nach innen für die Koordination, Moderation, Beratung und Konfliktregulierung,
- nach außen für Verhandlungen und die Repräsentation beziehungsweise Präsentation des Teams beziehungsweise der Teamleistungen.

11.2.1.4 Teammitglieder

Die Arbeit im Team darf nicht zur »Hängemattenpartie« werden, in der jeder sich auf den anderen verlässt. Deshalb trägt jedes Teammitglied neben der Verantwortung für besondere Aufgaben auch Querschnittsverantwortung für das gesamte Team:

- Informationsverantwortung, d.h. die aktive wechselseitige Bereitstellung aller wichtigen Erkenntnisse und Daten,
- Prozessverantwortung, d.h. die aktive Mitgestaltung der Teilschritte der Teamarbeit,
- Ergebnisverantwortung für die eigene Aufgabe und das Gesamtergebnis des Teams.

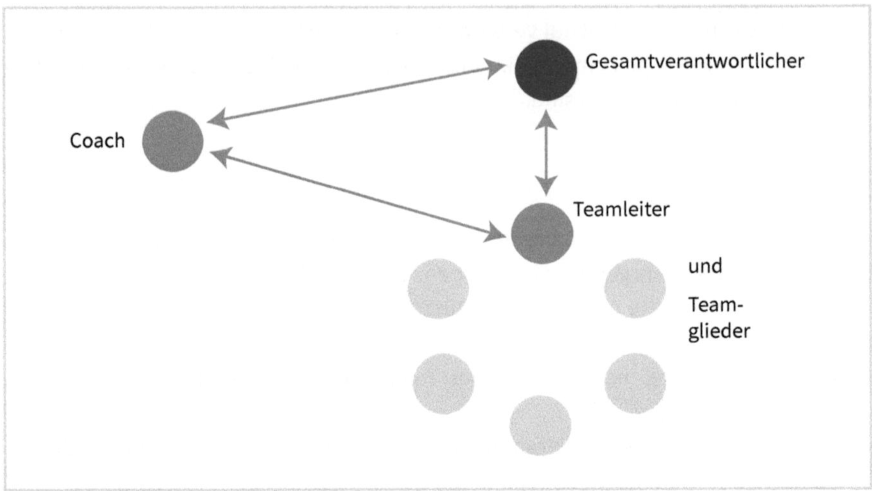

Rollenverteilung in der Teamentwicklung

11.2.2 Wie wird das Team in die Organisation eingefügt?

Teambildung und Teamentwicklung erfolgen nicht im leeren Raum. Die Pflegegruppe einer Krankenhausstation, die Montagegruppe einer Werkzeugmaschinenfabrik oder die Forschungs- und Entwicklungsabteilung eines Hightech-Unternehmens, in aller Regel verfügen sie über eine definierte Aufbau- und Ablauforganisation. Das Miteinander wird geregelt durch Organigramme, Stellen- und Aufgabenbeschreibungen, Hierarchien, Zielvereinbarungen, Budgets und Zeitpläne. Und außerhalb der Wirtschaft, in Kirchen, Verbänden und Vereinen, sieht es meist nicht viel anders aus.

Für die Teamentwicklung reicht es nicht aus, diese Organisationseinheiten einfach zu Teams zu erklären. Das Team muss vielmehr in die bestehende Organisation eingefügt werden. Oft müssen die Voraussetzungen für eine erfolgreiche Teamentwicklung erst geschaffen werden. Es gibt im Wesentlichen zwei Ansätze der organisatorischen Teambildung:

- die Abteilungs- oder Gruppenorganisation,
- die Schnittstellen- und Projektorganisation.

11.2.2.1 Abteilungs- oder Gruppenorganisation

Der eine Ansatz zielt darauf, eine bereits bestehende Organisationseinheit mit den vorhandenen Mitarbeiterinnen und Mitarbeitern, etwa eine Abteilung oder eine Gruppe, zu einem Team umzugestalten. Das ist keine leichte Sache und Vorsicht ist geboten. Denn durch eine langjährige Zusammenarbeit haben sich meist Verhaltensweisen und Kommunikationsformen eingeschliffen, die für eine Teamentwicklung eher hinderlich sein können. Je ausgeprägter die »Grünpflanzenkultur« mit ihren Ritualen, wer mit wem redet oder nicht, wer für wen Kaffee kocht und wer welche Tasse benutzen darf, desto geringer sind die Chancen für eine echte Teambildung und Teamentwicklung. Bevor Sie diesen Weg gehen, sollten Sie deshalb folgende Fragen prüfen und beantworten:

Checkliste: Abteilung oder Gruppe?

	Ja	Nein
Ist die bisherige Gruppen- bzw. Abteilungsleitung wirklich in der Lage, einen Teamentwicklungsprozess anzuleiten und zu begleiten?		
Verfügen die Gruppenmitglieder über genug Selbstbewusstsein und Autonomie, um sich in einem Teamentwicklungsprozess zu behaupten?		
Sind die Leistungsvoraussetzungen gegeben, um Synergien zu erzeugen?		
Sind die Gruppenmitglieder noch lernfähig?		
Begünstigen die vorhandenen Formen der Zusammenarbeit und Kommunikation in der Gruppe die Entstehung von Vertrauen und Loyalität?		
Stimmt die Gruppengröße?		

Kommen Sie bei der Beantwortung dieser Fragen zu einem eher negativen Ergebnis, müssen Sie sich daran machen, die Gruppe Schritt für Schritt umzubauen – angefangen bei der Leitung. Wenn Sie dann ein Kernteam von zwei bis drei Mitarbeitenden haben, das die Keimzelle für die Teamentwicklung sein kann, müssen Sie möglichst rasch für einen personellen Wechsel bei den übrigen Gruppenmitgliedern sorgen.

11.2.2.2 Schnittstellen- und Projektorganisation

Ein weiterer Ansatz, ein Team organisatorisch einzubinden, besteht darin, an der Schnittstelle bestehender Organisationseinheiten dauerhaft oder auf Zeit eine neue Organisationseinheit einzurichten.

Damit haben Sie die beste Voraussetzung, denn es besteht von vornherein die Chance, die Größe, Struktur und Leitung des Teams neu zu bestimmen. Befristet und auf kurz- bis mittelfristige Ergebnisse angelegt, bieten Projekte günstige Voraussetzungen für eine Teamentwicklung.

11.2.2.3 Welchen Handlungsspielraum braucht ein Team?

Gleichgültig wie Ihr Team in die Organisation eingebunden ist – innerhalb des vorgegebenen Rahmens können die Freiräume sehr unterschiedlich bemessen sein.

PRAXIS-BEISPIEL

Die Automobil-Fertigungsgruppe soll effektiv und fehlerfrei produzieren. Die Arbeitsorganisation und die Abläufe können dabei so gestaltet werden, dass die Gruppenmitglieder entweder zu Robotern werden oder aber eigenverantwortlich im Team die gesamte Fertigung über die Schnittstellen Arbeitsvorbereitung, Fertigung und Qualitätssicherung hinweg verantworten.

Das Forschungsteam eines Pharmakonzerns soll ein neues Antiallergikum entwickeln. Im Rahmen eines Personal-, Sachkosten- und Zeitbudgets hat das Forschungsteam völlig freie Hand. Der Handlungs- und Entscheidungsspielraum ist also sehr groß.

Von der Firmenkunden-Kreditabteilung einer Bank wird die sichere Prüfung, Votierung und Abwicklung von Krediten erwartet. Die Kompetenzen und Richtlinien sind zumeist klar definiert. Gerade in den letzten Jahren haben sich in den Banken die »notleidenden Kredite« gehäuft. Das hat unter anderem dazu geführt, dass man sich nicht mehr nur auf das Einzelvotum von Mitarbeitern in ihrem Kompetenzrahmen verlässt. Vielmehr bewerten Teams neben der Bilanz auch die Strategie und das Management eines Unternehmens und kommen somit zu einem abgerundeten Urteil.

Die Beispiele zeigen, dass dem Handlungs- und Entscheidungsspielraum von Teams immer ein Rahmen gegeben ist. Dieser kann ablaufbedingt enger gefasst sein, zum Beispiel in der Fertigung, oder weiter, wie in der Forschung.

Wichtig

Wer Verantwortung für die Teamentwicklung trägt – also Teamleitung, Coach und Gesamtverantwortlicher –, muss dafür Sorge tragen, dass das Team ein Maximum an Handlungs- und Entscheidungsspielraum innerhalb eines vorgegebenen Rahmens hat. Das begünstigt die Teamentwicklung und ermöglicht Spitzenleistungen.

11.2.2.4 Wie wird die alltägliche Arbeit organisiert?

Erfolgreiche Teamentwicklung und Teamarbeit hängen manchmal von ganz banalen Dingen ab, die aber eben doch organisiert sein müssen. Diese Dinge im Griff zu haben, gehört zu den Koordinationsaufgaben der Teamleitung. Doch das allein genügt nicht: Die hohe Selbstverantwortung und Selbststeuerung des Teams erfordern, dass die Teammitglieder sich auch selbst organisieren.

Mit der folgenden Checkliste können Sie prüfen, ob die Basisforderungen für eine gelungene Organisation gegeben sind.

Checkliste: Teamorganisation

	Ja	Nein
Gibt es einen eigenen Arbeitsraum für das Team?		
Gibt es geeignete Nebenräume?		
Sind die Räume ausreichend und zweckmäßig möbliert?		
Ist die Telekommunikation zweckgemäß eingerichtet?		
Ist die Nähe zu wichtigen Kooperationspartnern gegeben?		
Ist bei Projekten das Zeitbudget der Teammitglieder geklärt?		
Ist ein Zeitplan erstellt?		
Ist die Dokumentation der Teamergebnisse geklärt?		

11.3 Wie vereinbart man Teamziele?

Für die effektive Teamarbeit mit einem hohen Leistungsanspruch gilt derselbe Grundsatz wie für die Unternehmens- und Personalführung: Was man nicht messen kann, kann man auch nicht managen.

Wichtig

Teamziele müssen konkret sein. Sie müssen quantifiziert und terminiert sein.

Zu Beginn einer Teamarbeit ist die Zielbestimmung meist noch eher vage und als Auftrag oder Aufgabe formuliert. Jetzt – zu Beginn des Arbeitsprozesses – gilt es, den Auftrag beziehungsweise die Aufgabenstellung in ein oder mehrere messbare Ziele zu übersetzen. Die Zeit, die hierfür investiert wird, macht sich bezahlt. Eine klare Zielorientierung zu Beginn verhindert Desorientierung und die zermürbende Suche nach dem roten Faden im Verlauf der Teamarbeit. Vereinbarte Ziele versprechen für das Team Erfolgsgefühle, andererseits erlauben sie auch ein Controlling von Maßnahmen und Meilensteinen zur Zielerreichung.

Controlling heißt für Führungskräfte und Teamsprecherinnen und -sprecher in erster Linie, als Coach des Teams den Realisierungsstand der Ziele und die ergriffenen Maßnahmen zu analysieren, bei Realisierungsschwierigkeiten die Suche nach Lösungswegen zu unterstützen, mentale und moralische Unterstützung zu bieten sowie flankierende Maßnahmen abzustimmen.

Formblatt Zielvereinbarung

Ziele	Meilensteine	Endtermin

Unterschrift Team	Unterschrift Führungskraft

Entscheidend für die Zielbildung im Team ist, dass sie untereinander einvernehmlich vereinbart wird. Deshalb empfiehlt es sich auch, vereinbarte Ziele schriftlich zu dokumentieren.

11.3.1 Ziele schriftlich vereinbaren

Im betrieblichen Alltag werden ständig Informationen ausgetauscht und Ziele, Maßnahmen und Termine abgesprochen. Würden diese alle dokumentiert, stünde am Ende eine lähmende Papiertigerei. Für die Zielvereinbarung im Team beziehungsweise der für das Team verantwortlichen Führungskraft ist die schriftliche Dokumentation jedoch unerlässlich. Am besten Sie verwenden dafür oben stehendes Formblatt.

11.3.2 Ziele messbar machen

Ziele messbar machen heißt, ein eindeutiges quantitatives Ergebnis zu definieren und den Zeitpunkt zu benennen, zu dem dieses Ergebnis erreicht ist. Häufig spricht man auch von operationalisieren. Das Ziel dabei ist, sich von der Unverbindlichkeit von Absichtserklärungen zu verabschieden:

Absichtserklärungen	Operationale Ziele
Wir wollen den Umsatz steigern.	Der Umsatz ist um 25 % gestiegen (Monat).
Die Servicequalität soll besser werden.	Anfragen werden binnen 3 Tagen beantwortet (Monat).
Ich intensiviere die Außendiensttätigkeit.	Je Quartal besuche ich 24 Kunden.
Der Ausschuss muss verringert werden.	Die Ausschussquote ist um 20 % gesunken (Monat).
Die Personalentwicklung wird verstärkt.	Ein neues Beurteilungswesen ist erarbeitet (Monat).

Und noch ein Tipp: Der Unverbindlichkeit von Absichtserklärungen kann man auch über die Art der Zielformulierung entrinnen. Definieren Sie das quantifizierte und terminierte Ziel als feststehendes Ergebnis und nicht als Möglichkeit in der Zukunft. Also: »Das Ergebnis *ist* gesteigert worden« statt »... *soll* gesteigert werden«, »Das Konzept *ist* erarbeitet« statt »... *soll* erarbeitet werden« und so weiter.

11.3.3 Verbindlichkeit durch Unterschriften

Eine Vereinbarung, die durch Unterschriften besiegelt wird, wird für die Teammitglieder und die Führungskraft verbindlicher. Das ist nicht nur für das Team entscheidend, sondern prägt die gesamte Unternehmenskultur: Ein über mehrere Ebenen geknüpftes Netz von Zielvereinbarungen steigert das Vertrauen im betrieblichen Leistungsgefüge. Unverbindlichkeit und laue Absichtserklärungen fördern eher eine Misstrauenskultur.

Verbindliche Zielvereinbarungen dieser Art haben noch einen weiteren positiven Effekt: Die Unterschrift von Mitarbeiter und Führungskraft wird immer auch zur Nagelprobe für die Zusammenarbeit von Führungskraft und Team. Ein für ein Team nicht akzeptabler verordneter Katalog unrealistischer Ziele wird spätestens bei der Unterschrift auf Widerstand stoßen.

11.3.4 Welche Ziele sich definieren lassen

Ein Team ist Teil einer Organisation, die einen bestimmten Zweck verfolgt:

- Der Zweck eines Wirtschaftsunternehmens ist es, Gewinn zu erzielen.
- Ein Sportclub strebt nach dem Platz 1 in der Liga.
- Ein Verband will bestimmte Interessen durchsetzen.
- Der Erfolg eines Museums lässt sich an den Besucherzahlen ablesen und so weiter.

Diese übergeordneten Ziele sind zumeist als Strategien und Jahrespläne formuliert. Aus diesen übergeordneten Zielen können Teams unmittelbar ihre Ziele ableiten und somit einen Beitrag zur Erreichung des Gesamtziels leisten. Gleichwohl können Teams auch eigenständige Ziele verfolgen, die sich direkt aus ihrem ureigenen Teamauftrag ableiten lassen.

Der Erfolg des Unternehmens, des Sportclubs, des Verbands und des Museums schlägt sich in Zahlen nieder: der betriebswirtschaftliche Gewinn, die gewonnenen Spiele, die Zahl der Pressemeldungen über die Verbandsarbeit, die Zahl der Museumsbesucher. Das ist aber nur die eine Seite der Erfolgsmedaille. Zunehmend tragen die Qualität von Produkten und die Güte von Service und Dienstleitung zum Organisationserfolg bei.

Das fehlerfreie Produkt, die gut beheizte Sporthalle des Clubs, die kundenfreundliche Mitgliederinformation des Verbands, die gute Orientierungshilfe und Wegführung im Museum erhöhen die Kundenzufriedenheit. Deshalb sind neben quantitativen Zielen auch qualitative Ziele wichtig.

Unterscheiden lassen sich:

- Beitragsziele: Ziele, mit denen ein Beitrag zu übergeordneten Zielen des Unternehmens oder eines Bereichs geleistet wird.
- Aufgabenziele: Ziele, die aus einem konkreten Teamauftrag abgeleitet werden.
- Quantitative Ziele: Messgrößen sind betriebswirtschaftliche Kennziffern wie Umsatz, Deckungsbeiträge, Kosten, Qualitätskennziffern, Produktions- und Verkaufszahlen und so weiter.
- Qualitative Ziele: Ziele, die auf jeden Fall auch quantifiziert werden müssen, die sich aber nicht immer eindeutig messen lassen: Ziele der Personal- und Organisationsentwicklung, kreative Ziele, Konzeptentwicklung und so weiter.

11.3.4.1 Zielmenge und Zielmix

Ein anspruchsvoller und ausgewogener Zielkatalog umfasst fünf bis sieben Ziele. Variationen ergeben sich situations- und aufgabenabhängig. Sie können durchaus in einem Jahr nur ein zentrales Ziel vereinbaren, ein anderes Mal dagegen zehn kleinere Ziele.

In einem Wirtschaftsunternehmen werden die Ziele vorwiegend aus vier Feldern abgeleitet: Markt und Absatz, Soll und Haben, Produktion und Dienstleistung, Personal und Organisation. Soll ein Team zum Beispiel eine Marketingstrategie für ein neues Produkt erstellen, werden die Ziele in dem Feld »Markt und Absatz« angesiedelt. Ist mit dem Auftrag gleichzeitig eine Vertriebsplanung verbunden, werden auch Ziele aus dem Feld »Soll und Haben« abgeleitet.

Ordnen Sie Ihre Teamziele den verschiedenen Bereichen zu. Es kostet nur sehr wenig Zeit, gibt aber den Blick auf den größeren Zusammenhang der eigenen Arbeit frei. Das wirkt motivierend, da man nicht mehr das Gefühl hat, stets nur am eigenen »Süppchen zu kochen«.

Teamziele

Markt und Absatz	Soll und Haben
Erschließen von Geschäftsfeldern; Absatzsteigerung; Marktbeobachtung; Kommunikation usw.	Umsatz; Ergebnis; Deckungsbeitrag; Sach- und Personalkosten
Produktion und Dienstleistung	**Personal und Organisation**
Produktionsmenge; Produktqualität; Servicequalität; Produktentwicklung; Leistungsstandards	Aufbau- und Ablauforganisation; Personal- und Organisationsentwicklung; Innovation; Projektmanagement

11.3.4.2 Maßnahmenplan anlegen

Wenn Ihre Ziele gesetzt sind, sollten Sie die einzelnen Schritte auf dem Weg zu den Zielen festlegen. Ein erreichtes Ziel ist immer das Ergebnis vielfältiger Maßnahmen. Planen Sie die Einzelmaßnahmen, Ihre Meilensteine auf dem Weg zum Ziel, auf der Grundlage des folgenden Formblatts – so können Sie die notwendigen Maßnahmen für jedes Einzelziel festlegen.

Ziel-Nr.	Maßnahmen mit Termin	Meilensteine mit Termin	

Wichtig

Die Maßnahmen sind oft so konkret, genau terminiert und quantifiziert, dass sie auch als Unterziele bezeichnet werden könnten.

Vermeiden Sie fruchtlose Debatten über das Verhältnis von Zielen und Maßnahmen und die »Deduktion von Richtzielen, Oberzielen und Teilzielen«. Dieser akademische Streit führt zu nichts. Entscheidend ist, dass die systematisch und zeitlich geordnete Wahl konkreter Aktivitäten zum Ziel führt.

12 Mit dem Team arbeiten

Die Anforderungen im Alltag der Teamarbeit sind vielfältig und fordern sowohl den Teamleiter oder die Teamleiterin als auch die Teammitglieder stets aufs Neue.

In diesem Kapitel erfahren Sie, wie Sie

- das fachliche Wissen im Team entwickeln,
- Probleme auf der Beziehungsebene unter den Teammitgliedern produktiv umwandeln,
- Leistungen auf hohem Niveau halten und das Team motivieren.

12.1 Aktivieren Sie die Lernpotenziale

Handlungsfelder	Maßnahmen in der Aktivierungs- und Stabilisierungsphase
Organisation	Leistungen erkennen und anerkennen
Qualifikation	Lernpotenziale aktivieren
Kooperation	Kooperation optimieren; Konfliktpotenziale aufdecken und bearbeiten; Teamcoaching; Krisendiagnose und Therapie

Die Teamarbeit kann beginnen. Noch steht Ihr Team am Anfang. In diesem Stadium sind die Teamleiterin beziehungsweise der Teamleiter oder ein Coach in besonderer Weise gefragt, aktiv das Team zu trainieren. Es geht dabei vor allem darum,

- die Lernpotenziale im Team zu aktivieren,
- Lernprozesse zu organisieren,
- die Kooperation im Team zu verbessern,
- Konflikte beziehungsweise Konfliktpotenziale aufzudecken und produktiv für die weitere Teamentwicklung zu nutzen.

Der modische Begriff von der »lernenden Organisation« ist paradox: Nicht Organisationen lernen, sondern Menschen! Auch ein Team entwickelt sich, weil seine Mitglieder lernen. Wer im Team arbeitet, lernt zunächst durch praktische Erfahrung. Doch die Weiterentwicklung eines Teams fordert auch geplante Lernprozesse. In der Formierungsphase wurden Teammitglieder nach ihren Grundfähigkeiten ausgesucht. Jetzt geht es um spezifischere Fähigkeiten: Oft haben sich auch die Anforderungen in der Zwischenzeit geändert. Ermitteln Sie deshalb

- den Lernbedarf im Team und
- welche Lernstile und Lernmethoden für das Team günstig sind.

12.1.1 Wie Sie den Lernbedarf ermitteln

Prüfen Sie zunächst, wer im Team sein fachliches Wissen und seine Fertigkeiten noch auf den erforderlichen aktuellen Teamstandard bringen muss und wer sich spezialisieren und höher qualifizieren muss.

12.1.1.1 1. Schritt – Was wird gebraucht?

Das Team listet auf einem Flipchart die aktuellen und zukünftigen Aufgaben und Qualifikationsanforderungen auf.

Aktuelle Aufgaben	Aktuelle Anforderungen	Zukünftige Aufgaben	Zukünftige Anforderungen

12.1.1.2 2. Schritt – Wo stehen wir?

Die Teamleiterin beziehungsweise der Teamleiter moderiert die Selbst- und Fremdeinschätzung der Teammitglieder, um den Qualifikationsstand und den Qualifizierungsbedarf zu ermitteln. Die folgenden Fragen sollten dabei beantwortet werden:

- Wer erfüllt die gegenwärtigen Anforderungen, muss sich aber für zukünftige Aufgaben weiterqualifizieren beziehungsweise spezialisieren?
- Wer erfüllt die gegenwärtigen Anforderungen und muss sich nicht weiterqualifizieren beziehungsweise spezialisieren?
- Wer erfüllt die gegenwärtigen Anforderungen noch nicht ganz und muss sich zusätzlich für zukünftige Aufgaben weiterqualifizieren beziehungsweise spezialisieren?
- Wer erfüllt die gegenwärtigen Anforderungen noch nicht ganz und muss sich nicht weiterqualifizieren beziehungsweise spezialisieren?

Um den individuellen Qualifizierungsbedarf im Verhältnis zum Gesamtteam deutlich zu machen, können Sie auf einem Diagramm auf dem Flipchart oder einer Pinnwand die Teammitglieder nach ihrem jeweiligen Lernbedarf eintragen. Dieser Arbeitsschritt ist durchaus heikel. Teammitglieder sollen offen darüber sprechen, wo sie bei sich selbst und bei anderen Stärken und Schwächen sehen. Zugleich müssen sie sich mit dem Feedback der anderen hinsichtlich eigener Stärken und Schwächen auseinandersetzen. Als Teamleiterin oder Teamleiter müssen Sie zunächst einschätzen, ob das Team dazu bereits fähig ist oder nicht. Sollten Sie Zweifel daran haben – oder wenn der Zeitraum, um sich wechselseitig einschätzen zu können noch zu kurz war –, vertagen Sie die Ermittlung des Lernbedarfs auf einen späteren Zeitpunkt.

12.1.1.3 3. Schritt – Was ist zu tun?

Wenn der zweite Schritt nach Auffassung aller Teammitglieder geglückt ist, geht es um die Maßnahmenplanung.

- Für qualifizierte Teammitglieder mit Spezialisierungsbedarf müssen externe Weiterbildungsmöglichkeiten gesucht werden.
- Qualifizierte Teammitglieder ohne Spezialisierungsbedarf übernehmen Lernpartnerschaften, um das gesamte Team auf den erforderlichen Qualifikationsstand zu bringen.
- Wer die gegenwärtigen Anforderungen noch nicht ganz erfüllt und sich zusätzlich für neue Aufgaben weiterqualifizieren beziehungsweise spezialisieren soll, ist doppelt gefordert. Hier müssen die qualifizierten Teammitglieder als fachliche Trainer und Mentoren in die Bütt. Persönliche Anleitung, »Learning by doing« und Selbststudium sind hier erforderlich. Externe Maßnahmen kommen hinzu.
- Problematisch ist, wenn Teammitglieder die gegenwärtigen Anforderungen (noch) nicht erfüllen und für ihre Weiterqualifizierung kein Bedarf besteht. Sei es, weil sie bislang »Kreide gefressen haben« und sich kompetenter dargestellt haben als sie sind. Sei es, dass sie politisch ins Team gedrückt worden sind. In jedem Fall sind in der Formierungsphase Fehler gemacht worden. Aktiv zu qualifizieren ist aufwändig und zeitintensiv. Kommt dies nicht in Frage, sollten Sie versuchen, diese Teammitglieder auszutauschen.

12.1.1.4 4. Schritt – Nägel mit Köpfen

Sie können nun einen Lernplan mit Lernmaßnahmen und Lernpartnerschaften erstellen und visualisieren.

Team	Lernt selbst ...	Ist Lernpartner für ...
Gerd	Erhält den eigenen Standard durch Selbststudium	Meike
Karin	Erhält den eigenen Standard durch Selbststudium	Lars
Lars	Anpassung an den Teamstandard durch Lernpartnerschaft, Selbststudium und Learning on the job im Team	

Team	Lernt selbst ...	Ist Lernpartner für ...
Jan	Muss noch besser werden durch Selbststudium und Learning on the job im Team	Bei Bedarf für Lars und Meike
Meike	Anpassung an den Teamstandard durch Lernpartnerschaft, Selbststudium und Learning on the job im Team	
Sarah	Externe Weiterbildung und Learning on the job außerhalb des Teams	
Luisa	Externe Weiterbildung und Learning on the job außerhalb des Teams	
???	Entweder Anpassung an den Teamstandard oder Austausch	

Qualifizierte Teammitglieder planen geeignete Lernmaßnahmen für ihre Teampartner, die noch auf den neuesten Stand gebracht werden müssen, führen die Maßnahmen selbst durch und tragen damit einen Teil der Verantwortung.

12.1.2 Die Lernstile ermitteln

Jeder kennt die Situation: Man hat sich eine neue Spülmaschine gekauft und sitzt nun mit Partner oder Partnerin davor und studiert die Funktionsweise. Der Streit ist vorprogrammiert. Der eine will zuerst die Bedienungsanleitung genau studieren, der andere will gleich mal alle Knöpfe ausprobieren. Woran liegt das? – Zwei verschiedene Lerntypen treffen aufeinander.

Um die Lernpotenziale im Team voll nutzen zu können, ist es hilfreich, wenn jeder seinen Lernstil kennt. Nach dem Modell von D. A. Kolb lassen sich vier Lernstile unterscheiden, wobei sich jeweils zwei Stile polar gegenüberstehen:

- praktisches Lernen ↔ abstraktes Lernen
- reflektierendes Lernen ↔ experimentelles Lernen

Demnach lernen manche besser durch praktische Tätigkeit und konkrete Anschauung, andere dagegen bevorzugen Modelle und Theorien zum Lernen. Wieder andere erzielen durch Beobachtungen und Reflexion von Erfahrungen den größten Lerngewinn, und eine vierte Gruppe lernt am besten durch Versuch und Irrtum, also durch das Experiment. Die Übergänge sind fließend: Ist ein Lernstil besonders ausgeprägt, bedeutet das nicht, dass nicht auch die anderen Lernstile genutzt werden können.

12.1.2.1 Bestimmen Sie Ihren Lernstil

In der folgenden Abbildung sind in vier Feldern Verhaltensweisen beschrieben. Finden Sie heraus, welches Feld Sie besetzen. Dann haben Sie auch den Lernstil bestimmt, der Ihnen vermutlich besonders liegt.

Es kann durchaus auch sein, dass einige Verhaltensweisen in mehreren Feldern – mehr oder weniger – für Sie charakteristisch sind. Nutzen Sie diese Selbsteinschätzung – evtl. im Gespräch mit einem Teampartner – um sich ein möglichst klares Bild über Ihre Präferenzen zu verschaffen.

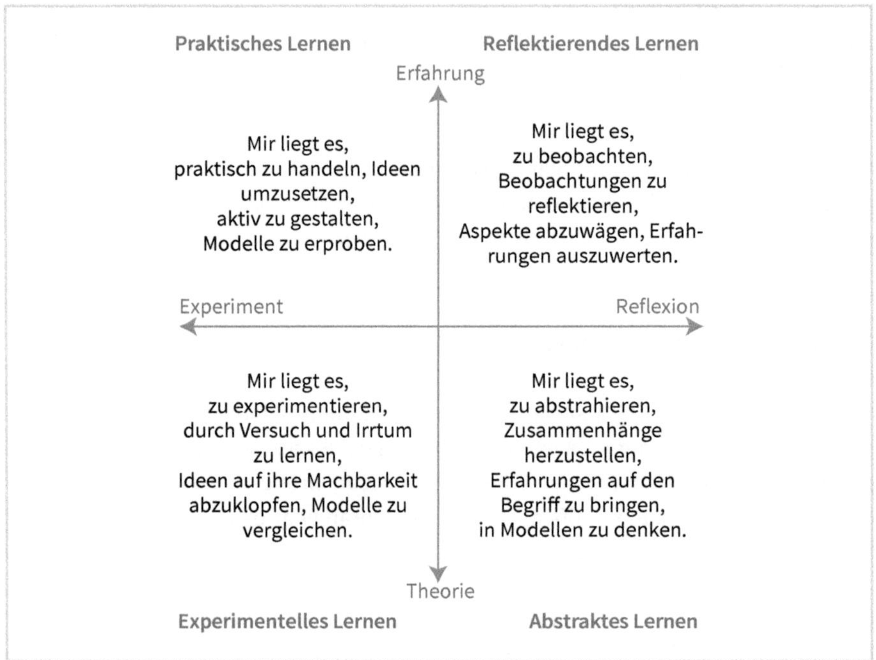

Das Lernstilmodell

12.1.2.2 Wie setzt man die Ergebnisse um?

Jedes Teammitglied führt seine Selbsteinschätzung durch und stellt sie den anderen Teammitgliedern vor. Das Team kann von diesen Ergebnissen direkt profitieren:

- Visualisieren Sie die Verteilung der Lernstile im Team. Daraus ersehen Sie, ob das Team eher heterogen oder homogen zusammengesetzt ist. Homogene Teams finden schnell ihren gemeinsamen Weg, um Informationen zu verarbeiten und neues Wissen aufzunehmen. In eher theoretisch orientierten Teams zum Beispiel, werden sich die Teammitglieder wissenschaftlicher Literatur bedienen und die Lektürearbeit im Team aufteilen. Ein erfahrungsorientiertes Team wird dagegen die Praxiserkundung bevorzugen.

- Erörtern Sie anhand des erstellten Lernplans, wie methodisch am besten gearbeitet wird, um den im Team repräsentierten Lernstilen möglichst individuell zu entsprechen.
- Ideal ist es, den gesamten Lernprozess innerhalb der Teamentwicklung als Spirale anzulegen:
  1. In der Praxis werden Erfahrungen gesammelt;
  2. die gesammelten Erfahrungen werden geordnet und überdacht;
  3. die Ergebnisse werden in ein Erklärungsmodell gebracht;
  4. dieses Modell wird praktisch erprobt;
  5. die Erprobungsergebnisse fließen wieder in die Praxis ein und verändern sie.

12.2 Konfliktpotenziale produktiv nutzen

Teamprozesse verlaufen nie ohne Spannungen und Konflikte. Probleme im Team zwanghaft zuzudecken ist falsch. Richtig ist vielmehr, die Konflikte aufzudecken und zu bewältigen: Sie sind stets Ausdruck verdeckter Probleme und Spannungen im Team. Nur so bleibt ein Team arbeitsfähig und kann sich weiterentwickeln. Doch übertreiben Sie nicht: Nicht jede Ungereimtheit ist gleich ein veritabler Konflikt. Produzieren Sie also keine Konflikte um ihrer selbst willen. Andererseits sollten Sie bei einer planvollen Teamentwicklung auch nicht warten, bis es zum Knall kommt. Vielmehr gilt es, Konfliktpotenziale frühzeitig zu erkennen und zu bearbeiten. Das Ziel dabei ist, dass die Konfliktpotenziale und ihre Ursachen allen Teammitgliedern bewusst sind. Nur wer die Probleme kennt, kann auch gezielt darauf reagieren.

Konflikte zu lösen ist nicht nur eine lästige Pflichtübung. Konfliktpotenziale können sehr oft für die weitere Teamentwicklung fruchtbar gemacht werden. Es kann sich also lohnen, wenn sich Teams von Zeit zu Zeit auch mit sich selbst beschäftigen. Ähnlich wie Teams auf der Sachebene Organisation und Ziele regeln, müssen sie auch ihre Probleme auf der Beziehungsebene klären. Dabei geht es nicht um das »Was« bei der Zusammenarbeit, sondern um das »Wie«. Nur so entwickeln sich Vertrauen und Loyalität in einem Team.

12.2.1 Teamtraining

Konkrete Probleme und Konflikte müssen in der täglichen Teamarbeit bewältigt werden. Das Teamtraining dient der geplanten Selbstreflexion und der vorsorglichen Konfliktbewältigung. Unter Anleitung werden insbesondere gruppendynamische Prozesse bearbeitet. Teamtraining sollte Ihr Team ständig begleiten. Themen und Methoden des Teamtrainings können zum Beispiel

- als Tagesordnungspunkt einer Teambesprechung aufgenommen werden,
- Inhalt eines ein- bis zweitägigen Workshops außerhalb des Tagesgeschehens sein.

Ein Teamtraining umfasst Übungen und Methoden zur Prüfung des Standorts und zur weiteren Entwicklung des Teams. Auf den folgenden Seiten finden Sie einige Methoden und Übungen. Sie bilden eine Art Baukasten, aus dem sich interne oder externe Coachs, Führungskräfte oder Teamleiter im Rahmen eines Teamtrainings bedienen können. Welche Übungen Sie einsetzen und in welcher Reihenfolge, sollten Sie von der Situation abhängig machen, in der Ihr Team gerade steckt.

Checkliste: Teamtraining

	Ja	Nein
Ist die Teamtrainerrolle geklärt? (Interner oder externer Coach, Teamleiter oder ein qualifiziertes Teammitglied)		
Erfolgt das Teamtraining aufgrund eines aktuellen oder latenten Bedarfs? Sind die Ziele und Methoden entsprechend geklärt?		
Ist der zeitliche Rahmen ausreichend, um ohne Druck Themen bei Bedarf ausgiebig zu behandeln?		
Ist der organisatorische Rahmen für den Wechsel zwischen Intensivtraining und Entspannung geeignet?		
Sind die technischen Voraussetzungen, wie z. B. Flipchart, Pinnwände, Moderatorenkoffer, Beamer, Video gegeben?		

12.2.2 Sonne oder Sturm? – Das Teamklima ermitteln

Bildhaft gesprochen, gibt es für Teams eine Großwetterlage und ein Binnenklima. Es kann heiß oder kalt, freundlich oder unfreundlich sein. Verwenden Sie ganz bewusst solche Bilder und Analogien. Das macht es leichter, atmosphärische Spannungen zu erkennen und dahinter liegende Zusammenhänge aufzudecken.

Teamtraining Teamklima

Warum?	Um eine Gesamtsicht der Teamsituation zu erhalten; um latente Störungen zu thematisieren; um Änderungsbedarf festzustellen.
Wann?	Zu Beginn eines Teamtrainings oder als »Blitzlicht« in einer schwierigen Arbeitssituation, um das Klima zu verbessern.

Wie?	Auf der Pinnwand, einem Flipchart oder einer Wandzeitung ist ein »Teambarometer« dargestellt (siehe folgende Abbildung). Die Teammitglieder werden aufgefordert (offen oder verdeckt), in dem Feld einen Punkt einzutragen, das das Teamklima am besten charakterisiert. Anschließend begründet jeder seine Wertung. Übereinstimmungen, Differenzen und deren Hintergründe werden thematisiert.
Was ist zu tun?	Der Teamtrainer führt die Übung durch und moderiert die anschließende Diskussion; er dokumentiert bei Bedarf die gewünschte Veränderung im Teamklima und fordert das Team auf, Maßnahmen zu nennen, um den erwünschten Zustand zu erreichen.

Mithilfe des Teambarometers können die Teammitglieder die Atmosphäre im Team sichtbar machen.

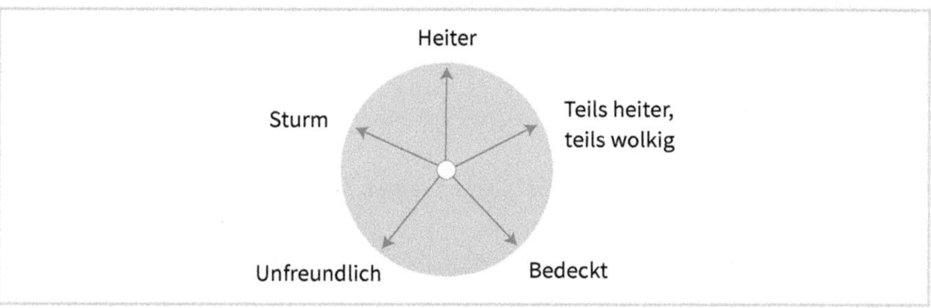

Das Teambarometer

12.2.3 Friedhof oder Schlachthof? – Umgangsformen klären

Wie schnell rutscht einem nicht schon mal etwas heraus, was man lieber nicht gesagt hätte – doch schon ist die Situation eskaliert. Die Umgangsformen werden immer rüder, man nimmt immer weniger Rücksicht aufeinander. Legen Sie deshalb zusammen mit dem Team Spielregeln des Umgangs fest. Auf die etwas skurrilen Begriffe »friedhöflich« und »schlacht(un)höflich« gebracht, lassen sich die bisherigen und die für die Zukunft gewünschten Umgangsformen miteinander klären.

Teamtraining Umgangsformen

Warum?	Um zu klären, was im Umgang miteinander bisher möglicherweise schiefgelaufen ist; um für die Zukunft Verhaltensspielregeln für den Umgang miteinander festzulegen.
Wann?	Bei akuten Auseinandersetzungen, in denen Teammitglieder den Eindruck haben, dass der Umgangston nicht stimmt. Im Teamtraining, um vergangene Konfliktsituationen zu besprechen und Regeln für die Zukunft aufzustellen.

Wie?	Auf der Pinnwand, einem Flipchart oder einer Wandzeitung wird ein Diagramm mit den Achsen Wertschätzung und Offenheit erstellt. Die Teammitglieder werden aufgefordert, an Beispielen aufzuzeigen, was für sie Teamzusammenarbeit konkret bedeutet. Das Maß an zu viel »friedhöflicher« Wertschätzung oder »schlachtunhöflicher«, verletzender Offenheit soll an Beispielen erarbeitet werden. Das ausgewogene Verhältnis zwischen beiden Verhaltensweisen als Basis der Teamarbeit wird in Form konkreter Verhaltensgrundsätze beschrieben.
Was ist zu tun?	Die Teamtrainerin oder der Teamtrainer führt die Übung durch und moderiert die anschließende Diskussion; er dokumentiert die erarbeiteten Verhaltensspielregeln.

Jedes Team braucht andere Regeln. Exemplarisch seien hier jedoch einige Spielregeln genannt, die für die meisten Teams gelten können:

- Jeder ist für die Inhalte und den Verlauf der Teamarbeit verantwortlich.
- Die Klärung von Problemen auf der Beziehungsebene hat Vorrang vor Sachthemen.
- Nach jeder Teamsitzung wird ein Themenspeicher mit den noch offenen Fragen angelegt.
- der Teamleiter hat das Recht, bei Bedarf einem Teammitglied die »gelbe Karte« zu zeigen.
- Ein Teammitglied kann durch Mehrheitsbeschluss aus dem Team ausgeschlossen werden.

12.2.4 Subjekt oder Objekt? – Den Teamprozess beobachten

Soll sich Ihr Team optimal entwickeln, muss der Gruppenprozess stetig verbessert werden. Wenn man versteht, was im Team abläuft, hat man schon einen wichtigen Schritt getan. Ein bewährter Klassiker zur Beobachtung von Gruppenprozessen stammt von dem Sozialpsychologen Robert Freed Bales. Seine Instrumente sind ein hervorragendes Hilfsmittel für das Team, um das Miteinander zu verstehen und gemeinsam zu verbessern. Das Hauptmerkmal dieser Methode: Die Rollen wechseln zwischen beobachtendem Subjekt und beobachtetem Objekt. Untersucht werden

- das Integrationsverhalten,
- die Bewältigung von Spannungen,
- das Entscheidungsverhalten,
- das Kontrollverhalten,
- das Bewertungsverhalten,
- das Orientierungsverhalten.

All diese Verhaltensweisen prägen Gruppenprozesse ganz entscheidend. Die Teammitglieder lernen, kritisch darauf zu achten, wie sie zusammenarbeiten und wie sie miteinander umgehen. Teamförderndes und teamstörendes Verhalten können klarer unterschieden werden.

Checkliste: Teambeobachtung

Faktoren	Teamförderndes Verhalten	Teamstörendes Verhalten
Integration	Zeigt Solidarität, bestärkt andere, gibt Hilfe	Zeigt Feindseligkeit, mindert Status anderer, bringt sich zur Geltung
Bewältigung von Spannungen	Zeigt Entspannung, lacht, macht Späße, zeigt sich zufrieden	Zeigt Spannung, verlangt Hilfeleistung, zieht sich zurück
Entscheidung	Stimmt zu, zeigt Anerkennung, teilt und befolgt Auffassung anderer, bejaht	Stimmt nicht zu, zeigt Ablehnung, zeigt formale Einstellung, verweigert Hilfestellung
Kontrolle	Gibt Empfehlungen, macht Vorschläge, erkennt die Autonomie anderer an, kommuniziert umsichtig	Erfragt Empfehlungen, fragt nach Anleitung und Verhaltensregeln
Bewertung	Äußert Meinungen, bewertet, teilt analytische Befunde mit, zeigt Gefühle, äußert Wünsche	Erfragt Meinungen, Bewertungen und analytische Befunde; wertet ab
Orientierung	Gibt Orientierung, gibt Auskunft, wiederholt, informiert, klärt, erklärt, bestätigt	Erfragt Orientierung, verlangt Auskunft, Wiederholung, Klärung, Bestätigung, Information

Sie können diese Kriterien als praktisches Hilfsmittel nutzen, um die wichtigsten Faktoren für den Gruppenprozess zu erfassen. Sie sollten diese Faktoren auch dann im Hinterkopf haben, wenn Sie nach Gründen für Konflikte suchen, die Ihnen zunächst unverständlich erscheinen. Ein Team ist kein Perpetuum mobile – es braucht stets Anregungen, um weiter zu laufen. Deshalb ist es sinnvoll den Gruppenprozess immer im Blick zu haben und gegebenenfalls korrigierend einzugreifen.

Teamtraining Prozessbeobachtung

Warum?	Um das Verhalten der Teammitglieder untereinander zu beschreiben; um Ursachen störenden Verhaltens zu ermitteln; um einen Sollzustand zu beschreiben; um die eigene Wahrnehmung zu schulen und zu lernen, Feedback zu geben.
Wann?	Erst im Rahmen einer Klausurtagung, dann in der Echtsituation der Teamarbeit und Teamentwicklung.

Wie?	Es werden die Bereiche Integration, Bewältigung von Spannungen, Entscheidung, Kontrolle, Bewertung, Orientierung beobachtet. Diesen Bereichen sind Verhaltensweisen zugeordnet, die Teamprozesse positiv oder negativ beeinflussen. Dieses Instrument kann je nach Reifegrad des Teams unterschiedlich eingesetzt werden: Die Teamtrainerin bzw. der Teamtrainer beobachtet das Verhalten im Team und gibt abwechselnd einzelnen Teammitgliedern oder dem ganzen Team eine Rückmeldung. Das gesamte Team wird mit dem Instrument vertraut gemacht und erprobt es spielerisch an simulierten Gruppengesprächen mit vorgegebenen Rollen. Es wird vereinbart, dass im Anschluss an den Workshop, die normale Teamarbeit abwechselnd jeweils von einem Teammitglied beobachtet wird. Feedback erfolgt einzeln und in der Gruppe. In der Echtsituation der Teamarbeit wird im Anschluss an eine Arbeitssitzung gemeinsam der gelaufene Prozess aus der Erinnerung heraus analysiert. Dieses setzt allerdings die Fähigkeit zum behutsamen Feedback voraus.
Was ist zu tun?	Die Teamtrainerin oder der Teamtrainer stellt das Instrument vor und trainiert die Anwendung; alle Teammitglieder sind sowohl Beobachter als auch Beobachtete.

12.2.5 Plus oder Minus? – Das eigene Verhalten überprüfen

Wie teamgerecht ist Ihr eigenes Verhalten? Manche Verhaltensgewohnheiten können das Leistungspotenzial Ihres Teams einschränken, ohne dass Sie oder andere sich dessen bewusst wären. Das Verhaltensprofil (siehe folgende Abbildung) kann jedes Teammitglied für sich nutzen. Vergleichen Sie Ihr persönliches Profil mit der roten Kurve. Sie zeigt ein Verhaltensprofil, an dem Sie sich orientieren können, ein Profil, das zu besserer Kooperation und zu Leistungssteigerung beiträgt.

Welches Verhalten sich positiv oder negativ auf die Arbeit im Team auswirkt, zeigt die eingezeichnete Kurve. »Total out« ist demnach aggressives und stures Verhalten. »Total in« ist dagegen ein Mix aus rücksichtsvollem, vermittelndem, zugleich in der Sache hartnäckigem Verhalten.

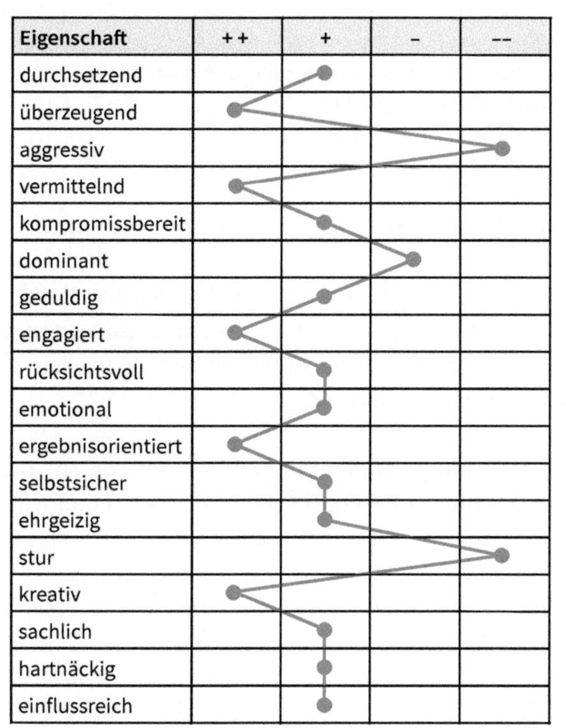

Beispiel eines Teamprofils

Bei dieser Übung geht es allerdings nicht darum, den Teammitgliedern ein bleibendes Etikett aufzudrücken. Die gegenseitige Selbst- und Fremdeinschätzung soll vielmehr dazu anregen, den Gruppenprozess zu überdenken. Wann und wo treten Störungen auf? Besteht ein Zusammenhang zwischen diesen Störungen und den Verhaltensweisen Einzelner im Wechselspiel mit anderen Teammitgliedern? Lassen Sie sich dabei aber nicht von der Idee leiten, Sie müssen genauso sein wie »Max Mustermann« oder »Monika Musterfrau«. Prüfen Sie allerdings selbstkritisch, wie Sie durch Ihr Verhalten, bzw. durch eine Veränderung Ihres Verhaltens, das Team fördern können.

Teamtraining Verhaltensprofil

Warum?	Um das Verhalten des Einzelnen im Team zu spiegeln; um den Gruppenprozess zu analysieren.
Wann?	Im Verlauf eines Teamtrainings oder nach einer Vorbereitungsphase nach einer schwierigen Teamsituation; um das Klima zu verbessern.
Wie?	Alle Teammitglieder zeichnen ihr eigenes Teamprofil und das Teamprofil der anderen Gruppenmitglieder. Die Teammitglieder geben sich wechselseitig Feedback.

Was ist zu tun?	Die Teamtrainerin oder der Teamtrainer führt die Übung durch und gibt den einzelnen Mitgliedern eine persönliche Rückmeldung. Er organisiert die wechselseitige Rückmeldung unter den Teammitgliedern und moderiert die anschließende Diskussion.

12.2.6 Analyse oder Vision? – Sich wechselseitig ergänzen

Teamarbeit besteht zu einem guten Teil daraus, Probleme zu lösen. Was aber, wenn es in einem Team von acht Leuten vier verschiedene Ansätze gibt, die Probleme in den Griff zu bekommen? Ist fruchtloser Streit die Folge? Woran liegt es, dass so unterschiedlich gedacht und gehandelt wird?

Menschen gehen sehr unterschiedlich an Probleme und deren Lösung heran, weil sie je nach Typ verschiedene Denkstile bevorzugen. Die Art und Weise wie Teammitglieder denken und Probleme bearbeiten, beeinflusst die Kommunikation und Kooperation untereinander. Welchen Denk- und Problemlösungsstil wir bevorzugen, hängt davon ab, ob wir mehr die linke oder die rechte Gehirnhälfte aktivieren. Die linke Gehirnhälfte wird tätig, wenn wir eher analytisch und planvoll an ein Problem herangehen. Die rechte Gehirnhälfte steht für einen mehr kreativen und emotionalen Stil. Diese Denkstile lassen sich mithilfe eines einfachen Tests – dem Hirn-Dominanz-Instrument (H.D.I.) – leicht ermitteln. Schon das Nachdenken über die verschiedenen Denkstile bringt die Diskussion im Team auf eine objektive Basis. Die Teammitglieder verstehen, woher die verschiedenen Lösungsansätze kommen und entwickeln Verständnis füreinander.

Es ist durchaus sinnvoll bei der Teambildung darauf zu achten, alle Denkstile einzubinden. Damit sind zwar Konflikte vorprogrammiert, doch Konflikte dieser Art sind das Salz in der Suppe der Teamentwicklung: Der Weg führt über die Auseinandersetzung zur gegenseitigen Akzeptanz bis hin zur wechselseitigen Ergänzung und Synergie.

12.2.6.1 Machen Sie den Problemlösungsprofil-Test

Unterstreichen Sie in jedem Quadranten die Verhaltensweisen, Eigenschaften beziehungsweise Tätigkeiten, die Ihnen am meisten entsprechen. Überlegen Sie nicht lange! Es gibt keine richtigen oder falschen, keine guten oder schlechten Verhaltensweisen. Suchen Sie nicht die Tätigkeiten heraus, die vermeintlich ein besseres Image haben als andere. Sie können in jedem Quadranten so viele oder so wenige Begriffe markieren, wie Sie möchten. Zählen Sie anschließend die Nennungen je Quadrant zusammen.

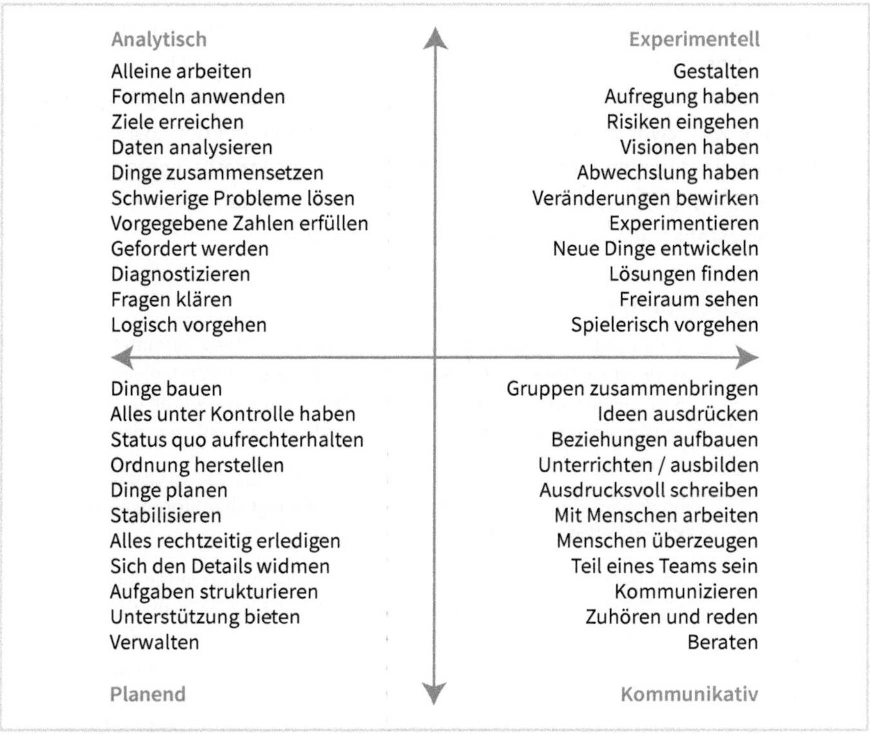

Analytisch	Experimentell
Alleine arbeiten	Gestalten
Formeln anwenden	Aufregung haben
Ziele erreichen	Risiken eingehen
Daten analysieren	Visionen haben
Dinge zusammensetzen	Abwechslung haben
Schwierige Probleme lösen	Veränderungen bewirken
Vorgegebene Zahlen erfüllen	Experimentieren
Gefordert werden	Neue Dinge entwickeln
Diagnostizieren	Lösungen finden
Fragen klären	Freiraum sehen
Logisch vorgehen	Spielerisch vorgehen
Dinge bauen	Gruppen zusammenbringen
Alles unter Kontrolle haben	Ideen ausdrücken
Status quo aufrechterhalten	Beziehungen aufbauen
Ordnung herstellen	Unterrichten / ausbilden
Dinge planen	Ausdrucksvoll schreiben
Stabilisieren	Mit Menschen arbeiten
Alles rechtzeitig erledigen	Menschen überzeugen
Sich den Details widmen	Teil eines Teams sein
Aufgaben strukturieren	Kommunizieren
Unterstützung bieten	Zuhören und reden
Verwalten	Beraten
Planend	Kommunikativ

Mögliche Verhaltensweisen

12.2.6.2 Auswertung

Mit hoher Wahrscheinlichkeit zeigt Ihr Profil, dass Sie alle vier Problemlösungsstile nutzen, allerdings mit unterschiedlicher Ausprägung. Die meisten von uns bevorzugen einen Stil, der sich als besonders erfolgreich und damit motivierend erwiesen hat. Die Anzahl der Markierungen pro Quadrant zeigt an, welcher Stil bei Ihnen dominiert und wie das Verhältnis der vier Stile untereinander ist:

- Der analytische Stil: Sie orientieren sich bei der logisch-kritischen Analyse eines Problems an Fakten und Zahlen. Reines Spekulieren liegt Ihnen nicht.
- Der planende Stil: Probleme strukturiert zu bearbeiten und Lösungen ordentlich und zeitnah umzusetzen sind Ihre Stärke. Die großen Worte überlassen Sie anderen.
- Der experimentelle Stil: Sie gehen die Dinge eher spielerisch und ideenreich an. Strategisch-konzeptionell die Dinge zu bearbeiten liegt Ihnen mehr, als die Detailarbeit.
- Der kommunikative Stil: Die Gestaltung der Beziehung in der Zusammenarbeit mit anderen ist für Sie von hoher Bedeutung. Ein positives Arbeitsklima ist für Sie Voraussetzung für die Bearbeitung abstrakter Fragestellungen.

Im Teamtraining können nun die individuellen Profile der einzelnen Teammitglieder erstellt und untereinander abgeglichen werden. Daraus lassen sich entsprechende Schlüsse für die Chancen und Risiken der Zusammenarbeit ableiten. Eine sehr homogene Gruppe wird zwar wenig Konfliktpotenzial aufweisen, bei der Lösung von Problemen wird sie dagegen eher schwerfällig und weniger kreativ agieren. Eine sehr heterogene Gruppe dagegen hat ein hohes Konfliktpotenzial. Ist dies freilich erst überwunden, stehen alle Türen für kreative Lösungen offen.

Teamtraining Denkprofile

Warum?	Um die individuellen Denk- und Problemlösungsstile zu ermitteln; um das daraus resultierende Verhalten im Team erklären zu können; um mögliche Störungen in der Kommunikation und Kooperation erklären und abbauen zu können; um die Chancen, sich wechselseitig zu ergänzen, wahrzunehmen.
Wann?	Im Verlauf eines Teamtrainings zur Analyse möglicher Störungen in der Kommunikation und Kooperation im Team.
Wie?	Alle Teammitglieder führen den Selbsttest durch und werten ihn für sich aus. Alle Teammitglieder stellen ihre Profile vor, erklären, ob sie damit übereinstimmen oder nicht und erfragen die Meinung der anderen. Danach werden die besonderen Stärken eines jeden Stils gesammelt und dokumentiert, z. B. am Flipchart. In einem nächsten Schritt werden die im Team vorhandenen Stile aufgelistet und es wird gemeinsam erarbeitet, welchen Nutzen sie dem Team bringen und welche Konfliktpotenziale für die Kooperation im Team damit verbunden sein können. Dabei sollen die Erfahrungen im eigenen Team angesprochen werden. Typische Konfliktmuster im Team werden aufgedeckt. Zum Abschluss sollte versucht werden, ein gemeinsames Teamprofil zu skizzieren, um festzustellen, ob alle Stile repräsentiert sind und sich wechselseitig ergänzen.
Was ist zu tun?	Die Teamtrainerin oder der Teamtrainer führt den Test durch und moderiert die Auswertung. Die Teammitglieder gehen aufeinander zu und werten wechselseitig ihre Profile aus. Der Teamtrainer weist darauf hin, dass die Stärke des Teams in der wechselseitigen Ergänzung von Fähigkeiten und Potenzialen liegt.

Die folgende Checkliste hilft Ihnen, ein Profil Ihres Teams zu erstellen und die Vor- und Nachteile der verschiedenen Typen anzusprechen. Eine Diskussion im Team über die jeweiligen Konfliktpotenziale schafft Verständnis für die verschiedenen Denkstile und daraus folgende Verhaltensweisen.

Checkliste: Denkstile im Team

Problem-lösungsstil	Nutzen für das Team	Konfliktpotenziale
analytisch	Sachlichkeit; Zahlenverständnis; »Rationalitätsprinzip«	Ungeduldig, kritisch; Feindbild: »sozialpädagogische Plaudertaschen«
planend	Trifft Vorkehrungen; Pünktlichkeit, Zuverlässigkeit; »Ordnungsfaktor«	Form wichtiger als der Inhalt; Feindbild: »abstrakte Galaktiker«
experimentell	Risikofreude; Kreativität; Intuition; »Strategische Kraft«	Die Ideen habe ich, die Arbeit sollen die anderen tun; Feindbild: »Erbsenzähler«
kommunikativ	Hilfsbereitschaft; Teamorientierung; bringt Dinge auf den Punkt; »Emotionale Kraft«	Konflikte suchen, statt sie zu vermeiden; Feindbild: »kalte Technokraten«

Auch wenn es kein ideales Teamprofil gibt, kann man doch feststellen:

- Je ähnlicher die Profile im Team sind, desto geringer ist die Wahrscheinlichkeit, dass ernsthafte Konflikte in der Gruppe entstehen. Allerdings sind die Chancen für einen kreativen Output eher bescheiden.
- Je unterschiedlicher die Profile im Team sind, desto höher ist die Wahrscheinlichkeit, dass ernsthafte Konflikte in der Gruppe entstehen. Allerdings sind die Chancen für einen kreativen Output hoch.

PRAXIS-BEISPIEL

Karin, Marion und Ralf studieren im sechsten Semester Betriebswirtschaft. Sie sind seit dem zweiten Semester unzertrennlich, nachdem sie sich in der Vorlesung über »Rechnungswesen und Controlling« kennen und schätzen gelernt haben. Im Rahmen des Seminars zur »Absatzwirtschaft« werden vom Dozenten Referatsthemen vergeben, die in Gruppen bearbeitet werden können. Karin, Marion und Ralf arbeiten natürlich zusammen. Ihre Aufgabe besteht darin, eine Fallstudie über die Anwendung des Marketingmix in einem Dienstleistungsunternehmen abzufassen. Sie entwerfen einen Zeitplan und besorgen sich Literatur. Nach der dritten, zähen Sitzung kommen sie an einen toten Punkt. Ihr gemeinsamer Vorrat an Erfahrungen, Wissen und Ideen ist aufgebraucht. Ihre jeweilige Stärke als »kühle Rechner« hilft ihnen nicht weiter.
Da kommen Stefan und Jennifer auf sie zu und fragen, ob sie noch in das Thema einsteigen können. Stefan und Jennifer ignorieren alle bisherigen Analysen und Pläne von Karin, Marion und Ralf. Sie entwickeln spielerisch eine Vision für ihre Reinigungsfirma »Adrett&Schnell«: Fullservice aus einer Hand für Haus, Garten und Auto innerhalb von zwei Stunden nach Anruf. Mit dieser Idee wirken sie wie Katalysatoren, und Karin, Marion und Ralf haben ihren toten Punkt bald überwunden.

12.2.7 Krieger oder Medizinmann? – Andere Rollen übernehmen

Nach der Formierungs- und der Orientierungsphase sollten die Teammitglieder untereinander ihre Rollen gefunden haben. Die Persönlichkeitsprofile und die Denk- und Problemlösungsstile sind in Aktion getreten. Man weiß, wie man den anderen einschätzen kann. Das schafft Vertrauen und Stabilität. Allerdings besteht auch die Gefahr, dass Teammitglieder in ihrer Rollenverteilung – je nach Temperament – in freundlicher Lethargie versinken oder sich wechselseitig blockieren. Durch das geeignete Teamtraining können Sie das Team in Schwung halten. Führen Sie Übungen durch, in denen jeder in die Rolle eines anderen schlüpfen muss, wie zum Beispiel den »Rat der Häuptlinge«.

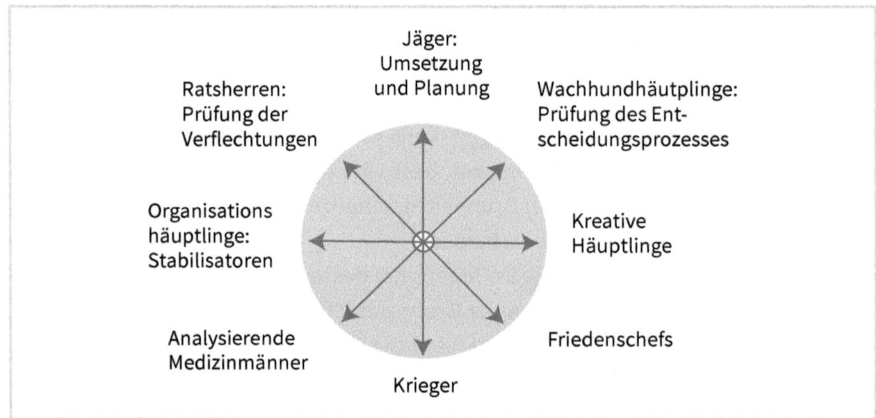

Der Rat der Häuptlinge

12.2.7.1 Der Rat der Häuptlinge

Von nordamerikanischen Indianerstämmen ist uns der »Rat der Häuptlinge« überliefert. Er setzt sich aus acht Teilnehmern zusammen – je einer pro Himmelsrichtung, Nord, Nordost, Ost, Südost, Süd, Südwest, West, Nordwest. Jeder Häuptling besetzt eine Himmelsrichtung und nimmt dementsprechend im Rat eine ganz bestimmte Rolle wahr.

Das Los entscheidet, wer aus dem Team für die Dauer der Übung welche Rolle übernimmt. Es wird ein tatsächlich im Team anstehendes Problem behandelt und die erarbeitete Lösung soll dann auch umgesetzt werden.

Teamtraining »Rat der Häuptlinge«

Warum?	Um die Rollenverteilung im Team aufzulockern; um unterschiedliche Perspektiven wahrzunehmen; um zu überprüfen, ob in der Teamarbeit auch immer alle Aspekte berücksichtigt werden.
Wann?	Im Verlauf eines Teamtrainings.
Wie?	Eine komplexe, ungelöste Frage aus der Teamarbeit wird beraten. Jedes Teammitglied behält für die Dauer der Beratung seine Rolle bei. Es soll ein ernsthaftes Beratungsergebnis erzielt werden. Anschließend wird gemeinsam geprüft, ob die Rollen, Fragen und Aspekte der »Häuptlinge« in der normalen Teamarbeit immer ausreichend besetzt sind bzw. berücksichtigt werden: • Ideenfindung und Kreativität • Kooperation nach außen mit anderen Teams • Starke Vertretung der eigenen Interessen nach außen • Analyse der Fakten • Innere Stabilität und Organisation • Analyse der Folge- und Nebenwirkungen • Planung und Umsetzung
Was ist zu tun?	Die Rollenverteilung wird ausgelost. Die Teamtrainerin oder der Teamtrainer kann je nach Anzahl der Beteiligten mitspielen oder beobachten.

12.2.8 Rot oder blau? – Kreativität fördern

Wie oft werden zarte Ideenpflänzchen in Gruppen durch andere zerrupft oder platt gemacht, bevor sie, gewässert und gedüngt durch weitere Ideen, zeigen können, ob sie Blüten und Früchte tragen können. Wer kennt sie nicht die typischen Killerphrasen, um sich mit neuen Ideen nicht auseinandersetzen zu müssen: »Dafür haben wir jetzt keine Zeit.« »Das rechnet sich doch nicht!« »Das ist ja unrealistisch!« »Wir werden hier nicht für schöne Ideen bezahlt, sondern für knallharte Resultate.« »Das ist ja in der Theorie ganz schön, eignet sich aber nicht für die Praxis.« »Das haben wir doch alles schon mal gemacht und es hat auch nicht geklappt.«, und so weiter.

Das vorschnelle Aus für Ideen und kreative Lösungen geht häufig auf das Konto von Teammitgliedern, die sich ihres praktischen Verstands besonders rühmen. Auch notorische Bedenkenträger sind findig, wenn es darum geht, Ideen zu killen. Ob mit advokatischem Geschick oder sturem Beharren, die Kreativität im Team wird gebremst. Das Spiel mit De Bonos »Denkhüten« – hier aus praktischen Gründen »Denkkarten« – kann da weiterhelfen.

Teamtraining »Denkkarten«

Warum?	Um die Ideenfindung und Kreativität im Team zu fördern; um Denkblockaden und starres Beharren aufzulösen; um mehrdimensionales Denken zu fördern.
Wann?	Im Verlauf eines Teamtrainings, oder aber auch in der alltäglichen Arbeit, wenn sich Fronten verhärtet haben oder wenn das Team nach Ideen und Lösungen für ein Problem sucht.
Wie?	Die Teamtrainerin oder der Teamtrainer verteilt die sechs Denkkarten. Aus der Teamarbeit heraus werden eine Idee oder ein Projektteil zur Diskussion gestellt. In gewissen Abständen tauschen die Teammitglieder die Karten untereinander aus. Jeder muss die Position vertreten, die mit der Farbe seiner jeweiligen »Denkkarte« verbunden ist.
Was ist zu tun?	Die Teamtrainerin oder der Teamtrainer verteilt die Karten und bestimmt den Zeitpunkt des Wechsels. Vorübergehend kann er mitspielen, indem er die blaue Karte behält. Er achtet darauf, dass jeder einmal alle Farben vertritt. Nach einer Spielrunde äußert sich jeder zu seinen Erfahrungen.

Bei dieser Übung werden sechs Karten mit unterschiedlichen Farben ausgegeben. Die Bedeutung der Farben ist genau definiert: Weiß steht für Neutralität und das Sammeln von Informationen, Rot für Gefühl und Intuition, Braun steht für Kritik und Vorsicht, Gelb für positives Denken und optimistische Unterstützung, Grün für Kreativität und schöpferische Weiterentwicklung von Ideen und schließlich Blau für Objektivität und ordnendes Zusammenführen der Ideen. Auch bei dieser Übung wird ein reales Problem oder Projekt der Gruppe verhandelt und das Ergebnis soll umgesetzt werden. Bei der Bearbeitung des Problems übernimmt jeder den Part, der seiner Karte entspricht – die Karten können in der Gruppe nach einiger Zeit ausgetauscht werden.

12.2.9 Vertrauen oder Misstrauen? – Fallstricke beseitigen

Stellen Sie sich vor, man fordert Sie auf, sich auf einen Tisch zu stellen, die Hände hinter dem Kopf im Nacken zu falten und sich rückwärts vom Tisch in die verschränkten Arme von vier anderen Personen fallen zu lassen. Was haben Sie dabei für Gefühle? Was denken Sie? Haben Sie Vertrauen in das Team?

Für Teams ist Vertrauen eine ganz entscheidende Produktivkraft. Vertrauen, wechselseitige Unterstützung und Loyalität kann man nicht verordnen. Man kann den Prozess aber durch vertrauensbildende Maßnahmen und Reflexion im Teamtraining fördern.

Teamtraining Vertrauensbildung

Warum?	Um die Bedeutung von Vertrauen für ein Team zu thematisieren und deutlich zu machen. Um bestehende Hindernisse für Vertrauen im Team aufzudecken. Um die Vertrauensbasis zu erweitern.
Wann?	Im Teamtraining, wenn die Bereitschaft vorhanden ist, auch »ans Eingemachte« zu gehen.
Wie?	Ein Teammitglied steigt auf den Tisch und lässt sich rückwärts in die Arme des Teams fallen. Teammitglieder mit verbundenen Augen werden von anderen Teammitgliedern durch schwieriges Gelände geführt. Eine Bergwanderung mit Nachtbiwak wird durchgeführt. Und andere Übungen mehr. Bei solchen spielerischen und sportlichen Aktionen muss man sich aufeinander verlassen können. Je nach den hier gemachten Erfahrungen wächst oder schwindet das Vertrauen untereinander.
Was ist zu tun?	Neben den vertrauensbildenden Maßnahmen ist es wichtig, dass die Teamtrainerin oder der Teamtrainer die Reflexion über die Bedeutung von Vertrauen im Team anregt. Dazu wird auf einem Flipchart erarbeitet, was ein Vertrauensteam und ein Misstrauensteam voneinander unterscheidet.

Zwischenmenschliches Vertrauen bedeutet, dass wir uns nicht ständig mit möglichen Risiken beschäftigen müssen, die in unseren Beziehungen lauern. Wir sind frei, unserer Arbeit nachzugehen, zu genießen und schöpferisch tätig zu sein. Wo dagegen Misstrauen herrscht, werden wir befangen und sind unfrei. Bemühen Sie sich deshalb aktiv um ein Vertrauensklima in Ihrem Team.

12.2.10 Dramadreieck oder Powernetzwerk? – Psychospielchen aktiv vermeiden

Die labilen Entwicklungsphasen von Teams begünstigen die Entstehung unproduktiver »Psychokisten«. Diese eher unbewussten Mechanismen werden dann destruktiv, wenn mehr Energie für die Inszenierung dramatischer Beziehungen aufgewandt wird als für den eigentlichen Output. Besonders anfällig sind Teams für die Spielvariante des sogenannten »Dramadreiecks«.

12.2.10.1 Das Dramadreieck

Teammitglieder nehmen häufig typische psychologische Rollen ein oder werden in bestimmte Rollen gedrängt:

- Verfolger: »Verfolger« sehen ständig Fehler, Unzulänglichkeiten und Versäumnisse anderer. Sie suchen Sündenböcke beziehungsweise Opfer.
- Opfer: Sie »ziehen sich den Schuh an«, wenn sie mit kritischen Fragen, Missfallensäußerungen oder direkter Kritik konfrontiert werden; sie nehmen die Opferrolle an und fühlen sich zu Erklärungen und Entschuldigungen genötigt.

- Retter: Jetzt ist die Stunde der »Retter« gekommen. Sie versuchen zu beschwichtigen, stellen sich vor das Opfer und erklären, dass man die Dinge ganz anders betrachten müsse, ja, dass der »Verfolger« eigentlich das Problem sei, da er die Dinge falsch sehe.

Der Retter ist also unversehens in die Verfolgerrolle geschlüpft und der Verfolger wird zum Opfer. Das einstige Opfer aber steht vor der Wahl, als Beobachter zu fungieren, sich auch auf die Verfolgerspur zu setzen oder großherzig als Retter den einstigen Verfolger »in Schutz zu nehmen«. Damit wäre dann schon eine neue Spielvariante eröffnet: Der verblüffte »Gerade noch Retter, jetzt Verfolger« wendet sich seinerseits gegen seinen ehemaligen »Schützling«, und so weiter. Sie erkennen leicht, dass diese Spielchen im Dramadreieck variantenreich und mit wechselnden Rollen unendlich fortgesetzt werden können – und zu nichts führen.

Die Spielchen im Dramadreieck haben aber neben dem unproduktiven Beziehungsaspekt auch eine ernst zu nehmende praktische Seite. Es geht um die Frage, wie wir mit Versäumnissen, Fehlern und Nachlässigkeiten Einzelner im Team umgehen. Deshalb müssen Teams ihre Binnenbeziehungen immer wieder kritisch prüfen, bestehende Dramadreiecke durchbrechen und ein produktives Powernetzwerk untereinander aufbauen. Powernetzwerk heißt

- Leistung und Output bestimmen das Handeln.
- Qualität und Schnelligkeit sind zentrale Ziele.
- Probleme werden untereinander sofort geklärt.

Teamtraining »Dramadreieck«

Warum?	Um unproduktive psychologische Spielchen im Team zu erkennen; um ein Powernetzwerk im Team aufzubauen.
Wann?	Im Teamtraining, wenn die Bereitschaft vorhanden ist, auch »ans Eingemachte« zu gehen.
Wie?	Das Dramadreieck wird an einem Beispiel erläutert. Anschließend schreibt jeder für sich die Namen aller Teammitglieder einschließlich seines eigenen auf und vermerkt dahinter, welche Rollen im Dramadreick von den Einzelnen gespielt werden. Dabei können selbstverständlich hinter jedem Namen mehrere Rollen genannt werden – das ist ja das Merkmal des Dramadreiecks. Anschließend wird das Ergebnis visualisiert, so dass jeder sieht, wie ihn die anderen sehen. Teamtrainer und Team suchen nun nach auffälligen Häufigkeiten. Nehmen Gruppenmitglieder mehr als andere die Verfolger-, Opfer- oder Retterrolle ein? Wenn ja, muss geklärt werden, • wie die Rollenverteilung untereinander ist, • in welchen Situationen dieses Beziehungsmuster entsteht, • welche Probleme, Konflikte oder Ablenkungsmanöver sich dahinter verbergen können.

Was ist zu tun?	Nach der Anleitung und der Moderation regt die Teamtrainerin oder der Teamtrainer an, Spielregeln aufzustellen, mit denen die Analyse von Fehlleistungen im Team und der Umgang untereinander bei persönlichen Fehlleistungen geregelt werden soll.

Folgende Spielregeln sollten Sie für ein Powernetzwerk in Ihrem Team festlegen:

12.2.10.2 Spielregeln Powernetzwerk

Bei unseren Teamsitzungen gibt es immer den Tagesordnungspunkt »Zur Lage«.

- Jeder berichtet über den Stand seiner Arbeiten und nimmt zum Stand der Arbeit im Team Stellung.
- Wir suchen keine Sündenböcke, sondern gehen bei Problemen den Ursachen und Zusammenhängen nach.
- Bei Fehlern wird keiner »vorgeführt«; Fehlleistungen werden aber auch nicht unter den Teppich gekehrt.

12.2.11 Wadenbeißer oder Wettbewerber? – Die Teamarena realistisch einschätzen

Teams brauchen nicht nur ein produktives Klima innerhalb der Gruppe, auch ihr Verhältnis zu Schlüsselpersonen, Organisationseinheiten und anderen Teams sollte effektiv gestaltet sein. Wenn ein Team organisatorisch, fachlich und persönlich zusammenwächst, verändern sich auch die Beziehungen nach außen. Interner Wettbewerb tritt zurück, der Wettbewerb des Teams mit anderen Teams dagegen nimmt zu.

PRAXIS-BEISPIEL

Für eine Sportmannschaft ist der Ehrgeiz, besser zu sein als die anderen Mannschaften, aufzusteigen oder zumindest den Klassenerhalt zu sichern, Pflicht. Eine Vertriebsmannschaft steht im Wettbewerb mit anderen um Umsatz, Ertrag und Prämien. Produktionsteams wetteifern untereinander um Termintreue, geringe Fehlerquoten und Qualität. Auch Teams mit ähnlichen administrativen Aufgaben lassen sich an der Qualität und Quantität ihrer Leistung messen.

Individueller Wettbewerb wird zu Teamwettbewerb – das ist wichtig für die Teamentwicklung und den Teamerhalt. Denn ein gewisser Druck von außen erzeugt Zusammenhalt nach innen. Ein klares Feindbild kann helfen, sich ehrgeizige Ziele zu setzen, Kräfte zu bündeln und sich an ebenbürtigen Wettbewerbern zu messen. Das Motto der Fairness dabei: »Ihr seid o.k., wir sind o.k.«

Die Beziehungen nach außen sind also wichtig, weil sie das Team motivieren. Steuern Sie also Fehlentwicklungen bewusst entgegen. Achten Sie darauf, dass das Gleichgewicht zwischen Selbst- und Fremdeinschätzung erhalten bleibt. Ob sich Ihr Team nun selbst oder das konkurrierende Team in den Himmel hebt – beiden Entwicklungen sollten Sie entgegenwirken. Gefährliche Tendenzen in dieser Hinsicht können Sie leicht erkennen: Wenn folgende Aussagen in Ihrem Team kursieren, sollten Sie eingreifen.

Das eigene Team wird überschätzt:

- »Die anderen spinnen ja alle.«
- »Die anderen Teams arbeiten nicht. Sie wollen nur unsere Ergebnisse abkupfern.«

Die anderen werden überschätzt:

- »So wie unser Team ist, werden wir immer schlechter sein als die anderen Teams.«
- »Die ganze Mühe lohnt doch nicht; die anderen sind sowieso immer besser.«

Das eigene und andere Teams werden abgewertet:

- »In diesem Laden klappt doch nichts außer den Türen. Ob wir uns anstrengen oder die anderen, es hat doch alles keinen Zweck.«
- »Wen die Geschäftsführung in Projekte steckt, der ist sowieso abgeschrieben; die können mit uns nichts mehr anfangen.«

Hinter solchen Äußerungen stehen Grundeinstellungen, die sehr schnell die Teamentwicklung stoppen und die Produktivität lähmen:

Unproduktive Grundeinstellungen

Grundeinstellungen	Auswirkungen
»Wir sind o.k., die anderen Teams sind nicht o.k.!«	Das Team isoliert sich, wird von Informationen abgeschnitten und macht nach kurzem Höhenflug eine Bruchlandung.
»Wir sind nicht o.k., die anderen Teams sind o.k.!«	Das Schielen zu anderen und der Versuch, es ihnen gleichzutun, verhindert die Entwicklung der Teamidentität und Leistungsstärke.
»Wir sind nicht o.k. und die anderen Teams sind auch nicht o.k.!«	Mutlosigkeit, mangelndes Selbstbewusstsein und quälende Selbstanalysen führen zum Exitus des Teams.

Wie kann man solchen Tendenzen wirksam begegnen? Ein Ansatz, sich als Team dem Wettbewerb pragmatisch zu stellen, besteht darin, die Arena, in der das Team mit anderen Teams zusammenarbeitet beziehungsweise konkurriert, unter dem Aspekt des wechselseitigen Nutzens zu beschreiben.

PRAXIS-BEISPIEL

Die Zukunfts AG soll erfolgreicher werden. Der Vorstand hat deshalb entschieden, dass Mitarbeiter des Hauses in sogenannten internen Consultingteams in sechs Teilprojekten Verbesserungsvorschläge erarbeiten sollen. Das Marketingteam startet schnell, zielgerichtet und ohne sich viel um die anderen Teams zu kümmern. Doch nach vier Wochen verlässt die Gruppe das Gefühl, auf der Gewinnerstrecke zu sein und als erstes Team ins Ziel zu gehen. Ein Austausch mit andern Teams wäre zwingend erforderlich. Doch die anderen Teams haben sich mittlerweile untereinander abgeschottet. Jedes Team will dem Vorstand in drei Monaten besonders innovative Ideen präsentieren.

Ein Team, das – wie im Beispiel der Zukunfts AG beschrieben – aus der Konkurrenzsackgasse herauswill, muss fragen, welchem Team es mit seiner Leistung nutzen kann und welches Team ihm mit seiner Leistung einen Nutzen bringt. So entsteht eine Wettbewerbsarena mit vier Aktionsfeldern. Es ist nun Aufgabe des Teams, das die Initiative ergreift, die geeigneten Kooperationsstrategien zu entwerfen und zu verfolgen.

Die Wettbewerbsarena

	Großer Nutzen der eigenen Teamleistung für das andere Team	**Geringer Nutzen der eigenen Teamleistung für das andere Team**
Großer Nutzen der anderen Teamleistung für das eigene Team	**Aktionsfeld I** Offensiv über eigene Arbeitsergebnisse berichten; die Bildung eines gemeinsamen Subteams anbieten; mögliche Synergien aufzeigen.	**Aktionsfeld II** Eigene Informationen zur Verfügung stellen; Methodenkompetenz anbieten; gezielte Interviews führen.
Geringer Nutzen der anderen Teamleistung für das eigene Team	**Aktionsfeld III** Eigene Informationen aktiv an das andere Team weitergeben. Methodenkompetenz des anderen Teams nutzen; Dokumentation der eigenen Arbeit vom anderen Team einfordern.	**Aktionsfeld IV** Keine Aktivitäten erforderlich.

Und so können Sie die Wettbewerbsarena im Teamtraining einsetzen:

Teamtraining »Wettbewerbsarena«

Warum?	Um psychologische Spielchen zu verhindern; um Wettbewerb als motivierende Kraft zu entdecken.
Wann?	Im Teamalltag, wenn aktuelle Probleme mit dem Teamumfeld bestehen; im Teamtraining im Rahmen strategischer Überlegungen.
Wie?	In das Vierfelderschema »Wettbewerbsarena« werden vom ganzen Team andere Organisationseinheiten und Teams aus dem Umfeld eingeordnet. Die jeweilige Strategie wird abgestimmt und Maßnahmen werden vereinbart.
Was ist zu tun?	Teamleiter/Teamtrainer nutzen das Flipchart, moderieren den Prozess; sie dokumentieren die konkreten Maßnahmen und Schritte, die aus den strategischen Überlegungen folgen.

12.2.12 Masse oder Klasse? – Die Teamidentität bestimmen

Wir unterscheiden Menschen nach der äußeren Erscheinung und dem, was sie tun und sagen. Je charakteristischer die Merkmale und Verhaltensweisen eines Menschen sind, desto unverwechselbarer ist er für uns. Je weniger differenziert und ausgeprägt Erscheinung und Verhalten einer Person sind, desto leichter geht sie für uns in der Masse unter.

Auch Unternehmen haben eine Art Persönlichkeit. Die äußere Erscheinung des Unternehmens, seine Produkte und Dienstleistungen machen das sogenannte Corporate Design aus, die wiedererkennbaren Verhaltensmuster von Mitarbeitern und Management untereinander und gegenüber Kunden und Lieferanten die Corporate Identity eines Unternehmens. Ein unverwechselbares Unternehmen hat den Vorteil, am Markt leichter wiedererkannt zu werden. Das erhöht die Absatzchancen und die Kundenbindung. Zugleich bietet eine starke Unternehmens*identität* für die Mitarbeiter die Chance, sich mit dem Unternehmen zu *identifizieren.*

Das Gleiche gilt auch für Teams:

- Eine klare Identität macht Teams nicht beliebig austauschbar und stärkt sie im Wettbewerb mit anderen Teams.
- Ein nach außen deutlich erkennbares Teamprofil stärkt das Wir-Gefühl aller Teammitglieder.

Ein nach außen erkennbares Teamprofil erreichen Sie freilich nur, wenn Sie im Team auch daran arbeiten. Im Teamtraining bietet sich dazu das Modell der Teamidentitäts-Pyramide an, die sich in fünf Stufen aufbaut.

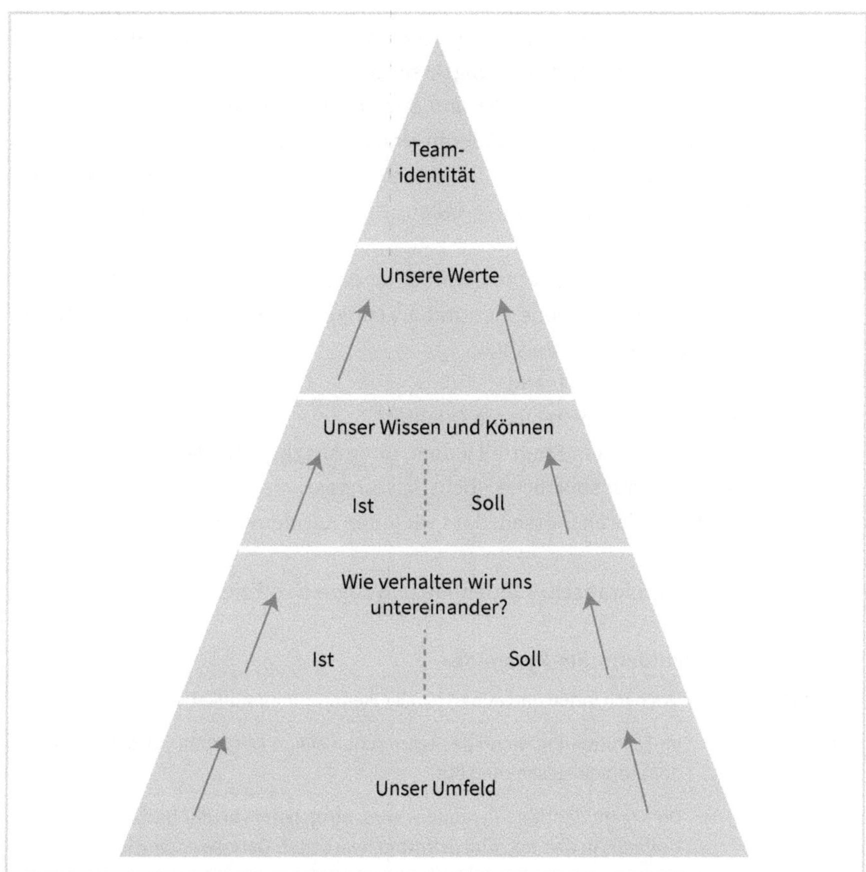

Die Teamidentitäts-Pyramide

1. Im ersten Schritt beschreibt das Team möglichst genau sein Umfeld und seine Rahmenbedingungen. Wer hat Einfluss auf das Team, wer fördert oder erschwert die Arbeit? Wie sind die Wechselbeziehungen zu anderen Personen und Gruppen?
2. Im nächsten Schritt stellen die Teammitglieder zusammen, wie sich die Rahmenbedingungen auf das konkrete Verhalten im Team auswirken, wie man miteinander umgeht und welche Verhaltensmuster sich herausgebildet haben. Diesem Istzustand stellen sie einen Sollzustand gegenüber. So konkret wie möglich werden nun Verhaltensspielregeln für die Zukunft definiert.
3. Im nächsten Schritt wird dokumentiert, welche Stärken das Team im Bereich von Wissen und Können hat und womit es sich von anderen unterscheidet. Auch hier wird dem Istzustand ein Sollzustand gegenübergestellt. So konkret wie möglich werden Maßnahmen definiert, wie im Team noch erforderliches Wissen und Können möglichst schnell erworben wird.
4. Einstellungen und Werte sind wichtige Bindemittel in der Teamentwicklung. Je größer der gemeinsame Vorrat, desto stärker die Teamidentität. Dabei geht

es nicht nur um hehre moralisch-ethische Werte. Es geht um Einstellungen und Maßstäbe, die im jeweiligen Wirkungskreis eines Teams hohe Bedeutung haben, beispielsweise sportlicher Ehrgeiz und sportliche Fairness, Streben nach Bestleistung, Technikbegeisterung, anderen Menschen helfen, sich einem kulturellen Gut verpflichtet fühlen, Natur aus ökologischer Überzeugung schützen wollen, ein gemeinsames Glaubensbekenntnis teilen, sich einer fairen Geschäftspraxis verpflichtet fühlen und so weiter.

5. Die erkennbare oder angestrebte Identität ist das Ergebnis der Schrittfolge von 1 bis 4. Versuchen Sie die eigene Identität als Markenzeichen beziehungsweise Slogan zu verdeutlichen, zum Beispiel:
   - Wir sind ein Entdeckerteam!
   - Wir sind Spitzenreiter in puncto Qualität!
   - Wir helfen in unserem Stadtteil jedem, ohne Ansehen der Person!
   - Für uns zählen nur sportliche Höchstleistungen!
   - Uns kann man daran messen, dass wir jeden Kundenwunsch in 24 Stunden erfüllt haben!
   - Wir sind unbürokratisch, kundennah und zugleich effizient!

Teamtraining »Teamidentitäts-Pyramide«

Warum?	Um nach innen und außen Möglichkeiten zur Identifikation zu bieten.
Wann?	Im Teamtraining, wenn das Team schon einige Zeit Erfahrung mit sich und dem Umfeld gesammelt hat.
Wie?	Die »Teamidentitäts-Pyramide« wird, ausgehend von der Basis »Unser Umfeld«, in den o. g. fünf Schritten bearbeitet. Dabei werden Einflussfaktoren und das Ist und Soll der Verhaltensweisen, Fähigkeiten und Einstellungen so genau wie möglich beschrieben.
Was ist zu tun?	Teamleiter/Teamtrainer nutzen eine bespannte Pinnwand. Darauf wird die Team-Identitäts-Pyramide so groß abgebildet, dass in den einzelnen Feldern entweder beschriftete Karten eingefügt werden können oder handschriftliche Eintragungen möglich sind.

12.3 Wie Sie Ihr Team bei der Stange halten

Haben Teams erst einmal ein hohes Niveau in ihrer Leistung erreicht, gilt es, dieses Niveau möglichst zu halten. Die Leistungsbereitschaft kann nur stabilisiert und aufrechterhalten werden, wenn das Team ausreichend Feedback und Anerkennung erhält.

PRAXIS-BEISPIEL

Besonders hautnahes Feedback erfahren Sportteams im Wettkampf. Das Eishockeyteam »Eisbär« wird im ersten Drittel bei guten Attacken von der Fangemeinde angefeuert. Zur Pause bei einem Rückstand von 0:3 gegenüber den Gästen werden die Eisbären mit Pfiffen bedacht. Im zweiten Drittel glänzt der Schlussmann der Eisbären durch perfekte Abwehrleistungen, was mit anerkennendem Applaus quittiert wird. Bei der vermeintlich ungerecht vom Schiedsrichter verhängten Auszeit für den Publikumsliebling der Eisbären gibt es Tumult. Im dritten Drittel gleichen die Eisbären aus, um das Spiel schließlich mit 6:4 unter Beifallsstürmen zu gewinnen. Die Spielanalysen und Bewertungen von Einzel- und Teamleistungen erfolgt tags darauf in den Sportgazetten. Dass der Erfolg im Übrigen durch Tor- und Siegprämien auch unmittelbar materiell honoriert wird, versteht sich von selbst.

Wie gelingt es nun bei Teams, die nicht im Rampenlicht stehen, die so wichtigen Feedbackprozesse zu organisieren?

12.3.1 Feedback innerhalb des Teams

Alle Phasen der Teamentwicklung und der Teamarbeit sind ohne ein hohes Maß an Offenheit und wechselseitigem Feedback undenkbar. Treten Störungen im Team auf, muss sofort gehandelt werden.

Es gibt Situationen, in denen ein Team intern klären muss, wie der individuelle Leistungsbeitrag gewertet wird. Wird zum Beispiel mit dem Erreichen der Teamziele ein Bonuspool verbunden, steht das Team vor der Aufgabe der Verteilung. Sind Sie Teamleiterin oder Teamleiter, ist es Ihr Job, dieses zu steuern. Sie und das Team haben drei Möglichkeiten:

- Der Teambonus wird in gleichen Teilen ausgezahlt. In einem funktionierenden Team gibt jeder sein Bestes. Also bedarf es keiner Unterscheidung bei der Ausschüttung des Bonus, »Schlechtleister« gibt es nicht – die mussten schon früher ihren Hut nehmen.
- Es wird eine »Rechnung aufgemacht«, wem welcher Anteil vom Kuchen zusteht. Dieses ist dort möglich, wo auch die individuelle Leistung durch Ziele vereinbart und messbar ist. Doch Vorsicht! Mathematische Modelle, in denen der Zielerreichungsgrad ins Verhältnis zum Bonusanspruch gestellt wird, gaukeln Genauigkeit vor. Außerdem besteht die Gefahr, dass das Team über einen Streit um 150 Euro zerbricht.
- Es wird der diesjährige Teamchampion gewählt, der einen Extrabonus verdient. Dieser Ansatz zielt darauf, dass alle Teammitglieder ca. 90 % des auf sie entfallenden Bonus erhalten, aber 10 % in einen Sonderbonustopf abgehen. Durch offene oder geheime Abstimmung wird dann der »Teamchampion der Saison« gewählt, der sich in besonderer Weise um das Team verdient gemacht hat.

12.3.2 Das Ziel ist erreicht

Ziele sind Maßstab und Messlatte des Erfolgs von Teams. Das gilt sowohl für den inneren Dialog und das wechselseitige Feedback im Team als auch für die Leistungsbewertung von außen. Aufgabe der Teamleitung ist es, den Prozess der Erreichung von Meilensteinen und Zielen zu steuern. Aufgabe der für das Team verantwortlichen Führungskräfte und Auftraggebenden ist es, das Ergebnis angemessen zu würdigen:

- Anerkennung und Dank aussprechen bei exzellenten Leistungen;
- Mut machen, wenn trotz großer Anstrengungen das Ziel verfehlt wurde;
- nüchtern eine Bestandsaufnahme und Analyse vornehmen, wenn Fehler des Teams das Ziel verfehlen ließen.

12.3.3 Stimmt die Teamleistung?

Ziele lassen sich durch Ergebnisse und an Resultaten messen. Aber gerade die Anstrengungen auf dem Weg zum Ziel führen durch so manches Jammertal. Umso wichtiger ist es, dem Team aus der Perspektive der Führungskraft beziehungsweise des Auftraggebers eine Rückmeldung zu geben.

Aber nicht jedes Team lässt sich wie ein Eishockeyteam in allen Phasen im Echteinsatz beobachten. Deshalb müssen sich Führungskräfte an das halten, was sie sehen und als Zwischenergebnisse von Teams berichtet und präsentiert bekommen. Daraufhin können sie ihren Eindruck in Worte fassen und an den Teamsprecher beziehungsweise das gesamte Team weitergeben. Unter dem Vorbehalt der wechselseitigen Überprüfung geben sie dem Team eine vorläufige Rückmeldung – nicht als Urteilsverkündung, sondern als Momentaufnahme. Dabei kann die folgende Checkliste behilflich sein, das Gespräch zu strukturieren:

Checkliste: Teamleistung

Teamleistung	Top	Gut	Mittel	Mäßig
Produktivität				
Qualität				
Initiative				
Kreativität				
Kooperation				
Interne Zusammenarbeit im Team				

12.3.4 Teamcoaching

Nach mühseliger Teambildung und Teamentwicklung ist das Team in seiner Hochleistungsphase. Die Teamleiterin oder der Teamleiter agiert glücklich, die Ziele sind klar und die Gruppenkonstellation ist ideal und so weiter. Doch dann lässt die Teamleistung plötzlich nach. Was ist geschehen? Hochleistungsteams sind wie Spitzensportler. Vom Erfolg verwöhnt und doch immer in dem Bewusstsein, in der nächsten Runde verlieren zu können, werden Ausdauer und Motivation auf eine harte Probe gestellt. Bei dieser Gratwanderung zwischen Erfolg und Misserfolg laufen Teams Gefahr, sich zwischen satter Selbstzufriedenheit und Absturzangst irrational zu verhalten.

12.3.4.1 Überhöhte Ziele

Durch den Erfolg verwöhnt und in Überschätzung der eigenen Möglichkeiten setzt man sich immer neue, überhöhte Ziele. Irgendwann ist der Bogen überspannt. Die Erkenntnis, an die eigenen Grenzen gestoßen zu sein, führt nicht selten zu heftiger Frustration im Team. Bald beginnt die Suche nach dem Schuldigen für das Teamversagen. Ein Team, das nach Sündenböcken sucht, hat den Gruppenkonsens schon verloren und das Team stürzt ab.

12.3.4.2 Schlendrian reißt ein

Erfolgsgewohnte Teams verlassen sich zunehmend auf ihre Routine. In gewissem Umfang ist das auch berechtigt. Gesammelte Erfahrung zahlt sich dadurch aus, dass man nicht bei jeder neuen Aufgabe und in jeder Teamsituation das Rad neu erfinden muss. Eine gewisse Routine entlastet und ermöglicht, sich auf Wesentliches zu konzentrieren. Doch auch hier lauern Gefahren: Einzelne Teammitglieder ruhen sich auf ihrem Erfolg aus und nehmen es nicht mehr so genau mit den Vereinbarungen und den Terminen. Irgendwie wird es schon wie bisher weitergehen. Man verlässt sich darauf, dass die anderen ja auch noch da sind. Schließlich hat man ja bisher auch sein Bestes gegeben. Deshalb kann man seinen Beitrag und sein Engagement ruhig einmal – vorübergehend – etwas bremsen. Doch wenn alle so denken, läuft bald nichts mehr. Wenn es dem Esel zu gut geht, kann das Team baden gehen.

12.3.4.3 Der Hamsterradeffekt

Wer kennt es nicht, das Gefühl, sich ohne Sinn abzustrampeln wie in einem Hamsterrad? Nach einem längeren Urlaub kehrt man an seine Arbeit zurück – und tut sich sehr schwer damit, wieder mit Schwung und Freude zur Tat zu schreiten. Es kommen Zweifel, ob das, was man da Tag für Tag tut, auch wirklich das Richtige ist. Nach einigen Tagen der Gewöhnung läuft es dann wieder rund und man hat und nimmt sich keine Zeit mehr, an seinem Tun zu zweifeln.

Gerade bei Hochleistungsteams mit immer neuen Aufgaben kann sich das Gefühl einschleichen, im Hamsterrad zu sitzen. Steigert sich ein Team aus diesem Gefühl heraus in einen dauerhaften Zweifel an dem Sinn des Seins, wird man von dieser Gruppe keine konkrete Leistung mehr erwarten können. So oder ähnlich können Hochleistungsteams in Gefahr geraten, das emotionale Gleichgewicht zu verlieren. Hier ist die Teamleitung als Teil des Teams meist überfordert. Gefragt ist ein Coach von außen, der die Problemstellungen von Teams kennt, Motivationsschwankungen ausgleicht und das Team zu stabilisieren hilft.

12.3.4.4 Wann Sie einen Coach einsetzen sollten

Wichtig

Coaching ist eine Form der Beratung und Unterstützung von Einzelpersonen und Gruppen bei fachlichen und emotionalen Problemstellungen.

Coaching ist ein Prozess. Ideal ist es, wenn ein Coach ein Team dauerhaft begleitet. Dabei muss der Zeitaufwand nicht sehr groß sein. Es reicht, wenn Coach und Team von Zeit zu Zeit zusammenkommen und sich austauschen. Ein erfahrener Coach wird dann erkennen, ob alles im grünen Bereich ist, ob einzelne Warnblinklampen leuchten oder aber ob ein Teamsupergau droht. Es können freilich auch einzelne Teammitglieder, der Teamleiter oder eine Führungskraft, die für das Team Gesamtverantwortung trägt, einen Coach anfordern.

Ein Coach für die Einzel- oder Gruppenberatung ist sinnvoll, wenn zum Beispiel

- sich Anforderungen und Aufgaben im Team verändern;
- im Umfeld des Teams größere Organisationsveränderungen anstehen;
- es persönliche Entwicklungs- und Karrierefragen gibt;
- die Teammitglieder dauerhafte Konflikte untereinander austragen;
- Sättigungs- und Ermüdungserscheinungen auftreten;
- sich Gefühle der Über- oder Unterforderung einstellen;
- das Team zur Selbstüberschätzung neigt;
- sich Sinnkrisen im Team ausbreiten.

Methodisch ist diese Form des Coachings eine Kombination von

- nicht-direktiver Gesprächsführung und
- persönlicher oder fachlicher Beratung.

Nicht-direktive Gesprächsführung bedeutet für einen Coach,

- Teams oder einzelne Teammitglieder dazu zu ermutigen, das vorhandene Problem aus der eigenen Sicht so genau wie möglich und in allen Facetten darzustellen,

- zuzuhören und nachzufragen,
- die Gefühlslage des Gesprächspartners verständnisvoll zu spiegeln,
- Äußerungen des Gesprächspartners nicht zu bewerten, abzuwerten oder zu relativieren,
- nicht vorschnell Lösungen anzubieten.

Die persönliche Beratung besteht darin, dass ein Coach das Team beziehungsweise einzelne Teammitglieder dazu anhält, ein Problem in drei Schritten zu bearbeiten:

1. Emotionale Klärung: Was bewegt uns/mich?
2. Rationale Klärung: Wie stellt sich bei kühler Betrachtung die Situation für uns/mich dar?
3. Mentales Programm: Was sind unsere/meine Ideen und Leitsätze, um das Problem zu überwinden?

Ein solcher Coachingprozess kann sich über einen längeren Zeitraum erstrecken. Letztendlich geht es darum, die Fähigkeiten im Team zu aktivieren, aus einer vorübergehenden Schieflage heraus wieder in eine stabile Teamsituation zu gelangen.

12.3.5 Wenn alle Stricke reißen – schnelle Krisendiagnose

Ein begleitendes Coaching ist die Luxusvariante, um ein Team in kritischen Situationen zu stabilisieren. Was ist aber, wenn alle Stricke reißen: Der Teamfrust nimmt zu, die Teamleistung nimmt ab und das Team weiß sich selbst nicht zu helfen.

Zur Schnelldiagnose hilft dann ein Teamfragebogen, mit dem fünf Problemdimensionen erfasst werden:

- Führung und Betreuung des Teams,
- Organisation, Ziele und verbindliche Ordnung,
- Qualifikation und Zusammensetzung,
- Kooperation, Vertrauen und Loyalität,
- Stellung des Teams in der Organisation.

Teamfragebogen

		Ja	Nein
1	Wir sind nicht klar von anderen abgegrenzt.		
2	Wir haben kaum Anerkennung von außen.		
3	Das Leistungsniveau ist sehr unterschiedlich.		
4	Die Qualität unserer Arbeit befriedigt nicht.		
5	Wir verlieren leicht die Orientierung.		

		Ja	Nein
6	Die Zielsetzung für unser Team ist unklar.		
7	Nach außen werden wir schlecht vertreten.		
8	Es fehlen Spezialkenntnisse im Team.		
9	Der Teamleiter agiert zu wenig situativ.		
10	Unsere Absprachen sind sehr lau.		
11	Unsere Diskussionen finden kein Ende.		
12	Unsere Arbeit interessiert andere nur wenig.		
13	Es fehlt die Bereitschaft, dazuzulernen.		
14	Es gelingt uns nicht, uns selbst zu steuern.		
15	Es fehlt an Methodenkompetenz.		
16	Im Team tut jeder, was er will.		
17	Wir klären die Beziehungen im Team nicht.		
18	Einige werden den Aufgaben nicht gerecht.		
19	Die Fähigkeit Probleme zu lösen, ist gering.		
20	Andere haben keine hohe Meinung von uns.		
21	Es fehlt an Koordination.		
22	Neu ist der Name, alt sind die Strukturen.		
23	Es werden keine Entscheidungen gefällt.		
24	Es fehlt an Offenheit und Feedback.		
25	Wir haben keinen festen Zeitplan.		
26	Einige verfolgen Ihre eigenen Ziele.		
27	Unser Team müsste erweitert werden.		
28	Wir tauschen uns kaum mit anderen aus.		
29	Als Team ziehen wir meist den Kürzeren.		
30	Die Stellung in der Organisation ist unklar.		
31	Einige orientieren sich mehr nach außen.		
32	Die meisten halten sich sehr bedeckt.		
33	Wir sind nicht sehr effizient.		
34	Kreative Ideen werden schnell abgewürgt.		
35	Gäbe es uns nicht, würde es keiner merken.		
36	Einigen fehlt die Fähigkeit zur Teamarbeit.		
37	Erfolgskontrollen finden nicht statt.		

		Ja	Nein
38	Es gibt keinen, der einem persönlich hilft.		
39	Es bilden sich Untergruppen und Intrigen.		
40	Der Teamzweck ist den meisten unklar.		
41	Unser Team ist einseitig ausgerichtet.		
42	Die Fluktuation ist zu groß.		
43	Ergebnisse werden nicht dokumentiert.		
44	Wir wissen sehr wenig voneinander.		
45	Konflikte werden nicht ausgetragen.		
46	Wir haben wenig Vertrauen in das Team.		
47	Uns fehlen klare Abläufe zur Orientierung.		
48	Manche Mitglieder reden kaum miteinander.		
49	Die Planung ist sehr unverbindlich.		
50	In der Organisation sind wir Exoten.		

12.3.5.1 Und so wird's gemacht

Jedes Teammitglied füllt für sich den Fragebogen aus. Im Auswertungsschema finden Sie die Nummern der Fragen. Machen Sie bei all den Nummern ein Häkchen, die Sie mit »Ja« beantwortet haben und tragen Sie die Anzahl der Häkchen pro Zeile in das Summenfeld rechts ein. Die Auswertung erfolgt erst einzeln, dann werden die Ergebnisse aller Teammitglieder addiert. So erhalten Sie eine Rangfolge der Probleme. In den Bereichen, in denen die meisten Fragen mit Ja beantwortet wurden, liegt der größte Handlungsbedarf. Je nach Brenzligkeit der Situation, wird die Auswertung entweder durch einen Coach oder aber durch das Team selbst durchgeführt.

Auswertung

Problemdimensionen	Nr. der Fragen	Σ
Führung/Betreuung des Teams	5 7 9 11 14 16 21 23 26 38	
Organisation, Ziele, Verbindlichkeit	6 10 25 33 37 40 42 43 47 49	
Qualifikation und Zusammensetzung	3 4 8 13 15 18 19 27 36 41	
Kooperation, Vertrauen, Loyalität	17 24 31 32 34 39 44 45 46 48	
Stellung des Teams in der Organisation	1 2 12 20 22 28 29 30 35 50	

12.3.5.2 Wie geht man mit den Ergebnissen um?

Ist der Mittelwert aller Nennungen kleiner 5 oder 5, kann schon ein offenes Gespräch Ihrem Team helfen. Ist der Mittelwert jedoch größer als 5, sind folgende Maßnahmen erforderlich:

1. Führungsdefizite: Eine Führungskraft oder ein Coach müssen einbezogen werden. Zu klären ist, ob Team und Teamleitung noch eine Chance zur Zusammenarbeit sehen oder nicht.
2. Organisationsdefizite: Auch hier ist in erster Linie zu prüfen, ob die Teamleitung ihre Aufgaben wahrgenommen hat. Liegt das Schwergewicht der Nennungen bei der 1. und 2. Dimension, dann ist das ein sicherer Hinweis darauf, dass die Teamleiterin oder der Teamleiter ausgewechselt werden muss.
3. Qualifikationsdefizite: In der 1. und 2. Phase der Teamentwicklung wurden Fehler gemacht. Es wurde darauf vertraut, dass die Qualifikationsdefizite ausgeglichen werden. Möglicherweise müssen Teammitglieder ausgewechselt werden.
4. Kooperationsdefizite: Hier ist zu klären, ob diese Probleme aktuell, aus besonderem Anlass entstanden sind oder bislang nur übersehen wurden. In beiden Fällen empfiehlt es sich, kurzfristig ein Teamtraining anzuberaumen.
5. Unzureichende Positionierung des Teams in der Organisation: Hier sind unter anderem die verantwortlichen Führungskräfte aufgefordert, die Schnittstellen des Teams innerhalb der Organisation zu klären und seinen Auftrag und seine Position gegenüber anderen Teams deutlich zu machen.

Teil 3: Ihr Mindset für dauerhaften Erfolg

13 Einführung

Wer wohl möchte nicht auf Dauer erfolgreich sein und dabei vor guter Laune nur so sprühen? Die überraschende Antwort: Viele möchten es nicht. Weshalb? Sie befürchten, dass dabei etwas zu kurz kommt: Familie, Gesundheit, sie selbst. Oft haben diejenigen über lange Zeit viel geleistet und waren nahe dran auszubrennen. Dann stellte sich die Erkenntnis ein, dass es nicht gutgeht mit dem »immer mehr, schneller und weiter«.

Niemand möchte sich wie eine ausgequetschte Zitrone fühlen. Viel erstrebenswerter ist es doch, über viele Jahre hinweg mit hemmungsloser Leidenschaft sein Tagwerk zu vollbringen! Geht das aber? Kann man im Beruf überhaupt langfristig sein Bestes geben, ohne andere Bereiche zu vernachlässigen?

Vertrauen Sie mir, es funktioniert. Wie, das zeige ich Ihnen in diesem letzten Teil des Buches. Sie werden hier keine Anleitungen im Sinne von »Wenn-Sie-das-tun,-werden-Sie-erfolgreich« finden. Dieser Abschnitt zeigt Ihnen keine Abkürzungen, sondern die Richtung – verbunden mit vielen Denkanstößen und kleinen Übungen, die Sie auf Ihrem Weg zu dauerhaften Spitzenleistungen unterstützen.

Ihr Reinhold Stritzelberger

14 Ihre Entscheidung: Mittelmaß oder Spitze?

Langfristig erfolgreiche Menschen genießen hohes Ansehen. Doch die Vorstellung, *selbst* über viele Jahre hinweg jeden Tag sein Bestes zu geben, löst bei den meisten regelrecht Aversionen aus. Sie denken: zu anstrengend, unmöglich, ich doch nicht! Dabei kann es jeder tun, und zwar ganz entspannt.

In diesem Kapitel erfahren Sie unter anderem,

- warum jeder zu Spitzenleistungen fähig ist,
- weshalb »Work-Life-Balance« nicht erstrebenswert ist,
- warum Top-Leistung nichts mit Burn-out zu tun hat,

14.1 Wie viele Runden halten Sie durch?

In dieser Sekunde können Sie sich entscheiden, im künftigen Berufsleben Spitzenleistungen abzuliefern. Sie glauben es nicht? Starten wir mit einem Beispiel mitten aus dem Leben.

BEISPIEL

Nehmen wir Markus Korn, 35 Jahre, Bankkaufmann, Sparkassenangestellter, seit der Ausbildung in derselben Filiale. Er kennt alle seine Kunden in- und auswendig, weiß um alle Vorgaben und Vorschriften. Seine Arbeit beschränkt sich hauptsächlich auf eingefahrenen Alltagstrott. Korn liest dieses Buch. Oder er bucht ein Seminar, hört einen Podcast oder was auch immer zu diesem Thema. Vielleicht ist Wochenende. Dann kommt die alles entscheidende Sekunde der Wahrheit: Er beschließt am Sonntagabend, ab Montagmorgen hochwertige Qualität abzuliefern in allen Bereichen. Das kann nicht überall auf Anhieb gelingen. Aber sein Filialleiter wird schnell merken, dass plötzlich ein veränderter junger Korn am Werk ist. Routineformulare werden zügiger als sonst bearbeitet, konzentrierter. Kundentermine absolviert der neue Spitzenleister noch zuvorkommender als bisher und würzt sie mit kreativen Lösungsvorschlägen. Schon am Dienstag gelingt es Korn, einer jungen Familie eine vorher aussichtslos scheinende Baufinanzierung zu verschaffen. Am Freitag fragen ihn die Kollegen scherzhaft, ob er gedopt sei. Einen Monat später bittet er seinen Filialleiter um die Freigabe zu einer Zusatzqualifikation … Können Sie sich vorstellen, was mit dem Mann passiert ist? Falsch gestellte Frage: Können Sie sich vorstellen, was Markus Korn aus seinem Leben machen wird? Ich kann es Ihnen verraten: Er ist heute Geschäftsführer einer gut aufgestellten Privatbank. Er hat eine frühere Kollegin geheiratet, hat mit ihr vier Kinder und ist sehr glücklich. Woher ich das weiß? Der heute nicht mehr ganz so junge Mann nahm vor 13 Jahren an einem meiner Seminare teil. Wir stehen nach wie vor in Verbindung. Markus Korn erbringt noch immer tagtäglich Spitzenleistung.

So kann es sein. Doch vielerorts sieht es ganz anders aus.

BEISPIEL

Coaching mit einem Manager bei einer großen Versicherung. Nach einem kurzen Warming-up erzählt er ziemlich aufgeregt: »Wissen Sie, wir hatten letztes Jahr in meinem Bereich das beste Ergebnis der gesamten Geschichte unseres Konzerns. Natürlich, es war auch etwas Glück dabei. Aber insgesamt haben wir das ganze Jahr über hart für unseren Erfolg gearbeitet. Wir haben alles gegeben, als Team und jeder einzelne. Ich geriet oft an meine Grenzen, sowohl psychisch als auch physisch.« Er macht eine lange Pause. »Und wissen Sie, was das Schlimme daran ist? Das Schlimme ist, dass am 1. Januar alle Uhren wieder auf null gestellt werden und die Latte dann noch ein bisschen höher gelegt wird.«

Klar haben wir Verständnis für diesen Mann und seine Haltung. Wer würde an seiner Stelle nicht resignieren? Zumindest im ersten Augenblick. »Doch, halt!«, möchte ich Ihnen zurufen. »Nicht resignieren, nicht aufgeben …« Genau das ist doch das Leben. Ihr Leben ist nicht am 31.12. zu Ende. Sie starten doch bloß in die nächste Runde. Und nach weiteren zwölf Monaten in die übernächste. Wieder und wieder, jedes Jahr.

14.1.1 Das Leben ist kein Sprint

Auch wenn viele es glauben und sich so verhalten: Es geht nie – wirklich nie – darum, nur die nächste Runde zu überstehen. Sie werden noch unendlich viele Runden laufen. Beruflich, persönlich, in Ihrer Beziehung. Das ist immer so. Das sind die Spielregeln. Die muss man kennen und sich danach ausrichten. Dann kann – fast – nichts mehr passieren. Auf eine Laufstrecke übertragen, könnte man formulieren: Das Leben ist kein Sprint. Es ist nicht einmal ein Marathon. Das Leben besteht aus unzähligen Sprints und Ruhephasen, aus vielen Marathons, aus Vorbereitung, Nachbereitung, aus Regeneration, Schlappheit, Verletzungen, entscheidenden Augenblicken und, und, und.

14.1.2 In jedem von uns steckt ein Spitzenleister

Vielleicht liest sich das auf den ersten Blick nicht allzu aufbauend. Nichtsdestotrotz kann es durchaus erquicklich sein. Schließlich gibt es genügend Vorbilder, die langfristig erfolgreich waren und aufzeigen, wie gut das funktionieren kann. Bekannt, da in der Öffentlichkeit stehend, sind Sport-Asse, Mangerinnen und Manager, Kinostars, Unternehmerinnen und Unternehmer, Spitzenkräfte in der Politik sowie Musikgrößen. Betrachtet man solche Musterexemplare des langfristigen Erfolgs, keimt schnell der Verdacht auf, nur ganz besondere Ausnahmetalente wären zu dauerhaften Spitzenleistungen befähigt. Dass dem nicht so ist, dass auch »ganz normale« Menschen dauerhaft Spitzenleistungen erbringen können, zeigen die Beispiele in diesem Kapitel. Vielleicht erkennen Sie sich in dem einen oder anderen der dort beschriebenen Alltagsheldinnen und -helden wieder oder lassen sich beflügeln.

Wichtig

Es kann unendlich wohltuend sein zu wissen, dass die Oma zwei Straßen weiter schon seit Jahrzehnten persönliche Spitzenleistung erbringt. Sie wird es wohl anders bezeichnen, aber im Grunde arbeitet sie nach den gleichen Prinzipien wie der Inhaber eines Firmenimperiums oder ein Olympiasieger.

14.1.3 Es geht nicht um andere, es geht um Sie

»So, wie es momentan bei mir läuft, soll es nicht mehr weitergehen.« Manche, von denen ich dies höre, sind auf einem mehr oder weniger geradlinigen Weg nach oben, machen Karriere. Andere haben längst Karriere gemacht. Und wieder andere wissen überhaupt nicht mehr, warum sie in ihrem Job ständig Vollgas geben sollen. Allesamt haben diese Menschen schon viel geleistet, und alle spüren sie, dass dies auf Dauer nicht so weitergehen kann. Dass sich die Kräfte erschöpfen, dass etwas nicht stimmt, dass sie nicht bis zum Ende ihres Berufslebens durchhalten können. Die Crux: Mal so richtig Gas geben kann fast jeder. Ein Strohfeuer entfachen? Schnell mal einen guten Eindruck machen? Nichts leichter als das.

Nicht von ungefähr bekämpfe ich allerorts das Phänomen des »Impressions-Managers«. Das ist jene Sorte von Führungskräften, der es wichtiger ist, Eindruck zu schinden, als solide Leistungen zu erbringen. Nur selten sind diese beiden Zielsetzungen deckungsgleich. Der gute Eindruck ist oft Blendwerk und meist von nur kurzfristiger Natur. Das erinnert an das sog. Home Staging. Da wird eine Immobilie vor dem Verkauf tüchtig »aufgehübscht«: schöne frische Farben an die Wände, alles sauber, poliert, hübsche Leihmöbel. Das garantiert einen guten Eindruck – und einen höheren Verkaufspreis. Schon Konfuzius stellte fest: »In alten Zeiten lernte man, um sich selbst zu vervollkommnen; heute tut man es, um auf andere Eindruck zu machen.« Ganz im

Sinne des chinesischen Weisen und konträr zum Gebaren des Impressions-Managers geht es langfristig nie darum, anderen einen guten Eindruck zu vermitteln. Es geht in erster Linie um Sie selbst. Doch wie schaffen Sie es, nicht nur kurzfristig, sondern tagtäglich, über Jahre und Jahrzehnte hinweg, Ihr Bestes zu geben? Auch in schwierigen Phasen? Vor allem im Alltag, wo schleichende Gewohnheiten häufig gefährlicher die Kräfte schwinden lassen als eine kurzfristige Krise?

Es heißt, man erkenne den Charakter eines Menschen am besten daran, wie er sich ohne Zuschauer und Beobachterinnen verhält. Und genau das ist der Punkt: Sind Sie bereit, Ihr Bestes zu geben, auch wenn niemand zuschaut, es niemanden interessiert?

BEISPIEL

Dr. Stefan Lenzenbroich, Leiter der 250 Mitarbeiter starken Qualitätsentwicklung eines größeren Unternehmens: »Ich bin 43 Jahre alt, seit fast 25 Jahren im Beruf. Ich weiß noch genau, wie ich damals angefangen habe. Schon in den ersten Monaten konnte ich überzeugen, erste Erfolge einfahren. Das fiel schnell auf, auch in der HR-Abteilung. Ich kam in ein Förderprogramm, durfte Zusatzqualifikationen erwerben, im Ausland Symposien besuchen und vieles mehr. Anfänglich wirkte das auf mich wie eine Droge: Beförderung, mehr Gehalt, höheres Ansehen, mehr Macht, Einfluss, Verantwortung. Wow! Gut so! Genau so sollte es weitergehen. Doch irgendwann, ich kann gar nicht genau sagen, wann und durch welche Umstände, kam bei mir allmählich ein Gefühl hoch, besser gesagt eine Erkenntnis: Mir geht es ja gar nicht besser, wenn ich immer schneller unterwegs bin. Im Gegenteil, ich fühlte mich immer schlechter. Ich fragte mich: Wo wollte ich eigentlich ursprünglich hin? Mir machte die Arbeit trotz meiner Erfolge weniger und weniger Spaß. Und dann kam ganz plötzlich der Zusammenbruch: Burn-out! Ohne ihn hätte ich nie gemerkt, dass ich auf meiner Überholspur geradewegs in eine Sackgasse gerast bin.«

Liest man dies, wird klar: Das Ziel ist nicht eine einmalige Wahnsinnsleistung. Es steht nicht einmal im Brennpunkt, zig-fach Erfolge einzufahren. Nein, es geht darum, ausdauernd auf einem hohen – vielleicht dem persönlich höchstmöglichen – Niveau zu agieren und dabei nicht nur nicht auszubrennen, sondern sich auf Dauer Lust und Leidenschaft an der Sache zu bewahren. Die Thematik bezieht sich keinesfalls einseitig auf den Beruf – sie ist auch keine Ode an die hoch gepriesene »Work-Life-Balance«. Eher das Gegenteil.

14.2 Warum Work-Life-Balance nicht erstrebenswert ist

Warum sich persönliche Spitzenleistung nicht auf den Beruf beschränkt, wird schnell offensichtlich, wenn man ins Privatleben der Menschen blickt: Ist es nicht eine enorme persönliche Spitzenleistung, wenn sich ein ehrenamtlicher Helfer über 40 Jahre im Kinderhospiz engagiert? Es kann durchaus eine Spitzenleistung sein, wenn ein Mensch sein Leben lang zufrieden ist mit dem Wenigen, das er hat. Eine Beziehung über viele Jahrzehnte zu pflegen und hochzuhalten, kann eine weitaus größere Leistung sein, als eine Bilderbuchkarriere hinzulegen. Sie sehen: Langfristige Spitzenleistung ist in allen Bereichen möglich. Deshalb und in aller Deutlichkeit nochmals: Der Beruf ist nur eines unter vielen Steinchen im Lebensmosaik.

Physikalisch lässt sich Spitzenleistung ganz einfach definieren. Hier gilt die Formel »Je mehr, desto besser«:

$$\text{Leistung} = \frac{\text{Arbeit}}{\text{Zeit}}$$

Noch eine Bemerkung zum Schlagwort »Work-Life-Balance«, kurz WLB: Es scheint in Mode zu sein, alles in Balance bringen zu wollen. Alles soll ausgewogen sein, von der Arbeitsbesprechung und der Ernährung bis – ein Blick ins Badezimmer beweist es – zum Shampoo. Mir scheint diese lebensgrößte Ausgewogenheit, die Work-Life-Balance, kein erstrebenswerter Zustand. Sollten sich bei Ihnen eines Tages alle Bereiche im absoluten Gleichgewicht befinden, sind Sie tot. Denken Sie mal zurück, wann und in welchen Phasen Sie Ihre größten Erfolge errungen haben, egal in welchem Bereich – es war ganz sicher immer in einer Phase des Ungleichgewichts. Es verhält sich zwangsweise so: Fokussiere ich mich auf meine wichtigsten Themen, habe ich weniger Zeit und Energie für andere. Und schwupps ist es da: das Ungleichgewicht.

14.2.1 Ein Leben lang Spitzenleistungen – Horror- oder Idealvorstellung?

Bleiben wir beim Beruf: Es ist also offensichtlich, dass Sie Ihre Arbeit danach ausrichten müssen, unvorhersehbar viele Runden durchzuhalten. Vorausgesetzt, Sie wollen überhaupt hochwertige Arbeit leisten. Ist dies nicht der Fall, nun ja – dann legen Sie dieses Buch am besten zur Seite und greifen zu meinem Buch »Selbstmotivation« (Haufe, 3. Aufl. 2020). Aber Scherz bei Seite: Stellen Sie einmal einer Kollegin oder einem Nachbarn die neutrale Frage: »Was verbindest du mit der Vorstellung, ein Leben lang Spitzenleistung zu erbringen?« Genau diese Frage habe ich während der Recherche für dieses Buch 247 Seminarteilnehmern gestellt. Insgesamt kamen fast ausschließlich negative Assoziationen, was mich ziemlich erstaunte. Es fielen Äußerungen wie: »Das schafft doch eh keiner«, »Genau das führt doch in den Burn-out!«, »Typisch für unsere Gesellschaft – gut ist nicht mehr gut genug« etc. Solche Antworten hängen mit der Vorstellung zusammen, sich für Erfolge jahrzehntelang aufreiben zu müssen. Wir gehen Großes nicht (mehr) oder (nur noch) selten an und versinken im Mittelmaß.

Kaum jemand unter den Befragten äußerte sich wie Michelangelo, der vor über 600 Jahren schon erkannte: »Die größte Gefahr für die meisten ist nicht, dass wir uns zu hohe Ziele stecken und daran scheitern. Die größte Gefahr für die meisten von uns ist, dass wir uns zu wenig vornehmen und das tagtäglich erreichen.«

Keinesfalls möchte ich den Eindruck vermitteln, es bereite permanent Lust und Freude, jeden Augenblick sein Bestes zu geben.

BEISPIEL

Ich darf mich selbst als unrühmliches Beispiel anführen und drehe die Zeit etwas zurück ins Manuskriptstadium dieses Buches. Selbst so der kleine Teil, für den ich zuständig bin, schreibt sich nicht einfach und geschmeidig von allein, geschweige denn in einem Rutsch. Während der Arbeit freue ich mich unbändig auf das Ergebnis. Aber jetzt, gerade in diesem Augenblick, da ich mich zum sechsten Mal ans Manuskript setze, es kürze und verfeinere, ist es eine mühsame und äußerst anstrengende Tätigkeit.

14.2.2 Erfolg – was ist das überhaupt?

Wie schon erwähnt, lege ich mich hier nicht ausschließlich auf berufliche Themen fest. Das sei nochmals betont. Erstaunlicherweise dachten über 87 % der von mir interviewten Seminarteilnehmenden bei der Frage, was Erfolg überhaupt sei, zuerst an wirtschaftlichen Erfolg. Darum geht es in diesem Abschnitt auch. Die Betonung liegt auf »auch«. Der berufliche Erfolg steht nämlich gleichrangig neben Erfolgen in allen anderen wichtigen Lebensbereichen. Erfolg kann ebenso die Überwindung einer Beziehungskrise sein, das Erreichen eines sportlichen Ziels oder die Erkenntnis, dass die eigenen Kinder »wohlgeraten« sind. Nicht wissenschaftlich ausgedrückt, stellt sich immer dann Erfolg ein, wenn etwas so gut wird, wie geplant, oder sogar besser klappt, als erwartet.

14.3 Kurzfristiger und langfristiger Erfolg

Wenn schon das gegenwärtige Tun so mühsam ist, wie soll man erst über viele Jahre sein Bestes geben? Geht das überhaupt? Ist es sinnvoll? Ja, es geht und es macht Sinn. Sonst gäbe es beispielsweise dieses Buch nicht. Zäumen wir die Frage andersherum auf, um es klarer zu machen: Möchten Sie Ihr Leben lang mittelmäßige Leistung erbringen? Lassen Sie diesen Satz ruhig auf sich wirken. Stellen Sie sich ernsthaft der Frage: Möchten Sie sich das ganze Leben in den wichtigen Bereichen mit mittelmäßigen, durchschnittlichen Ergebnissen zufriedengeben? Wahrscheinlich strebt dies niemand an. Die Antwort legt offen, dass Mittelmäßigkeit und Durchschnittlichkeit nicht erstrebenswert sein können. Spitzenleistung zieht den Menschen an. Dass diese in

80 Jahren, die wir Menschen ungefähr auf der Erde weilen, nicht punktuell sein kann, liegt auf der Hand.

Wichtig

Im Hochleistungssport gilt folgender Grundsatz: »Jegliche sportliche Ausrichtung auf Erfolge ist langfristiger Natur.«

Es geht nicht darum, eine gelungene Präsentation beim Vorstand zu halten. Es geht nicht darum, den Lebenspartner von der eigenen Meinung zu überzeugen. Und es geht nicht darum, »mal schnell« ein paar Kilo abzunehmen. Worum geht es dann? Sie wissen es selbst oder ahnen es sicherlich zumindest schon: Es dreht sich alles darum, täglich Spitzenleistung zu erbringen, um langfristig Erfolge zu erzielen.

14.4 Sichtbare und unsichtbare Spitzenleistung

Das Leben besteht ähnlich einem Fluss aus vielen Phasen des langsamen, ruhigen Dahingleitens, abgelöst von gefährlichen Stromschnellen, Wasserfällen, einem unendlich scheinenden Stausee, Schleusen, flachen und tiefen Stellen, frischen und sauberen Etappen sowie wahren Schmutzwasserstrudeln. In einem Jahr herrscht Hochwasser, im nächsten Niedrigwasser. So ist das Leben. Und wie es im Flussverlauf sichtbare und unsichtbare Stellen gibt, so gibt es im Leben sichtbare und unsichtbare Leistung.

BEISPIEL

Schauen wir uns dazu das Leben von Spitzensportlern an, zum Beispiel dem legendären Mittelstreckenläufer Rudolf Harbig oder Usain Bolt, dem lange Zeit unschlagbar erscheinenden 100-Meter-Sprinter. Tritt Bolt bei einem wichtigen Wettbewerb an, gibt er alles, fliegt mit Leichtigkeit über die Bahn und ist danach völlig ausgepumpt – nach weniger als zehn Sekunden. In diesem Augenblick denkt niemand an die vielen Monate und Jahre, die er für diese wenigen Sekunden trainierte, in denen er Krisen durchmachte, Verletzungen auskurierte, an Kleinigkeiten feilte, seine Technik perfektionierte und so vieles mehr.

So läuft es beim derzeit besten Sprinter der Welt. So läuft es bei einem Trainer, einem Marketingleiter, einem Buchhalter. So läuft es bei einem Handwerker, bei einer Mutter, einem Pfarrer, einem Bergsteiger, einem Landesoberhaupt. So läuft das bei Ihnen. Ihre sichtbaren Leistungen bewerten andere. An der Gesamtleistung messen Sie sich selbst.

14.5 Was, wenn die Kraft zu fehlen scheint?

Durchgehende Spitzenleistung ist den meisten oft nach wenigen Jahren zu kraftraubend, wie zum Beispiel unserem Herrn Lanzenbroich. Dann werden Seminare in Stressmanagement gebucht oder Auszeiten genommen. Und dann? Ja, was dann, wenn selbst diese Maßnahmen keine oder nur eine kurzfristige Entlastung bringen? Die Leistung herunterschrauben? Yoga-Übungen? Duftkerzen? Neben mir liegen – unverlangt zugesandte – Duftkerzen. Laut beiliegendem Zettel dienen sie der Stärkung der Willenskraft. Nicht nur Managerinnen und Manager rümpfen da die Nase und machen sich lustig. Bei solch tiefgründigen Themen helfen kein Kerzenwachs und kein Heftpflästerchen. Da hilft nicht einmal mehr eine Operation. Radikaleres ist angesagt. Das Wort »radikal« leitet sich ab vom lateinischen »radix«, die Wurzel. Es geht also darum, etwas von der Wurzel her zu packen und nicht nur an den Symptomen herumzudoktern. Um es ebenso radikal zu sagen: Dieser Teil des Buches ist nichts für bewusste Minderleister, Faulpelze oder Impressions-Manager. Er ist ein Gefährte für diejenigen, die schon viel auf die Reihe gebracht haben und noch lange Jahre ihr Bestes geben wollen – auch und gerade, wenn es niemanden sonst interessiert. Nicht mehr und nicht weniger.

Schön, dass Sie weiterlesen …

14.6 Persönliche Spitzenleistung unter der Lupe

Schlagen wir wieder etwas gemäßigtere Töne an, wir sind jetzt ja unter uns.

Was bedeutet persönliche Spitzenleistung, so wie wir sie verstehen? Hier hilft uns wiederum ein Vergleich.

Durchschnittliche Leistungen
• erledigen wir mit halber Kraft,
• geben uns keine Selbstbestätigung,
• machen uns auf Dauer müde,
• lassen uns abstumpfen,
• werden nicht beachtet,
• werden nicht hinterfragt.

Spitzenleistungen
• geben uns ein Höchstmaß an Energie,
• schenken uns Selbstbestätigung und Selbstachtung,
• werden beachtet bzw. stehen im Mittelpunkt,
• spornen zu weiteren Spitzenleistungen an,
• machen gute Laune,
• veranlassen uns stets, sich aufs Neue zu hinterfragen.

14.6.1 Persönlich heißt: individuell

Ein Reinhold Messner konnte wegen seiner hohen körperlichen Leistungsfähigkeit in jungen Jahren leichter auf die Achttausender dieser Welt gelangen, als die meisten von uns. Dieses Beispiel zeigt ganz gut: Leistung ist immer an persönlichen Maßstäben festzumachen. »Ist ja selbstverständlich!«, mögen Sie jetzt einwerfen. Leider nicht. Fast alle Menschen vergleichen sich ständig mit anderen. Diese Vergleiche hinken immer (!), da wir unterschiedlich sind. Mit dieser Erkenntnis lässt es sich in der Regel zurechtkommen, auch wenn sie oft ungute Gefühle hinterlässt. Was aber, wenn andere Menschen uns mit anderen Maßstäben messen?

BEISPIEL

In Wettkämpfen und Prüfungen wird die Leistung mittels Normzahlen definiert. Bei 7 Fehlern im Diktat gibt es die Note 3. Mit 9,58 Sekunden auf 100 Meter läuft man Weltrekord. Erwachsene zwischen 35 und 50 Jahren haben 1,3 Mal Sex in der Woche mit ihren Lebenspartnern. Ein Neugeborenes wiegt 3.250 Gramm. Das durchschnittliche Umsatzwachstum in der Branche XY liegt bei 4,75 % pro Jahr.

14.6.2 Das Diktat der Normen und Kennziffern

Selbstredend werden wir ständig an solchen Daten gemessen. In vielen Unternehmensbereichen werden ganz selbstverständlich von außen die Maßstäbe gesetzt – der oder die Einzelne wird dann an Durchschnitten, Benchmarks, Kennziffern oder anderen vergleichbaren Größen gemessen. Rechnet man uns vor, was die Norm, also normal, ist oder was Spitzenleistung sein soll, ist dies mehr als problematisch. Die Berufswelt diktiert ständig, woran wir uns zu orientieren haben. Und wenn es Maßstäbe gibt, gelten sie natürlich für alle.

Im Sportunterricht gibt es in der fünften Klasse die Note 1,0 im Hochsprung der Mädchen bei 1,15 Metern, unabhängig davon, ob das Kind neun Jahre alt und dick und klein oder 12 Jahre alt und groß und schlank ist. Immerhin wird nach Mädchen und Jungen unterschieden.

Ungerecht? Mit Sicherheit. Ändern werden wir es kaum können, weder in der Schule noch im Berufsleben. Wohl aber bei uns selbst. Denn nur wir allein können wahrhaft bestimmen, wie unsere Leistungen einzuschätzen sind. Vielleicht schätzt Messner einige seiner Achttausender-Begehungen selbst gar nicht so hoch ein? Gegenbeispiel: Ein Seminarteilnehmer, der vor 15 Jahren die Zugspitze erklomm, ist heute immer noch stolz auf diese – für ihn außergewöhnliche – Leistung.

Wichtig

Spitzenleistung hängt vom ganz persönlich angestrebten Ziel ab. Spitzenleistung ist deshalb keine absolute, sondern eine individuelle Größe.

Als Tipp an dieser Stelle: Machen Sie sich frei von Bewertungsmaßstäben, die andere an Sie anlegen. Setzen Sie sich Ihre Maßstäbe selbst. Intensiv geht es um dieses Thema im Kapitel »I did it my way – Ihr Weg zum Erfolg«.

14.7 Keine Frage der Selbstmotivation, oder etwa doch?

Zu meinen Lieblingsvordenkern und -autoren zählt Tom Peters, einer der beiden »Management-Gurus« aus den USA. Der andere ist Peter Drucker, der ebenso großartige Visionen entwickelt, aber nicht ganz so eingängig darüber schreibt. Beide sind seit Jahrzehnten als Experten unterwegs und wahre Prachtexemplare des dauerhaften Spitzenleisters. In einem seiner Bücher schreibt Peters, zu seinen absolut vorrangigsten Aufgaben gehöre »die Pflege und Steuerung meiner Selbstmotivation«. Ob Sie dauerhaft Spitzenleistungen erbringen, hängt zuallererst von Ihrer Selbstmotivation ab. Sie ist der Dreh- und Angelpunkt aller Ihrer Vorhaben. Tun Sie etwas dafür! Halten Sie Ihre Motivation konstant hoch (ausführlich beschrieben im TaschenGuide »Selbstmotivation« und in meinem Standardwerk für Fach- und Führungskräfte »Dauerhafte Selbstmotivation«, Freiburg, Haufe 2016).

14.7.1 Warum es immer leichter wird

Zur bewussten Entscheidung genügt eine einzige Sekunde der Entschlossenheit wie bei Markus Korn aus dem Beispiel am Anfang des Kapitels. Zur täglichen und jahrzehntelangen Umsetzung dieser Entschlossenheit braucht es Ihr Leben. Wobei es immer leichter wird. Diese Aussage dient nicht etwa Ihrer Beruhigung. Es ist die beeindruckende Erfahrung all jener, die diesen Weg beschreiten. Es ist wie bei einem Kinderkarussell.

BEISPIEL

Stellen Sie sich einen Spielplatz mit einem riesigen Kinderkarussell mit Sitzen für 40 Kinder vor. Alle Plätze sind belegt. Die 40 Racker schreien im Chor: »Anschieben! Anschieben!!«, aber außer Ihnen ist weit und breit kein Erwachsener in Sicht. Also schieben Sie an – aber: es rührt sich nichts. Viel zu schwer. Sie drücken fester. Nichts. Sie stemmen sich gegen den Boden und bringen Ihr ganzes Gewicht zum Einsatz – nichts. Drei Fahrradfahrer halten an und lachen ob Ihrer Bemühungen. Dann helfen sie. Vier kräftige Erwachsene schaffen es nun, das Karussell langsam, ganz langsam, in Bewegung zu setzen. Nachdem es ordentlich Schwung aufgenommen hat, meint einer der Fahrradfahrer: »Wir müssen weiter. Jetzt schaffst du es ja allein.« Sie bleiben etwas verdutzt zurück. Aber, siehe da: Es stimmt. Es ist für Sie nun ein Leichtes, das Karussell in Schwung zu halten. Es scheint sogar, dass es mit jeder weiteren Umdrehung mehr an Schwung gewinnt.

Genauso verhält es sich mit dem Karussell des Lebens. Anfangs fragen Sie sich möglicherweise, wie Sie Ihre Vorhaben, die auf Spitzenleistung zielen, jemals zum Laufen bringen wollen. Vielleicht benötigen Sie Hilfe. Dann wird es leichter und leichter, und irgendwann genügen kleine Schübe, um die Geschwindigkeit zu halten.

Zur Motivationssteigerung gibt es viele Angebote. Es gibt Literatur oder Seminare dazu. Wie sich aber Erfolge langfristig etablieren lassen, steht nirgends. Falls doch, verlieren sich die Verfasser in »So-müssen-Sie-das-machen«-Anleitungen. Die finden Sie hier garantiert nicht. Dafür aber die wichtigsten Zutaten. Wählen Sie die passendsten für sich aus.

Auf einen Blick: Mittelmaß oder Spitze?
• Nur wer mit Begeisterung und Leidenschaft bei der Sache ist, kann dauerhaft das Beste geben.
• Dabei geht es nicht darum, Normen und Maßstäbe anderer zu erfüllen. Es geht ausschließlich um Sie selbst. Fragen Sie sich: Was ist wirklich wichtig für mich?
• Wer für sich selbst definiert hat, was für ihn Erfolg ist, brennt nicht aus, sondern brennt für seine Ziele und hat damit auch die Kraft und Energie dauerhaft am Ball zu bleiben.

15 »I did it my way« – Ihr Weg zum Erfolg

Nur wenn Sie Ihren eigenen Weg gehen, können Sie langfristig das Leben führen, das Sie sich wünschen. Doch oft ist dieser Pfad verschüttet oder verstellt mit Hindernissen, sodass Sie ihn kaum sehen können.

In diesem Kapitel erfahren Sie unter anderem,

- warum der eigene Weg der einzige ist, der zu dauerhaften Spitzenleistungen führt,
- warum gesellschaftliche Zwänge und Erwartungen anderer so hinderlich sind,
- wie Sie mit effektivem Nachdenken und planerischem Vordenken gegensteuern,
- wann Sie sich ein anderes Umfeld suchen sollten.

15.1 Wie würde Steve entscheiden?

Steve Jobs, der Gründer von Apple, wurde schon zu Lebzeiten in seiner Branche wie ein Messias verehrt. Was er anfasste und oft spektakulär ankündigte, wurde meist zu Gold beziehungsweise Geld. Umso schwieriger würde es für denjenigen werden, der in seine Fußstapfen als Apple-Vorstand treten würde. Als der an Krebs erkrankte Jobs wusste, dass er bald sterben würde, führte er viele Gespräche mit seinem Nachfolger Tim Cook. Was meinen Sie: Wie hat Steve Jobs seinen Thronfolger wohl vorbereitet, was hat er ihm gesagt und geschrieben? Jobs gab Cook nur einen einzigen Rat: »Frag dich niemals, was Steve jetzt tun würde. Triff immer deine eigene Entscheidung!«

Und das ist auch die Kernbotschaft in diesem Kapitel: Fragen Sie sich nie, was andere tun oder gutheißen würden. Fragen Sie sich, was Sie selbst gutheißen. Genau dies ist die elementare Grundvoraussetzung für langfristigen Erfolg.

BEISPIEL

»Ich stamme aus einer gutbürgerlichen Familie. Mein Vater ist Studienrat, die Mutter Grundschullehrerin. Das gesamte Familienumfeld ist akademisch, intellektuell geprägt. Als ich nicht studieren wollte, war die Aufregung groß. Doch ich setzte mich durch und machte eine Schreinerlehre. Das war aber nicht das »Gelbe vom Ei«. Deshalb sattelte ich auf Mediendesigner um. Meine Eltern und meine Freundin beknieten mich, doch wenigstens noch zwei, drei Jahre als Schreiner weiterzuarbeiten. Mein Vater wollte mir sogar eine Festanstellung in einer großen Holzhandlung vermitteln. Als ich mich dann als Mediendesigner selbstständig machte und ein kleines Büro einrichtete, kam es fast zum Bruch mit den Eltern. Doch ich blieb eisern. Das ist jetzt sieben Jahre her. Nach Startschwierigkeiten läuft derzeit alles prima, auch wenn ich nicht weiß, was die Zukunft bringen wird. Ich bin froh, dass ich damals nicht klein beigegeben habe.« Jonas Wetzlaff, Mediendesigner

Dreimal hätte das Leben von Jonas Wetzlaff eine andere Wendung nehmen können, sofern er nach eigenen Worten klein beigegeben hätte. Niemand behauptet, es sei leicht, eigene Entscheidungen zu treffen – womöglich sogar gegen die Eltern oder herrschende Meinungen. Doch dies ist eine unabdingbare Notwendigkeit, wenn Sie langfristig Spitzenleistung zur Normalität werden lassen wollen.

15.1.1 Das Magische Quadrat

Es gibt vier Hebel, die Ihnen dabei helfen, Ihren eigenen Weg zu dauerhaften Spitzenleistungen zu finden. Sie sind hier im Magischen Quadrat zusammengefasst.

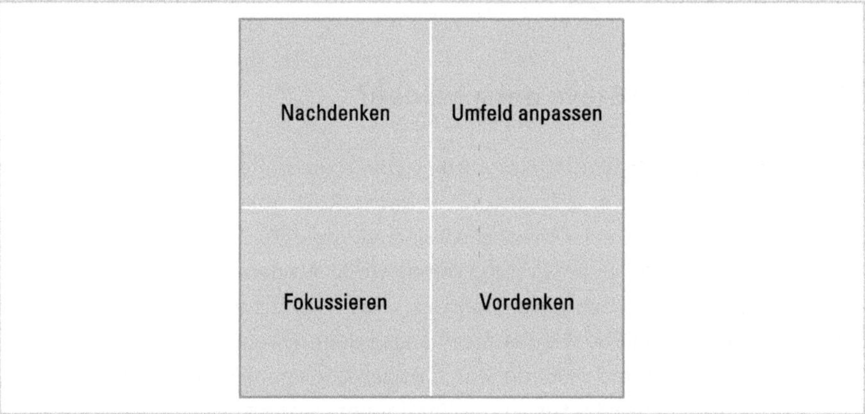

Das Magische Quadrat

15.2 Hebel Nr. 1: Nachdenken

Es hört sich so einfach an: »Ich muss (mehr) nachdenken!« Doch das Umsetzen der Ergebnisse aus dem Nachdenken ist unbequem, anstrengend, oft mit unangenehmen Folgen verbunden – und mit einem schlechten Gewissen, wenn man sie nicht umsetzt. Und daher weichen die meisten Menschen bereits dem Nachdenken darüber aus. Hier ist von *effektivem* Nachdenken die Rede, das in konkrete Handlungen mündet und sich dadurch ganz klar vom beliebten Grübeln unterscheidet. Letzteres kann leicht in eine Abwärtsspirale führen, die notwendige Veränderungen ausbremst.

»Nimm dir Zeit zum Nachdenken, aber wenn die Zeit zum Handeln kommt, hör auf mit Denken und geh los.«
(Andrew Jackson)

Effektives Nachdenken ist zielorientiert und sucht nach Lösungen. Dabei gilt es zwei Grundbarrieren zu kennen und zu überwinden. Tut man das nicht, verspielt man die Chance, tatsächlich eigene produktive Gedanken zu fassen. Die beiden Hürden lassen sich in die Aussagen fassen: »Ich muss dazugehören«, und »Erziehung durch die Gesellschaft«. Beide zusammen ergeben ein Duo, das Nachdenken zu einer äußerst schwierigen Übung geraten lässt.

15.2.1 Die »Ich muss dazugehören«-Barriere

Wer tut, was die anderen tun, denkt meist auch, was die anderen denken. Damit bleibt er oder sie »normal«, also in der Norm, und kann schon dem Wortsinn nach keine Spitzenleistungen erbringen. Doch woher kommt unsere Neigung, sich gruppenkonform zu verhalten? Aufschluss darüber gibt uns ein Blick auf die Evolutionsgeschichte des Menschen: Seine überlebenstechnisch bedeutsamste Fähigkeit war schon immer die Anpassung. Das haben wir bis zur Perfektion verinnerlicht. Je besser der Mensch sich an die jeweilige Umgebung anpassen konnte, desto höher waren seine Überlebenschancen. Freilich mussten sich unsere steinzeitlichen Vorfahren nicht nur an ihre raue Umwelt anpassen, sondern vor allem an die Sippe. Mit dieser mussten sie klarkommen, sonst wurden sie ausgestoßen und waren damit so gut wie tot. Aus diesem lebensnotwendigen Zwang entwickelte sich das Bedürfnis, dazugehören zu wollen. Eben weil dieses Bedürfnis so tief in uns verwurzelt ist, fällt es so unendlich schwer, eine Balance herzustellen zwischen dem, was wir selbst wollen, und dem, was unser Umfeld (von uns) will.

BEISPIEL

Vor rund 200 Jahren gab es unter anderem in Frankreich und Österreich den Beruf des Claqueurs. Zur »Sicherstellung des Erfolges« wurden Claqueure für Theater- oder Opernvorstellungen engagiert. Sie mischten sich während der Vorstellung unter das Publikum. Ihre Aufgabe bestand darin, den Schauspielern Applaus oder gar stehende Ovationen zu spenden. Sie kennen das vielleicht aus heutigen Veranstaltungen: Einer beginnt plötzlich zu klatschen, ein paar andere fallen zögerlich ein, zuletzt klatscht der ganze Saal. Für die Claqueure gab es sogar unterschiedliche Gagen, je nachdem, wie stark und wie lang sie Stimmung machen sollten.

Was steckt hinter dem heute etwas anrüchig anmutenden Berufszweig von damals? Nun, klatscht mein Nebenmann als einziger, denke ich vielleicht noch, dass er vollkommen danebenliegt. Klatschen jedoch die gesamten beiden Reihen vor und hinter mir, dann klatsche ich eben mit – womöglich habe ich etwas nicht verstanden. Beim Mitklatschen bin ich auf der sicheren Seite. Ich gehöre schließlich zu dieser Gemeinschaft. Da macht man, was sich gehört. Dann macht man artig mit und stellt das eigene

Denken ein. Das ist eine verbreitete Folge des elementaren menschlichen Bedürfnisses, dazugehören zu wollen.

> *»Viele Menschen verhalten sich konform und bewundern an anderen, wenn diese sie selbst sind.«*
> (Helga Schäferling)

Wie also gehen wir angemessen und zeitgemäß damit um? Schließlich ist es heute nicht mehr lebensgefährlich, wenn man nicht gruppenkonform agiert. Schauen wir dazu auf den anderen Teil des Barrieren-Duos. Betrachten wir, in welch widrigem Umfeld wir Spitzenleistungen vollbringen wollen – und vergessen wir nicht, dass erheblicher Widerstand zu erwarten ist.

15.2.2 Die nächste Barriere: Erziehung durch die Gesellschaft

Wir alle wollen dazugehören. Was aber passiert, wenn jemand es nicht will? Zunächst einmal versucht die Masse, den Ausreißer oder die Ausreißerin einzufangen. Das gelingt unserer Gesellschaft wunderbar. Von klein auf erleben wir die Versuche, uns an der Norm auszurichten: Eltern legen meist Wert darauf, dass ihr Kind nicht »aus dem Rahmen« fällt. Es soll sich prima mit allen anderen Kindern verstehen, gute Noten schreiben und nach der Schule möglichst direkt in den Beruf einsteigen. In der Schule herrscht sowieso Gleichmacherei: standardisierte Fragen, standardisierte Antworten, die gelernt und geäußert werden müssen.

Die Schule der Tiere

Die kleine Ente freute sich schon unbändig auf ihren ersten Tag in der Schule der Tiere. Dort bestand der Unterricht aus Rennen, Klettern, Fliegen und Schwimmen. Alle Tiere wurden in allen Fächern unterrichtet.

Am ersten Tag war Schwimmen angesagt. Die kleine Ente war großartig. Der Lehrer lobte sie überschwänglich. Als sie nach Hause kam, strahlte sie und war glücklich. Am nächsten Tag stand Klettern auf dem Stundenplan. Der Lehrer führte die Erstklässler an einen Baum und sagte: »Versucht mal, so weit wie möglich nach oben zu kommen.« Der Adler flog empor, das Eichhörnchen flitzte den Stamm hinauf und die Schnecke kroch gemächlich hinterher. Nur die Ente kam überhaupt nicht voran. Note 6. Sie war traurig. Die Eltern wollten ihr helfen, verordneten ihr Nachhilfe in Klettern. Die Freizeit der jungen Ente schränkten sie stark ein, damit sie es wieder und wieder üben konnte. So konnte sie kaum mehr im Teich mit ihren Artgenossen plantschen und wurde immer trauriger.

Nun geht es nicht darum, dieses System zu ändern, weder in der Schule noch in der restlichen Gesellschaft (obwohl ich das gerne täte). Das ist Kraft- und Zeitverschwendung. Viel effektiver ist es, dieses System zu durchschauen und eigene Schlüsse und

Konsequenzen daraus zu ziehen. Von außen lässt sich manches viel klarer erkennen. Wir alle wissen, dass Enten erst gar nicht versuchen sollten zu klettern. Doch was denkt unsere kleine Ente? Wie stark sind die Einflüsse, die scheinbaren Zwänge von außen?

Die Standards und Normen hören nicht etwa mit der Volljährigkeit auf zu existieren. Sie ziehen sich weiter durch unser Leben: ob Berufswahl, Bewerbungsgespräch, Assessment-Center, Zusammenleben mit den Nachbarn und Kollegen, selbst bei der Partnerwahl können uns die Vorstellungen anderer entscheidend beeinflussen.

BEISPIEL

Teamgeist ist heutzutage absolut angesagt. Können Sie sich einen Fußballnationalspieler vorstellen, der nach einem grandiosen Länderspiel in die Kamera sagt: »Ich war überragend. Klar, die Mannschaft war stark. Aber meine eigene Leistung war sensationell.« Der Trainer würde ihn wahrscheinlich sofort aussortieren, wie diverse andere »Quertreiber« auch. Im günstigsten Fall, und wenn es sich um einen unersetzbaren Spieler handelt, bekommt er ein paar Stunden Nachhilfe in Medienpräsenz. Solche Aussagen sind ja schließlich richtungsweisende Signale an die anderen Spieler.

Kommen wir zum Punkt: Eine eigene Meinung zu haben, das persönlich Wichtige zu tun, bedeutet immer auch – manchmal mehr, manchmal weniger –, ein Quertreiber oder eine Quertreiberin zu sein. Man muss sich trauen, die Gruppe zu verlassen, sich über unausgesprochene Normen hinwegzusetzen, aufzufallen. Und man muss sich über die möglichen Folgen im Klaren sein.

BEISPIEL

Sagen Sie Freitagabend mal zu Ihrem Chef, der noch schnell einen fertigen Bericht haben möchte, dass Sie Ihrer kleinen Tochter versprochen haben, pünktlich nach Hause zu kommen – und dann gehen Sie. Oder noch »schlimmer«: Begründen Sie Ihren pünktlichen Feierabend damit, dass Sie heute ausspannen möchten. Ergreifen Sie Position für den Kollegen, der vom Rest des Teams gemobbt wird. Erklären Sie Ihrem Lebenspartner, dass Sie dieses Jahr eine Woche ganz für sich allein Urlaub machen wollen. Rasieren Sie sich eine Glatze oder färben Sie sich die Haare grün.

Ahnen Sie die Reaktionen, die diese Taten oder Äußerungen, die übrigens alle real sind, nach sich ziehen könnten? Sie merken sofort: Wer »aus dem Rahmen fällt«, fällt auf. Die meisten Menschen beschleicht dabei ein unangenehmes Gefühl. Man könnte ja anecken, was man tunlichst vermeiden möchte. Also passen sie sich weiter an, verleugnen ihre eigene Meinung. Klatschen mit. Und siehe da: Es geht doch! Plötzlich kommt man mit der Chefin und den Kollegen besser klar, die Nachbarn blicken nicht mehr argwöhnisch und man ist wieder ein vollwertiges Mitglied der Gemeinschaft. Man wird dazu erzogen, sich so zu verhalten, wie es für gut und richtig angenommen wird. Langfristig resultiert daraus, was Pablo Picasso einmal so treffend auf den Punkt gebracht hat: »Unter den Menschen gibt es unzählig mehr Kopien als Originale.«

Wenn ich Ihnen nun rate, nicht dauernd mit dem Strom zu schwimmen, was bedeutet das dann konkret für Sie?

Wenn Sie dieser Aufforderung konsequent und radikal nachkämen, ergäben sich ziemlich drastische Folgen. In letzter Konsequenz würden wir uns möglicherweise in keiner Weise danach richten, was Eltern, Lebenspartner, Freunde, Bekannte, Nachbarn oder gar Vorgesetzte von uns erwarten. Das ist utopisch und nicht wünschenswert.

Es geht jedoch nicht um ein Aussteigen aus gesellschaftlichen Normen oder gar um Revoluzzertum. Es geht darum, sich darüber klar zu werden, was man wirklich will. Es geht darum, wieder selbstständig und für sich nachzudenken, um dann sein Ziel hartnäckig zu verfolgen und dabei umsichtige Kompromisse einzugehen. Wohl abgewogen – oder eben auch nicht. Manchmal helfen eindrucksvolle Erfahrungen oder Schlüsselsätze dabei.

BEISPIEL

Eckhardt Burke: »In jungen Jahren wandelte ich auf den Wegen, die meine Eltern für mich geteert hatten. Auf einer Feier lernte ich einen faszinierenden Mann kennen, Alois Wintergruber. Er war Landschaftsgärtner und er strahlte eine innere Zufriedenheit aus, wie sie selten anzutreffen ist. Wir unterhielten uns angeregt über seine anstrengende Arbeit, die er so gerne vollbrachte. Irgendwann im Laufe des Gesprächs erwähnte er beiläufig: »... und für meine Eltern war das ja auch nicht so leicht. Die waren beide an der Uni beschäftigt und wollten, dass ich studiere.« Der erste Satz hallte mir noch jahrzehntelang nach. »Für meine Eltern war es ja auch nicht leicht.« Das kehrte meine komplette Anschauung um, die ich bis dahin hatte. Aber, klar, das war auch für mich die Lösung: Sollten eben meine Eltern schauen, wie sie mit meinen Entscheidungen zurechtkamen. Nicht mehr ich, wie ich mit ihren Erwartungen zurechtkommen sollte. Welch erlösender Gedanke. Danke, Alois!«

Natürlich ist es möglich, ein zufriedenes Leben zu führen und sich dabei an den Erwartungen anderer zu orientieren. Es wird aber kaum möglich sein, dieses Leben mit Herzblut und Leidenschaft zu füllen. Und Spitzenleistung wird nur punktuell abgerufen werden können. Genau deshalb ist es unabdingbar, sich freizumachen vom Mitklatschen, vom Mitdenken und Mithandeln. Es ist schwer, doch es geht!

15.2.3 Aufhalten oder aushalten?

BEISPIEL

Wir wohnen in einer Siedlung mit vielen ähnlichen Häusern. Alles gutbürgerlich, Garage, Garten, Terrasse, Rasen. Grob geschätzt pflegen von den umliegenden 40 Häusern 100 % der männlichen Nachbarn ihren Garten. Bei uns ist das anders. Da ich beruflich viel unterwegs bin, am Wochenende regenerieren möchte und im Unterschied zu meiner Frau mit dem Garten nichts am Hut habe, kümmert sie sich ums Grün. Das führt mitunter zu samstäglichen Szenen, in denen die Nachbarn ihren Garten pflegen, meine Frau den Rasen mäht – und ich in der Hängematte liege und döse. Als Garten-Schläfer durfte ich mir in den letzten Jahren etliche Kommentare anhören, von humorvoll über bissig bis hin zu vollkommenem Unverständnis.

So lustig dieses Beispiel scheinen mag, so gut dient es zur Anschauung. »Was tun?«, lautet auch hier die Frage. Natürlich dreht sich dieses Beispiel im Kern nicht um mich oder um die Nachbarn, sondern darum, wie man mit dieser Erwartungshaltung von außen umgeht. Ein Mensch weiß, was er möchte, und wird mit einer entgegengesetzten Erwartung von außen konfrontiert. Was kann er tun? Um es wieder auf das Garten-Beispiel zu übertragen: Natürlich könnte ich meine Schläferstündchen auf dem häuslichen Sofa halten oder so tun, als würde ich im Garten helfen. Oder ich könnte versuchen, den Nachbarn mein »auffälliges« Verhalten zu erklären.

Oder aber: Ich halte es einfach aus.

»Aushalten = der inneren Kraft vertrauen, auch wenn sie ruht!«
(Max Maurenbrecher)

Ich halte also diese Spannung einfach aus und fühle mich stark dabei. Hört sich ungewöhnlich an, nicht wahr? Ist es anfänglich auch. Da wirbeln die Gedanken. »Kann das denn richtig sein, wenn (fast) alle anderen etwas anderes erwarten?«, fragt man sich beispielsweise.

Das harmlose, kleine Garten-Beispiel spiegelt schön die Belastung wider, sich nach eigenen Bedürfnissen zu richten und Gegenwind dann auszuhalten. Es ist eben leichter mit dem Strom als dagegen zu schwimmen. Für ein dahinplätscherndes Leben im Durchschnittsmodus passt dieser Treibenlassen-Modus auch ganz prima. Jetzt haben Sie aber zu diesem Buch gegriffen, in dem es um dauerhaften Erfolg geht. Und genau, wenn es um dauerhaften Erfolg geht, um Spitzenleistungen, funktioniert diese Einstellung absolut nicht mehr. Sie müssen eine eigene Meinung vertreten, auffallen, Sie selbst sein.

Diese Individualität verlangt Mut. Nicht von ungefähr heißt es: »Individualität macht einsam.« Und auch wenn dieser Satz in seiner Absolutheit in den meisten Fällen unzutreffend ist, besteht doch die Gefahr, nicht mehr dazugehören zu dürfen, ausgestoßen zu werden aus der Gemeinschaft. Und wer seine eigene Meinung, seine Individualität bewahren will, muss zumindest zeitweise Einsamkeit ertragen können. Doch es gibt keine Alternative dazu, wenn wir langfristig Erfüllung finden wollen. Ex-Bundeskanzlerin Angela Merkel verkörperte das beispielhaft, nachdem sie auf einer Veranstaltung intensiv kritisiert wurde: »Ich nehme Ihre Kritik zur Kenntnis.« Punkt. Einfach mal aushalten und die eigenen Bedürfnisse stehen lassen. Ebenso kraftvoll klingt die Aussage von Tom Cook, CEO von Apple, auf einer Analystenkonferenz: »Wir wissen, welche Erwartungen Sie an die Ergebnisse von Apple in diesem Quartal hatten. Diese haben wir nicht erfüllt. Wir haben aber sehr wohl unsere eigenen Erwartungen erfüllt.«

15.2.4 Original oder nur Kopie?

Etwas provokativ gefragt: Leben Sie ein Leben, das hauptsächlich darauf beruht, den Erwartungen anderer gerecht zu werden? Tun Sie das, was vorrangig anderen wichtig ist? Dann können Sie langfristig nicht erfolgreich sein.

Wichtig

Es ist so wichtig, dass ich es gar nicht oft genug wiederholen kann: »Erfolgreich« bedeutet, dass Sie erreichen, was Ihnen selbst wichtig ist – egal ob es das Regenerationsschläfchen in der Hängematte oder der Zoobesuch mit der kleinen Tochter oder das Vertreten der eigenen Meinung im Meeting ist.

Ich gebe zu: Man kann auch eine Zeitlang erfolgreich sein, wenn man sich anpasst, Fähnchen im Winde spielt, in die Fußstapfen anderer steigt. Das steht auch so in einigen sog. Erfolgsratgebern. Sinngemäß heißt es dort, wir sollten eines unserer Vorbilder genau studieren und dessen Verhaltensweisen kopieren. Dies wäre ein schneller und garantierter Weg zum Erfolg.

Mittel- bis langfristig zeigt genau dieses Nachahmen aber verheerende Folgen: Man verliert sich selbst aus den Augen. Selbst wer die allgemein erwünschten Ziele erreichen und Karriere machen sollte, wird sich irgendwann mit der Frage konfrontiert sehen: Wie fühlt man sich dabei, lediglich die Kopie eines anderen zu sein? Wo bleibe ich dabei als Individuum?

»Fremden Stil nachahmen heißt, eine Maske tragen.«
(Arthur Schopenhauer)

Eine Maske zu tragen, anderen nach dem Mund zu reden, mitzuklatschen, sie nachzuahmen, Fähnlein im Wind zu sein: All dies zehrt aus, kostet unendlich Kraft und – macht keinen Spaß. Es taugt eher für einen Burn-out als für eine Spitzenleistung in dem, was man leidenschaftlich gern tut.

Das vielleicht wichtigste Gebot, dauerhaft erfolgreich sein zu können, lautet deshalb: Sei du selbst!

»Es ist nicht immer leicht, ich zu sein«. Der Liedtitel der deutschen Band Wise Guys bringt es auf den Punkt. Auch Sie wissen: Es ist leichter gesagt als getan, »ich zu sein«. Bevor man den Mut aufbringt, zu seiner eigenen Meinung zu stehen, muss man erst einmal eine gehörige Portion Gripsarbeit leisten. Man muss intensiv und effektiv nachdenken.

15.2.5 Denken Sie nach – über die richtigen Themen

Wir lassen unser Leben fast durchgehend im Nebenher-Modus ablaufen. Wir übernehmen vorgefertigte Meinungen. Anders ausgedrückt: Wir fahren mit einem von anderen programmierten Autopiloten durchs Leben. Schalten Sie das Radio an, hüpfen Sie durch die Kanäle: Fast überall dudeln dort die gleichen Lieder. So vieles ist so austauschbar: Urlaubsziele, Lebensläufe, Kleidermarken, Biere, Deos, Autos, Mobiltelefone. Wir gleichen uns immer mehr an. Auch im Denken. Es beginnt schon in der Grundschule, was für unser weiteres Leben ebenso verheerend wie prägend ist. In der Grundschule sowie den weiterführenden Schulen werden passende Antworten erwartet. Ausreißerinnen und Ausreißer müssen eingenordet werden. Träumerinnen, Spinner, die Idealisten dieser Welt werden aussortiert. Enten sollen Klettern lernen. Kein Wunder, dass sich kaum jemand auszuscheren traut.

»Wer mit dem Strom schwimmt, erreicht die Quelle nie.«
(Peter Tille, deutscher Schriftsteller)

Mein Vorschlag für Sie: Legen Sie dieses Buch zur Seite und denken Sie nach. Jetzt. Effektiv. Gönnen Sie sich eine ganze Stunde, möglichst in einem angenehmen Umfeld, und machen Sie sich Gedanken über ein paar wichtige Themen. Nehmen Sie einen Stift und gutes Papier zur Hand und notieren Sie, was Sie denken. Wahrscheinlich ist klar, welche Fragen und Themen anstehen. Sollten Sie ganz behutsam loslegen wollen, hier ein paar Fragen zum Warmwerden, die sich nicht auf die Schnelle beantworten lassen, wie Sie bald feststellen werden. Diese Fragen sollen Ihnen dabei helfen, auszuscheren aus dem gleichgerichteten Denkbrei und sich (wieder) bewusst zu werden, was Sie selbst denken und wollen. Nur dann kann man es auch umsetzen. Sonst handelt man gemäß dem bekannten Spruch: »Eigentlich bin ich ganz anders, aber ich komme nur so selten dazu!« (Ödön von Horváth)

Erste Fragen zum Hinterfragen

Die folgenden Fragen helfen Ihnen dabei, ein Gespür dafür zu bekommen für das, was Sie selbst beruflich wirklich anstreben – losgelöst von den Meinungen anderer, losgelöst von dem, was »man zu tun hat«.
Warum stehe ich Tag für Tag, Morgen für Morgen auf und gehe zur Arbeit?

- Des Geldes wegen?
- Um Karriere zu machen?
- Um als Experte/Expertin zu glänzen?
- Weil ich gern arbeite?
- Um glücklich zu sein?
- Weil ich ein hervorragendes Team habe?
- Weil mich das Unternehmensziel begeistert?
- Habe ich eine Vorstellung, die mich erfüllt und für die es sich lohnt, jahrzehntelang, Tag für Tag, mein Bestes zu geben?

Ähnliche Fragen können Sie sich für Ihr Privatleben stellen:

- Besteht mein Freundeskreis aus Menschen, denen ich vertraue, die mich weiterbringen?
- Welche Hobbys habe ich, die mir Lebensfreude schenken?
- Welches Vorbild bin ich für meine Kinder?
- Mache ich mit meinem Tun Unterschiede im Leben anderer?
- Was kann ich für meine Fitness tun?

Die folgenden Fragen beziehen sich auf all Ihre Lebensbereiche.

- Was zeichnet für mich ein erfolgreiches Leben in den unterschiedlichen Bereichen (Beruf, Gesundheit, Beziehung etc.) aus?
- Wie erfolgreich (0 bis 10; 0=unterste Stufe) bin ich in diesen einzelnen Lebensbereichen?
- Was könnte ich tun, um jeweils eine Stufe höher zu kommen?
- Weiß ich, was ich in den einzelnen Bereichen langfristig erreichen will?
- Weiß ich, worin ich mich dabei verbessern muss?
- Was tue ich wirklich, um meinen Zielen näher zu kommen?
- Lasse ich mich vom Alltag treiben oder arbeite ich konsequent an meinen Vorhaben?
- Wie sehr mache ich mein Handeln von den Erwartungen und Meinungen anderer abhängig?
- Was ist mir wirklich wichtig?
- Was fordert mich so heraus, dass es mich anregt und meine Leidenschaft weckt?

Diese allgemeinen Fragen sind allenfalls ein Anfang, ein Einstieg in das Nachdenken. Das Ziel ist es, über alles nachzudenken, was Sie in den unterschiedlichen Lebensbereichen erreichen möchten. Wieder einmal gibt es hier kein Richtig oder Falsch. Meinen Sie beispielsweise, eine großartige Beziehung auf Stufe 10 zu führen, an der es nichts zu verbessern gibt – Glückwunsch! Ebenso gerechtfertigt ist es, den Beruf als Mittel zum Geldverdienen einzustufen. Ausschließlich Ihre eigenen Planungen definieren den aktuellen Stand und Ihre Ziele. Es gibt keine Wertung, die Sie von außen beeinflussen darf.

»Es ist schwer, das Glück in uns zu finden. Und es ist unmöglich, es außerhalb zu finden.«
(Nicolas Chamfort, französischer Schriftsteller zu Zeiten der französischen Revolution)

15.2.6 Von innen nach außen

Noch eine wichtige Botschaft an dieser Stelle: Effektives Denken strengt an. Nach wenigen Stunden sind die meisten völlig ausgelaugt. Warum? Weil das Gehirn jede Menge Energie benötigt, um den Denkprozess am Laufen zu halten, und weil es so ungewohnt ist. Die Wenigsten registrieren die eigenen Bedürfnisse bewusst und geben ihnen genügend Raum. Es ist einfacher und angenehmer, vorgefertigte Auffassungen zu übernehmen, als sich zu fragen: Ist das wirklich meine Meinung?

Doch es lohnt sich. Wahrer Erfolg entfaltet sich immer von innen nach außen. Nie umgekehrt. Robert Frost, ein Pulitzer-Preisträger, schrieb einst: »Zwei Wege trennten sich im Wald. Und ich nahm den, der kaum begangen war. Das machte den ganzen Unterschied.« Eines meiner Lieblingszitate. Wer nicht nachdenkt, trottet automatisch gedanklich den gewohnten Weg, den asphaltierten, der weniger Mühe macht. Darauf lässt es sich gemütlich mitlaufen, mehr aber auch nicht. Wer etwas bewegen will, sollte also öfter mal nicht oder kaum erkundete Wege beschreiten. Im entsprechenden Umfeld fällt es leichter.

15.3 Hebel Nr. 2: Umfeld anpassen

»Zeige mir deine Freunde und ich sage dir, wer du bist.« Hinter diesem Sprichwort steckt wiederum das Prinzip des Dazugehören-Wollens. Man verhält sich fast immer wie das eigene Umfeld. Ja, man sucht sich bewusst und unbewusst das passende Umfeld aus. Diebe verkehren oft mit Dieben, Intellektuelle mit Intellektuellen, Hundefreunde mit Hundefreunden. Wie heißt es doch scherzhaft: »Wer ist der beste Freund eines Saarländers? Ein Saarländer!« Sportbegeisterte bilden eine Gruppe, Motorradfreaks, Freunde des gepflegten Schachspiels oder Tanzfreudige. Als Nichttänzer einer Tanzgruppe angehören zu wollen, wäre widersinnig. So funktioniert es auch im Leistungsbereich. Es finden sich meist jene zusammen, die Leistung bringen wollen – und auf der anderen Seite die, die dies nicht möchten. Rinder grasen mit Rindern; Wölfe jagen mit Wölfen.

BEISPIEL

Ich war so stolz, als ich im letzten Jahrtausend in einem renommierten Stuttgarter Verlagshaus als Direktmarketing-Manager eingestellt wurde. Die Arbeit machte mir nicht nur viel Freude, sie zeitigte schon bald außerordentliche Erfolge. Und siehe da: Nach einem halben Jahr erhielt ich die »Goldene Zitrone«. Sie war allerdings keine Gratifikation der Geschäftsleitung, sondern ein ironisch-bissiger »Orden«, verliehen von Teilen der Belegschaft an Kollegen, die sich aus Sicht der »Jury« zu sehr engagiert hatten. Was war geschehen? Ich hatte mich ins Zeug gelegt, Überstunden gemacht, die Wende in der Abteilung schnell geschafft. Doch um mich herum herrschte die Devise »Gut Ding will Weile haben – in der Ruhe liegt die Kraft.« Den Kollegen war meine Arbeitswut ein Dorn im Auge.

Die Botschaft ist klar: Als Rind sollte man nicht unbedingt Einlass ins Wolfsgehege suchen – wobei auch der Wolf im Rinderstall gnadenlos niedergetrampelt würde. Suchen Sie sich also das passende Umfeld, in dem Ihre Stärken gewürdigt werden.

BEISPIEL

Mike Andrews arbeitete in einem nordrhein-westfälischen Konzern. Besonders glücklich war er dort nicht, denn er hatte sich dort den Ruf als Mahner, als Bedenkenträger seiner Abteilung eingefangen. In den wöchentlichen Projektsitzungen traute er sich schon kaum mehr, sich zu Wort zu melden. Als ihn sein Vorgesetzter in einem Vier-Augen-Gespräch fragte, ob er sich denn im Unternehmen überhaupt noch wohlfühle, weil er stets etwas bemängele und nie das Positive sähe, hielt er sich fortan noch mehr zurück. Es kam die Chance zu wechseln. Er tat dies und arbeitete auf einer identischen Position in einem anderen Großkonzern. Doch welch ein Unterschied! Andrews: »Gleich an meinem ersten Arbeitstag gab es ein Projektmeeting. Alle Beteiligten versammelten sich. Es wurde dazu aufgerufen, alle – wirklich alle! – Bedenken und Schwierigkeiten, die wir auch nur ansatzweise sehen würden, zu nennen. Alles, was wir Mitarbeiter sagten, wurde aufgeschrieben und sofort per Beamer für jedermann sichtbar projiziert. Anfangs traute ich mich nicht so recht, aber nach einer Weile machte ich mit, obwohl ich vom Projekt noch keine rechte Vorstellung hatte. Ich war richtig happy. Die ganzen Punkte wurden gesammelt, bis zum nächsten Treffen zusammengefasst und dann in Kleingruppen aufgedröselt.«

Mittlerweile liegt der Wechsel von Mike Andrews 17 Jahre zurück. Er arbeitet immer noch dort und fühlt sich noch immer pudelwohl. Aus dem »Bedenkenträger« wurde ein wertvoller Mitarbeiter, dessen Beiträge sehr geschätzt werden – weil das Unternehmen eine andere Kultur pflegt. Seine im alten Unternehmen als Schwäche ausgelegte kritische Sicht auf die Dinge nutzte sein neuer Arbeitgeber als Stärke.

Die Vorstellung, wie es mit Andrews weitergegangen wäre, hätte er seinen Arbeitsplatz nicht gewechselt, lässt ein mulmiges Gefühl aufkommen. Er hätte wohl zunehmend stärker an sich gezweifelt, wäre dort nicht glücklich geworden, hätte sich vielleicht immer mehr zurückgezogen. Auf alle Fälle hätte er keine herausragenden Leistungen mehr erbringen können.

Was bedeutet das auf Sie übertragen? Es heißt, dass Sie Ihren Zielen am ehesten näherkommen, wenn Sie sie im passenden Umfeld verfolgen. Um es weniger diplomatisch auszudrücken: Haben Sie derzeit nicht das passende Umfeld, ändern Sie es oder tauschen Sie es aus.

BEISPIEL

Am 4. September 2011 fällt Torsten eine Entscheidung. Er wird in den nächsten fünf Jahren einen Marathon laufen. Das Problem an der Sache: Er wiegt 143 Kilogramm, raucht und hat seit 15 Jahren keinen Sport getrieben. Sein Hausarzt empfiehlt ihm, kräftig abzunehmen, bevor er mit Laufen seine Gelenke belaste. Torstens Frau, in einer ähnlichen Gewichtsklasse, hält sein Vorhaben für einen schlechten Scherz. Der Bekanntenkreis reißt Witze darüber. Torsten lässt sich nicht abbringen. Zuerst spricht er mit seiner Frau über sein Ziel, erklärt ihr, wie viel ihm es bedeutet, und bittet sie darum, ihm den Rücken zu stärken, wenn er einmal schwach werden sollte. Dann führt er Einzelgespräche mit seinen Freunden und Bekannten und bittet sie um den gleichen Gefallen. Einige wenige sagen zu. Die meisten meinen, dass sein Vorhaben ohnehin zum Scheitern verurteilt sei und sie ja deswegen wohl ihre Scherze machen dürften. Doch Torsten meint es ernst: Er hört sofort auf mit dem Rauchen. Er erstellt einen Jahresplan und beginnt mit Schwimmen, Radfahren und ausgewogener Ernährung, an seiner Fitness zu arbeiten und das Gewicht zu verringern. Nach acht Monaten hört seine Frau ebenfalls auf zu rauchen. Drei Monate später meldet sie sich in einem Fitnessclub an. Wie es weiterging, beschrieb Torsten so: »Am 22. März 2015, genau drei Jahre, sechs Monate und 17 Tage nach meinem Entschluss, startete ich zu meinem ersten Marathon. Dazu hatte ich mir Rom ausgesucht. Ich wog jetzt 84,7 Kilogramm und mein einziges Ziel war: den Lauf genießen und ankommen. Das tat ich. Während der rund viereinhalb Stunden Laufzeit gingen mir die vergangenen Jahre und Monate durch den Kopf. Wie kaum jemand an mich geglaubt hatte, wie meine ersten Pfunde purzelten, wie meine Frau mich wieder verliebt angesehen hatte. Schmerzhaft Revue passieren ließ ich auch die Trennung von so manchen langjährigen Begleitern, die mich immer wieder in ihren Sumpf ziehen wollten. Zwei Verletzungen hatten mich zurückgeworfen. Ich erinnerte mich an mein »Hunderterfest«, als die Waage nach vielen Jahren wieder ein zweistelliges Ergebnis anzeigte. Mein erster Fünfkilometerlauf, mein erster Halbmarathon. Ich schwebte förmlich auf einer Woge der Euphorie durch Rom.«

Bitte beachten Sie besonders Torstens Aussage über die Trennung von Menschen, die ihn »in ihren Sumpf ziehen« wollten. Torsten hatte instinktiv gespürt, dass er mit diesen Begleitern sein Ziel nicht oder nur schwerlich erreichen können würde. Vielleicht etwas drastisch, aber passend: Drogensüchtigen und Alkoholkranken wird dringend empfohlen, ihr Umfeld vollständig zu wechseln. Sonst haben sie kaum eine Chance, »clean« zu werden.

15.3.1 Der Dreisprung zur Umfeld-Optimierung

Der Dreisprung zur Umfeld-Optimierung funktioniert so:

1. Analysieren Sie Ihre Vorhaben: Wie möchten Sie leben? Wo wollen Sie in den einzelnen Bereichen ankommen?
2. Betrachten Sie dann Ihr Umfeld, insbesondere jene Menschen, mit denen Sie die meiste Zeit verbringen. Passt das so? Wenn ja, prima. Wenn nein, folgt der dritte Sprung:
3. Sprechen Sie mit den Menschen, die nicht hilfreich oder gar hinderlich sind. Geben Sie ihnen die Chance, in Ihrem Leben zu bleiben. Bekommen Sie allerdings weiterhin keine Unterstützung oder gar Gegenwind, brechen Sie die Brücken ab. Suchen Sie sich hilfreichere Begleiterinnen und Begleiter. Schaffen Sie sich ein Umfeld, in dem Sie sich pudelwohl fühlen und in dem Ihre Eigenschaften als Stärken zur Geltung kommen.

»Die Wesensart verändert sich nach dem Umfeld, in dem man lebt und wirkt.«
(Shrî Ramakrishna)

15.3.2 Lieber ein Ende mit Schrecken als ein Schrecken ohne Ende

Leider muss man sich des Öfteren auch von Menschen trennen, die man mag, die aber den eigenen Vorhaben abträglich sind. Es ist Zeitverschwendung, sein Leben mit Menschen zu verbringen, die einem die Kraft rauben, welche man so dringend für seine Vorhaben braucht. Das klingt hart. Man kann sich aber auch durchaus fragen, was härter ist: bleiben und lange Zeit immer ein bisschen leiden oder aber einen radikalen (und da ist es wieder, das »von der Wurzel her«) Schnitt machen?

Das folgende Beispiel verdeutlicht, was besser ist.

BEISPIELE

Matthias Wolf ist Beamter im öffentlichen Dienst und arbeitet in der Verwaltung. Festgeschriebene Arbeitszeiten, festgeschriebene Tätigkeiten, festgeschriebene Laufbahn. Für viele mag das sicher und passend sein. Nicht so für Wolf – der ist beruflich ehrgeizig und sehr kreativ und er hatte schon immer irgendwie das Gefühl, dass mehr in seinem Leben drin sein könnte als ein aufgeräumter Schreibtisch in einem wohlgeheizten Büro. Mit 38 Jahren kündigt er und nimmt sich eine sechsmonatige Auszeit, um herauszufinden, was er beruflich wirklich gern tut. Nebenher hilft er einem Freund in dessen Café aus.

Das macht ihm so viel Spaß, dass er bald intensiver einsteigt. Heute betreibt er eine kleine Tapas-Bar in Bochum. Kürzlich meinte er zu mir: »Ich weiß gar nicht, wie ich als junger Mann überhaupt auf die Idee kommen konnte, in den öffentlichen Dienst zu gehen.«

Oft klebt man an Menschen und an dem, was sie tun, obwohl man spürt, dass es einem nicht guttut. Viele schaffen dann den Absprung nicht. Suchen Sie sich einen Gesprächspartner, der nicht im selben Umfeld agiert. Das kann ein Freund von früher sein, der jetzt weit weg wohnt und Sie kaum mehr kennt. Das kann der Pfarrer sein, die Lehrerin, die einen so gefördert hat, ein früherer Chef aus einem anderen Unternehmen oder auch ein professioneller Coach. Wer immer es sein mag: Legen Sie Ihre Karten auf den Tisch. Bitten Sie um Rat, um Bewertung. Oft sehen Menschen von außerhalb des Topfes klarer, was darin köchelt, als jemand, der darin gerade gekocht wird.

15.4 Hebel Nr. 3: Fokussieren

Effektives Nachdenken und passendes Umfeld sind die Grundvoraussetzungen für langfristige Spitzenleistung. Sie sind das unverzichtbare Fundament. Fokussierung und Planung sind die beiden Stützpfeiler, ohne die sich rein theoretisch zwar auch ein Haus bauen ließe, aber nicht so leicht und so beständig. In diesem Abschnitt geht es zunächst um das Fokussieren. Um die Planung dreht sich alles im Kapitel »Hebel Nr. 4: Vordenken«.

Fokussieren steht für »scharfstellen« oder »bündeln«, wie etwa bei einer Lupe, die die Strahlen der Sonne bündelt und auf einen Punkt richtet. Dadurch wird es unter der Lupe so heiß, dass sie ein Feuer entfachen kann. Fast alle Kameras haben mittlerweile einen Autofokus. Die Software entscheidet, was anvisiert wird und später auf dem Foto scharf zu erkennen ist. Da kann es freilich passieren, dass die Rose im Vordergrund ganz scharf ist, während das geplante Hauptmotiv, die Familie, nur schemenhaft erscheint. Eine individuelle Einstellung des Fokus sorgt für Schärfe: Das von Ihnen gewählte Thema rückt in den Blickpunkt, Ihren Mittelpunkt. Sie können es glasklar erkennen.

Wie bei der Lupe und bei der Kamera funktioniert Fokussierung auch im Alltag. Vielleicht haben Sie sich schon einmal gefragt, warum manche Menschen so viel bewältigen, warum sie so erfolgreich sind, so viel wissen? Fast immer liegt die Antwort in der Fokussierung. Heute gibt es keine Universalgenies mehr. Worauf wir uns konzentrieren, bekommt eine größere Bedeutung und wächst ganz von allein. Deshalb: Haben Sie zehn Vorhaben, bekommt jedes davon nur 10% Ihrer Energie. Zielen Sie auf ein einziges Vorhaben, können Sie 100% investieren.

15.4.1 Wie sich Tennisspieler fokussieren

Es ist so wie bei Profisportlern. In jeglichem Spitzensport muss sich der Athlet auf seine Disziplin fokussieren. Zwei Tennislegenden haben das wunderbar ausgedrückt.

Pete Sampras, der Ende des letzten Jahrtausends die Tenniswelt beherrschte, äußerte einmal: »Ich versuche nie, ein Turnier zu gewinnen. Ich versuche auch nie, einen Satz oder ein Spiel zu gewinnen. Ich will nur diesen Punkt gewinnen.« Diesen letzten Satz druckte ich seinerzeit aus und hängte ihn ins Büro, weil ich mich oft ablenken ließ. Nicht unbedingt von äußeren Einflüssen, vielmehr oft durch Überlegungen, wie ich schneller an mein großes Ziel kommen könne. Ich war noch ein einfacher Angestellter, sah mich aber schon als Abteilungsleiter elegant alle Aufgaben verteilen – was weder meiner Zufriedenheit noch meiner Arbeitsleistung zuträglich war. So bringt es einem Schüler, der am nächsten Tag eine Klassenarbeit schreibt, nichts, wenn er beim Lernen ans Abitur denkt. Jetzt, in diesem Augenblick, geht es nur um eines: um diesen einen einzigen Punkt. Nur um diesen einzigen Punkt!

Ein weiterer großer Tennisspieler, der während seiner langen Karriere unzählige Titel gewann, ist Roger Federer. Viele seiner Anhänger fragten sich: Was wird Roger Federer, der vielleicht größte Tennisspieler aller Zeiten, danach machen? Während seiner aktiven Zeit antwortete er einmal in einem Interview auf genau diese Frage: »Ganz ehrlich, darüber habe ich mir noch keine ernsthaften Gedanken gemacht. Das würde mich stören bei meiner Arbeit.«

Einen Satz daraus können Sie sofort in Ihr sprachliches Repertoire übernehmen: »Das würde mich stören bei meiner Arbeit.« Einen besseren Fokus gibt es nicht.

15.4.2 Mit der Fokus-Strategie zum Experten avancieren

BEISPIEL

Vor rund 40 Jahren bläute uns der Biologielehrer immer wieder ein, wie sinnvoll es sei, sich auf etwas zu fokussieren; er nannte es damals noch konzentrieren. Eindrücklich in Erinnerung blieb mir sein Wiedehopf-Beispiel: »Wenn ihr nach der Schule studieren wollt, beispielsweise Biologie, dann konzentriert euch auf ein einziges Thema. Nehmt meinetwegen den Wiedehopf. Lest Bücher über den Wiedehopf. Sammelt alles, was ihr kriegen könnt, über den Wiedehopf. Legt euch ein Wiedehopf-Buch an, in das ihr alles über ihn reinschreibt. Und dann bleibt für mindestens zehn Jahre bei diesem Thema. Wisst ihr, was dann passiert? Dann seid ihr Wiedehopf-Experten, vielleicht sogar *der* Wiedehopf-Experte Europas. Dann kommen internationale Anfragen zum

Wiedehopf, dann werdet ihr zu Veranstaltungen geladen, sollt eine Vorlesung halten oder ein Buch schreiben. Und wenn ihr nicht den Wiedehopf nehmt, dann nehmt eben die Rote Vogelmilbe oder das Schnabeltier. Ich verspreche euch: Wenn ihr euch zehn Jahre auf ein einziges Thema konzentriert, dann lässt sich der Erfolg nicht verhindern.«

Aus eigener Erfahrung und an den Beispielen so vieler Menschen aus Seminaren und Beratungen kann ich bestätigen: Fokussierung ist ein elementarer Stützpfeiler für den Erfolg. Zu Beginn meiner Trainerlaufbahn gab ich Seminare in Zeitmanagement, Konfliktbewältigung, Motivation, Kommunikation und Gedächtnistraining. Zu meiner Rechtfertigung: Ich war jung und brauchte das Geld. Doch heute frage ich mich, wie ich mir damals anmaßen konnte, solche Themen zu vermitteln – wo ich doch selbst nur rudimentäres Wissen darüber hatte. Es lief zwar ordentlich, doch ein beruflicher Durchbruch war nicht in Sicht. Der begann sich mit dem ersten Zweitagesseminar »Dauerhafte Selbstmotivation« einzustellen. Es brauchte noch an die zwei Jahre, bis ich mich traute, dieses Thema in den beruflichen Mittelpunkt zu stellen. Ich blieb hartnäckig dran, mittlerweile seit 15 Jahren.

Genau wie mein Lehrer vorhergesagt hatte, ließ sich der Erfolg nicht vermeiden. Es ging zwar nicht um den Wiedehopf, sondern um Selbstmotivation – das Ergebnis war jedoch dasselbe: Unternehmen fragten an nach Vorträgen und Seminaren, der Haufe Verlag wollte ein Buch, Auftritte im Fernsehen und Radio folgten. Mittlerweile gelte ich – zumindest deutschlandweit – als anerkannter Experte auf diesem Feld.

»Die Kunst praktischer Erfolge besteht darin, alle Kraft zu jeder Zeit auf einen Punkt – auf den wichtigsten! – zu konzentrieren.«
(Ferdinand Lassalle)

Ich habe seit dieser beruflichen Fokussierung nicht mehr oder schneller oder anders gearbeitet als zuvor. Im Gegenteil: Meine Vorbereitungszeiten sind deutlich geringer, da ich die Themen durch und durch beherrsche. Ich fühle mich auf der Bühne wohler, weil ich weiß, dass ich vieles durchdrungen habe, was mich wiederum Selbstsicherheit gewinnen ließ.

Hört sich einleuchtend an? Ist es auch. Allerdings lauert eine Gefahr und es gibt eine Hürde. Die Gefahr ist schnell erklärt: Die meisten Menschen möchten nach einer gewissen Zeit etwas anderes machen. Irgendwann haben sie die Schnauze voll vom Wiedehopf. Dann meinen sie, sie könnten in anderen Bereichen vergleichbare Erfolge feiern. Können sie nicht. Nicht selten kehren diese Abtrünnigen dann reumütig in ihr altes Revier zurück. Manchmal ist ihr Platz dort dann allerdings schon besetzt.

15.4.3 Fokussieren heißt, sich gegen etwas zu entscheiden

Die Hürde, sich fokussieren zu können, ist psychologischer Natur. Sich auf etwas zu konzentrieren, bedeutet gleichzeitig, sich gegen viele andere Möglichkeiten zu entscheiden. Hier muss man – oft schweren Herzens – auch mal Nein sagen.

BEISPIEL

Letzten Winter konnte ich aus dem warmen Wohnzimmer zusehen, wie der Gärtner in unserem Garten Bäume beschnitt. Als ich bemerkte, dass er fast sämtliche Zweige eines jungen Apfelbaums ausmerzte, stürmte ich hinaus und raunzte ihn an: »Was machen Sie da? Der Baum soll doch nächstes Jahr Früchte tragen!« Der Gärtner erklärte ganz ruhig, dass er durch radikales Beschneiden der Äste die gesamten Nährstoffe des Baumes in jeweils nur noch ein oder zwei Zweige zwinge. Ansonsten hätte ich keine Freude mit den Früchten: Die blieben dann ziemlich mickrig und hätten weniger Geschmack.

Es führt kein Weg daran vorbei: Schneiden wir unnötige Verästelungen ab, ernten wir größere Früchte. Etwas wehmütig entsinne ich mich an überragende Tage mit Teilnehmenden, denen ich »Überzeugend Präsentieren« nahegebracht hatte. Das waren immer Tage, bei denen alle viel lernten und sich schon während dieser gemeinsamen Zeit sichtbar verbesserten. Nun wollte ich mich aber auf »Selbstmotivation« konzentrieren. »Präsentieren« passt dazu nur mit sehr viel Fantasie – also sagte ich Trainings dazu ab. »Konfliktmanagement« – abgesagt. »Zeitmanagement« – abgesagt. Das tat nicht nur wirtschaftlich weh. Es kam mir anfangs so vor, als würde ich in einem großen Haus nur noch ein einziges Zimmer bewohnen und alle anderen Zimmer verriegeln. Ich war wie der Baum mit nur noch einem Ast. Mittel- und langfristig war es jedoch die beste Strategie, die ich wählen konnte.

Wichtig

Wissen Sie, warum manche Menschen zögern, ihrem Lebenspartner das Ja-Wort zu geben? Auch hier spielt die Angst vor der Fokussierung eine Rolle: Weil sie sich damit binden und gegen weitere (meist potenzielle) Partner entscheiden würden.

Über Vorteile und theoretische Hintergründe einer Fokussierung im Unternehmensbereich sind zahlreiche Bücher geschrieben worden. So findet man im Internet unter dem Suchbegriff »Engpasskonzentrierte Strategie« ein breites, theoretisches Fundament für den wirtschaftlichen Unternehmenserfolg.

Für Ihren persönlichen Erfolg brauchen Sie keine Theorie. Ein Beispiel könnte jedoch ganz nützlich sein.

BEISPIELE

Steve Jobs machte Apple zu einem der wirtschaftlich wertvollsten Unternehmen der Welt. Allerdings nicht, indem er immer mehr Produkte auf den Markt warf, sondern immer weniger. Ein Erfolgsrezept war die extreme Fokussierung. »Wichtig sei es«, so Jobs, »Nein zu tausend Dingen zu sagen, nicht vom Kurs abzuweichen und nicht überall mitmischen zu wollen. Wir denken ständig über neue Märkte nach, die wir erschließen könnten. Aber nur, wenn man weiß, wann man Nein sagen muss, kann man sich auf die wichtigen Dinge konzentrieren.« Zudem war er davon überzeugt, dass diese gebündelte Ausrichtung in allen Bereichen erfolgreich ist: »Viele meinen, fokussieren bedeute, Ja zu sagen zu den Dingen, auf die man sich konzentriert. Doch dem ist nicht so. Es bedeutet, Nein zu sagen zu hundert anderen guten Ideen, die es gibt. Ich bin genauso stolz auf die Dinge, die wir nicht gemacht haben, wie auf die Dinge, die wir gemacht haben.« John Scully, früher CEO von Apple, sagte einmal: »Was Steves Methoden von allen anderen unterscheidet, ist die Überzeugung, dass die wichtigsten Entscheidungen nicht das betreffen, was man tut, sondern das, was man lässt.«
In Zahlen ausgedrückt, bedeutete Jobs Fokus-Strategie: Anzahl der Apple-Produkte im Jahr 1998: 350 Stück, nach der Fokussierung: 10 Stück.

15.4.4 Fokussieren: erfolgsträchtiger denn je

Übrigens wirkt die Kraft der Fokussierung heute noch stärker als früher. Ich behaupte: Wer es in unserer Zeit schafft, sich auf ein einziges Thema, auf einen einzigen Bereich zu fokussieren und diesen konsequent zu verfolgen, hat so gut wie gewonnen. Warum? Weil *Konzentration auf das Wesentliche* immer schwieriger wird. Nehmen Sie einmal eine aktuelle Ausgabe des »Spiegel« und blättern Sie sie durch. Besorgen Sie sich dann ein Exemplar, das etwa 20 Jahre alt ist, und schmökern Sie darin. Sie werden staunen! Damals erstreckten sich die Berichte über mehr als zehn Seiten; es gab keine oder kaum Bilder, kaum Kästen. Einfach Text, Text, Text. Das liest heute kein Mensch mehr. Die Informationseinheiten werden immer kürzer. Die Aufmerksamkeitsspanne der Leserinnen und Leser immer geringer.

Heute spielen bereits kleine Kinder am Smartphone oder Tablet mit mehreren offenen Apps. Beim Abendessen läuft ganz selbstverständlich der Fernseher, beim Autofahren hört man Musik und unterhält sich, und während der Vorlesung chattet man mit seinen Online-Kontakten. Dass es dann schwerfällt, sich auf ein einziges Thema zu beschränken, wenn es darauf ankommt, liegt auf der Hand.

Sehen Sie es deshalb als ständige Übung, sich voll und ganz auf eine einzige Sache zu konzentrieren. Machen Sie einen Waldspaziergang ohne Mobiltelefon, ohne Kopfhörer. Beschäftigen Sie sich mit Ihrem Kind oder der Natur – zwingen Sie sich, dabei nicht auf die Uhr zu sehen oder eingehende E-Mails zu checken.

In der Beratungspraxis stoße ich beim Thema Fokussierung oft auf Widerstand, wie etwa: »Ich kann mich nicht nur auf ein einziges Ziel konzentrieren. Ich habe doch ganz viele. Da würde doch ganz viel Lebensqualität wegfallen.« Stimmt nicht! Es ist nicht gemeint, alles liegen zu lassen und sich nur auf eine einzige Sache zu stürzen. Vielmehr soll diese eine Sache im Vordergrund stehen. Sie haben fünf Ziele? In Ordnung – die Nummer 1 sollte dabei jedoch klar sein. Erst recht gilt das bei zehn Zielen. Und dem Hans Dampf in allen Gassen, der mit dutzenden Themen jongliert, rate ich: »Wirf 90 % deiner Themen über Bord und definiere deine Nummer 1!«

15.5 Hebel Nr. 4: Vordenken

Vielleicht geht es Ihnen wie Martina, einer erfahrenen und vor allem seminarerprobten Führungskraft. Als wir im Coaching über den Umgang mit Zielen sprachen, meinte sie: »Kommen Sie mir jetzt bloß nicht mit SMART oder Zielvereinbarungen. Das kann ich nicht mehr hören. Die erzählen alle den gleichen Sermon, aber glücklicher wird man damit nicht.« Doch, wird man! Das konnte ich Martina versprechen. Das verspreche ich Ihnen.

15.5.1 Kopf – Papier – Umsetzung

Der Begriff »Vordenken« ist umgangssprachlich etwas anders belegt, als ich ihn hier verwende. Gemeinhin stellt man sich unter einem Vordenker oder einer Vordenkerin einen wichtigen Menschen mit großen Visionen vor, die er oder sie in wohlgesetzten Worten einer breiten Öffentlichkeit kundtut. Für uns tun es hier zehn Nummern kleiner: Unter Vordenken verstehen wir das simple In-die-Zukunft-Schauen. Im ganz großen Rahmen könnten wir es mit *Vision* betiteln, im näheren Zeithorizont nennen wir es *Ziele erreichen* und im ganz Nahen taufen wir es einfach *Planen*.

Ohne Vordenken geht es nicht. Ist Ihnen schon einmal aufgefallen, dass fast alles zuerst im Kopf entsteht, dann auf Papier gebracht und erst in einem dritten Schritt umgesetzt wird?

BEISPIELE

Ich überlege, was ich einkaufen will, notiere es auf einen Zettel und gehe dann in den Laden.

Zuerst beschreibe ich dem Architekten, wie ich mir mein Traumhaus vorstelle, dann entwirft er es und schließlich wird es gebaut.

So entstehen Autos, Theaterstücke, Expeditionen, Unternehmensstrategien. Letztere werden oft heruntergebrochen in Fünf-Jahres-Ziele, Abteilungs- und Bereichspläne sowie auf der untersten Ebene in individuelle Ziele, die gefälligst erreicht werden sollen. Aus diesem Grund ist das Thema Zielerreichung oft negativ besetzt – so wie bei Martina. Zudem verkünsteln schlaue Menschen das Thema häufig zu einem intellektuellen Machwerk, das sich nur schwer durchdringen lässt.

15.5.2 Die drei Planungshorizonte

Wir setzen es hier ganz praktisch um. Kehren wir dafür zunächst zurück an den Ausgangspunkt: Sie möchten langfristig erfolgreich sein, also bestmögliche Leistung über einen langen Zeitraum erbringen, ohne dabei auszubrennen. Dazu gehen wir von drei Planungsebenen aus, die sich lediglich durch ihren zeitlichen Horizont unterscheiden. Je weiter weg, desto besser der Überblick; je näher dran, desto konkreter werden wir zum Handeln animiert.

15.5.2.1 Planungshorizont Nr. 1: Wie soll Ihr Leben in fünf, besser noch in zehn Jahren aussehen?

Was möchten Sie in zehn Jahren machen? Was möchten Sie dann erreicht haben? Vielleicht fragen Sie sich jetzt etwas enerviert: »Wie soll das denn gehen? Ich habe doch keine Ahnung, was in zehn Jahren sein wird.« Müssen Sie auch nicht. Es geht darum, eine grobe Vorstellung vom Leben zu gewinnen, das Sie führen möchten. Lernen wir aus dem wunderschönen Spruch: »Die Jahre lehren viel, was die Tage niemals wissen.« Auf diese weite Sicht nimmt man kurzfristig die Adlerperspektive ein und entflieht den Zwängen und Sichtweisen des Alltags.

Für Außenstehende mag das, was Ihnen hier vorschwebt, vielleicht nichts Großartiges sein. Muss es auch nicht. Für Sie selbst sollte es das jedoch sein. Wie soll es Ihnen gehen? Welche Menschen sollen Sie umgeben? In welchem Bereich möchten Sie Top-Expertin oder -Experte werden? Wie steht es dann um die körperliche Leistungsfähigkeit, die Beziehung?

Sie dürfen ruhig träumen. Schreiben Sie es auf, malen Sie es an, bewahren Sie es auf, so dass Sie es ab und zu wieder lesen und anschauen mögen. Entscheidend dabei ist, dass Sie diese Vorstellung emotional berührt, dass Sie fühlen, wie wunderbar es wäre, wenn Sie es schaffen. Wenn es nicht kribbelt, ist es die falsche Vorstellung. Um dauerhaft Spitzenleistung zu erbringen, reicht es nicht zu sagen: »Ja, das wäre ganz okay«. Sie brauchen etwas, das ein Wuuummmmmmm! bei Ihnen auslöst. Etwas, das Sie aus dem Fernsehsessel holt und auch unter widrigsten Bedingungen aktiv werden lässt.

Übung: Machen Sie ein Plus aus einem Minus

Rudi Strele, bekannter unter dem Künstlernamen Quardian von der Munde, ist ein grandioser Kabarettist, Wort- und Schriftspieler. Er wurde durch Podcasts auf mich aufmerksam. Mit teils kritischen, teils lobenden Mails begleitet er seit vielen Jahren meine Arbeit. Von ihm habe ich eine ebenso kleine wie psychologisch wertvolle Feinheit übernommen, mit Vorhaben umzugehen. Strele empfiehlt, vor jedes notierte Ziel und Vorhaben einen Spiegelstrich zu setzen. Ist das Vorhaben umgesetzt bzw. erreicht, macht man aus dem – ein +. So unbedeutend es scheinen mag, das Gehirn polt dann das Negative in etwas Positives um und belohnt sich damit selbst. Dies löst weitere, positivere Gefühle aus. Probieren Sie es. Sie werden begeistert sein! Bemerkenswerter Weise hat Strele diese Vorgehensweise von einem ehemaligen Lehrer übernommen: Immer wenn ein Schüler seine Hausaufgaben nicht erledigt hatte, gab es ein Minus im Klassenbuch. Machte der betreffende Schüler im anschließenden Unterricht aber gut mit, wandelte sich das Minus in ein Plus. Wenn das nicht motiviert!

15.5.2.2 Planungshorizont Nr. 2: Definieren Sie ein Jahresvorhaben

Das etwa zwölf Monate entfernt liegende Vorhaben, um das es sich hier dreht, soll idealerweise etwas zu Ihrer Zehnjahres-Vorstellung beitragen. Es soll sich nicht um irgendeines Ihrer vielen Ziele handeln, sondern möglichst um ein Durchbruchsziel. Es soll also etwas sein, das Sie wirklich weiterbringt, wenn Sie es erreicht haben. Um dieses Ziel herauszuarbeiten, hilft Ihnen die sog. 3A-Methode, die ich in meinem Buch »Dauerhafte Selbstmotivation« ausführlich dargelegt habe. Sie unterstützt jedermann dabei, seine Vorhaben pragmatisch und fast zwingend verbindlich anzugehen. Deswegen will ich sie Ihnen auch hier nicht vorenthalten.

15.5.2.3 Vorhaben angehen mit der Glücksformel 3A

A=Attraktivität: Ihr Vorhaben muss für Sie selbst eine möglichst hohe Anziehungskraft haben. Ist Ihnen egal, ob es klappt oder nicht, brauchen Sie erst gar nicht anzufangen.

A=Aufwand: Notieren Sie jeglichen Aufwand, den Sie mit der Zielerreichung in Verbindung bringen. Vom Ansprechen wichtiger Personen über die Planerstellung und das Kontrollieren des Geleisteten, das wahrscheinliche Arbeitsvolumen, die Schwierigkeiten bei der Zielverfolgung. Notieren Sie Widerstände, die von anderen Menschen ausgehen könnten und auch unwahrscheinliche Hindernisse, etwa, dass Ihre Freunde Ihr Vorhaben nicht gutheißen. Schreiben Sie alles auf. Ziehen Sie einen dicken Strich darunter und fragen Sie sich: »Lohnt sich das?« Denken Sie darüber aufrichtig nach. Lohnt es sich nicht, ist es ein unpassendes Ziel. Forschen Sie nach einem neuen. Lohnt es sich, schreiben Sie ganz fett: »Ja!«

A=Aktion: Definieren Sie den ersten Schritt. Versehen Sie ihn mit einem Datum, an dem Sie ihn umsetzen werden. Notieren Sie auch ein Enddatum beziehungsweise einen Zeitpunkt, an dem Sie überprüfen, ob alles in die richtige Richtung läuft.

Wichtig

Sind Sie mit der Glücksformel einigermaßen vertraut, wollen Sie sie Ihr Leben lang nicht mehr missen.

15.5.2.4 Planungshorizont Nr. 3: Erstellen Sie einen Wochenplan

Erfahrungsgemäß ist eine Woche eine gut überschaubare Einheit. Sie zielt nicht zu weit und erzwingt unmittelbare Handlungen – ganz im Gegensatz zu visionären Vorhaben, die so visionär sind, dass sie nie umgesetzt werden müssen. Es bietet sich an, diesen Wochenplan Sonntagabends oder Montagmorgens aufzustellen.

Schreiben Sie für den ersten der kommenden sieben Tage die drei wichtigsten Sachen auf, die Sie erledigen möchten. Bitte keine To-do-Liste. Bitte keine 08/15-Tätigkeiten. Bitte keine 15 Themen. Höchstens drei für jeden Tag. Was Sie nicht geschafft haben, übertragen Sie auf den nächsten Tag. Experimentieren Sie damit eine paar Wochen. Sie merken schnell, dass Sie immer besser einschätzen können, was Sie pro Tag hinbekommen. Zusätzlich macht es Sinn, eine einzige Sache zu definieren, die diese Woche unbedingt umgesetzt werden soll. Fragen Sie sich dazu: »Wenn alles komplett chaotisch wird und alles gänzlich anders läuft als geplant – welche *eine* Sache möchte ich dennoch hinbekommen, damit ich hinterher sagen kann: Diese Woche hat sich gelohnt. Es war eine gute Woche?«

Wichtig

Im Seminar und beim Coaching werden die Planungshorizonte selbstredend viel facettierter besprochen. Im Grunde ist es aber genau so simpel, wie hier dargestellt. Nicht selten fragt ein Teilnehmer: »Und das soll es gewesen sein?« Ja, genau! Das ist es. Dieses »bisschen Planen« kann eine ganze Welt umkrempeln. Ihre Welt.

15.5.3 Ein Plädoyer für die Planung

Doch wie kann »das bisschen Planen« so wirksam sein? Es verhält sich ähnlich wie beim Anfänger, der Skifahren lernt. Vor ihm die ganze freie Piste, nur ein einzelner Baum steht irgendwo. Sie ahnen, was geschehen wird. Obwohl der Skifahrer gar nicht zum Baum will, steuert er direkt auf ihn zu, da er seinen Fokus darauf gesetzt hat. Beim Planen funktioniert das noch besser, weil Sie sich dabei ein Ziel setzen, das Sie – im Unterschied zum Skifahrer – auch erreichen wollen. Andersherum: Wer daran glaubt, dass ihn Erfahrung und Intuition schon zum richtigen Ziel bringen werden, kann sicher auch mal Glück haben. Darauf verlassen kann er sich nicht. Nachhaltig Spitzenleistungen zu erzielen, setzt zwingend eine strategische Planung voraus. Positives Denken bringt hier wieder mal nichts. Da schlittere ich eben gut gelaunt auf den Baum zu oder in den Burn-out. Um das zu vermeiden, brauche ich eine klare Vorstellung, wo ich hinwill. Um dorthin zu gelangen, muss ich den Weg in umsetzbare Einheiten zerlegen.

Das Zerlegen in umsetzbare Einheiten klingt einleuchtend – und wird dennoch nur selten so umgesetzt. Warum? Aus denselben Gründen wie bei der Fokussierung: Indem wir uns auf eine einzige Sache ausrichten, sagen wir Nein zu vielen anderen Möglichkeiten. Beim Planen verhält es sich ähnlich: Wir entwerfen geistig einen Weg und schließen damit unbewusst alle anderen Möglichkeiten aus.

Intuitiv spüren Sie, dass dann auch die Wahrscheinlichkeit enorm steigt, diesen einen Weg tatsächlich zu beschreiten. Übrigens: Entscheiden Sie sich *nicht*, gehen Sie ebenfalls nur einen einzigen Weg. Sie können schließlich nicht mehrere Pfade auf einmal beschreiten. Aber wir pflegen nun mal unbewusst die Illusion, dass wir jederzeit eine andere Richtung einschlagen könnten. Trauen Sie sich: Werfen Sie diese Illusion über Bord. Planen Sie, wohin Sie gehen wollen.

BEISPIEL

Im Trainingsbereich gibt es eine Übung mit Aha-Effekt. Man führt die Teilnehmenden zu einem Wald und verbindet ihnen die Augen. Dann fordert man sie auf, mit ausgestreckten Armen in den Wald zu laufen. Das klappt ganz gut. Viele gehen recht zügig los und weichen geschickt Stämmen, Ästen und Hindernissen auf dem Boden aus, obwohl sie tatsächlich nichts sehen können. Ahnen Sie, wie weit die Teilnehmenden kommen? Sie schaffen es genau so weit, wie sie die Strecke vor ihrem geistigen Auge »sehen« können. Dann ist Ende. So funktioniert es auch mit dem Planen. Entwerfen Sie derart fassbare Vorstellungen, dass Sie die Zusammenhänge erkennen können.

Entsinnen Sie sich die oben erwähnte Zeile »Es ist nicht immer leicht, ich zu sein« aus dem Lied der Wise Guys? Weiter geht es im Text mit »… manchmal ist es sogar sauschwer«. In der Tat. Manchmal fällt es sauschwer festzulegen, was man will. Es ist sogar um ein Vielfaches leichter, nicht nachzudenken, nicht den eigenen Weg zu gehen, nicht zu fokussieren und nicht zu planen. Was dann passiert, lässt sich durch einen Vergleich zwischen der Fahrt auf einem ruderlosen Floß und derjenigen auf einem Motorboot darstellen. Ein Floß auf dem Meer muss sich treiben lassen. Möglicherweise gelangt es durch günstige Strömungen an einen Strand. Mit etwas Glück gehört der Strand zu einer bewohnten oder fruchtbaren Insel. Verlassen kann man sich nicht darauf. Mit dem Motorboot bestimmen Sie, wohin die Reise gehen soll. Natürlich ist sein Tank nicht so groß, um alle Ziele der Welt zu erreichen, und sicherlich wird es auch stürmische See geben. Letztendlich werden Sie aber dort ankommen, wo Sie hinwollten.

Auf einen Blick: Ihr Weg zum Erfolg
• Es gibt vier Hebel, die Ihnen dabei helfen, Ihren eigenen Weg zu dauerhaften Spitzenleistungen zu finden: Nachdenken – Umfeld anpassen – Fokussieren – Vordenken
• Denken Sie nach: Was wollen Sie, nur Sie? Tappen Sie nicht in die »Ich-will-dazugehören-Falle«. Halten Sie andere Meinungen aus.
• Spitzenleistungen sind nur im passenden Umfeld möglich. Finden Sie heraus, wer oder was Sie blockiert, und entziehen Sie sich dieser Einflüsse.
• Machen Sie es wie Leistungssportler: Fokussieren Sie sich auf das eine wichtige Vorhaben in Ihrem Leben.
• Um den Fokus auch wirklich auf Ihr Ziel zu richten, hilft Planung. Sie unterstützt Sie dabei, auf Kurs zu bleiben, auch wenn es mal schwer wird.

16 Die acht Mindsets des Erfolgs

Erfolg beginnt mit erfolgsorientiertem Denken. Langfristige Spitzenleisterinnen und Spitzenleister zeichnen sich durch positiv-realistische Vorstellungen aus, sind selbstsicher, können mit Schwierigkeiten gut umgehen und verfolgen hartnäckig ihre Vorhaben. Kurz: Sie haben Einstellungen verinnerlicht, die Spitzenleistung fördern.

In diesem Kapitel lernen Sie acht Mindsets kennen, die Ihnen dabei helfen, dauerhaft das Beste zu geben.

16.1 Nr. 1: Sagen Sie »Ja, ich will!«

Wichtig

Auch wenn Sie vielleicht beim Lesen der folgenden Überschriften denken: »Ja, weiß ich doch schon!«, sollten Sie tiefer in die Inhalte der nun folgenden Abschnitte einsteigen. Couch-Potatoes wissen auch, wie sinnvoll Bewegung ist – und bleiben doch viel zu oft auf dem Sofa liegen.

Nur wenige kennen den Extremläufer Norman Bücher. Er verkörpert, was ich unter einem Grenzgänger verstehe. Bücher bewegt sich im extremen Grenzbereich seiner eigenen Leistungsfähigkeit. Er schafft 1.120 Kilometer in zwei Wochen. Das entspricht etwa zwei Marathons pro Tag. Bücher läuft weltweit: im Himalaya, in afrikanischen Wüsten und im australischen Outback.

Jetzt könnten Sie sagen: »Ja, und?«. Schließlich braucht das kein Mensch im Alltag. Richtig. Dennoch können wir von Grenzgängern wie Bücher lernen, eigene Spitzenleistungen zu erzielen und uns durch die unvermeidlichen schwierigen Phasen zu bringen. Bei Norman Bücher wird offensichtlich: Der schafft das, weil er es will. Nicht mehr und nicht weniger. Dahinter steckt die Frage nach dem Motiv. Klarer ausgedrückt: Warum will er das, warum wollen Sie etwas erreichen?

So manchem scheint diese Frage lapidar und einfach zu beantworten. Der Rekord-Bergsteiger Reinhold Messner wurde einmal gefragt, warum er sich denn in Lebensgefahr begeben und den Mount Everest besteigen wolle. Seine Antwort: »Weil er da ist.« So einfach kann die Antwort sein. Wieder andere schreiben eine Doktorarbeit darüber.

Ein ganz pragmatischer Ansatz sieht folgendermaßen aus: Sie überlegen sich, eine bestimmte Aufgabe angehen zu wollen. Sind Sie augenblicklich Feuer und Flamme – dann ist diese Aufgabe eben »da«. Dann haben Sie Ihren Mount Everest. Wunderbar. Springt der Funke nicht so richtig über, schreiben Sie auf, warum Sie dieses Vorhaben angehen könnten. Lassen Sie sich damit Zeit. Erfahrungsgemäß dauert es eine Weile, bis sich die Gedanken dazu sammeln und verdichten können. Die ersten Ideen sind selten die besten. Anschließend nehmen Sie sich eine ruhige Stunde. Betrachten Sie das Geschriebene, lassen Sie es wirken. Sollten Sie immer noch sagen »Ja, ist ganz in Ordnung so. Das könnte etwas sein.«, lassen Sie es bleiben. Das ist zu wenig. Werden Sie aber so euphorisch, dass Sie am liebsten gleich loslegen wollen, dann tun Sie das und sagen von ganzem Herzen: »Ja, ich will!«

BEISPIEL

Bei einem Seminar-Nachtreffen erzählte eine Teilnehmerin ganz aufgeregt: »Ich muss das unbedingt sofort loswerden. Ich bin immer noch ganz hibbelig. Und zwar hatten wir ja letztes Mal besprochen, wir sollten uns aufschreiben, warum wir etwas machen wollten, wenn wir uns nicht ganz sicher seien, ob wir dafür wirklich dauerhaft Top-Leistungen erbringen können. Ich hatte ja überlegt, mich als Yoga-Lehrerin selbstständig zu machen. Mit diesem Gedanken hatte ich schon lange gespielt, so richtig davon überzeugt war ich jedoch nicht. Dann ging ich so vor wie besprochen. Zwei Wochen lang habe ich in einem schönen Buch mit leeren Seiten aufgeschrieben, was mich daran reizt. Zuerst war ich etwas enttäuscht, weil auch nach zwei Wochen kein einziger Supergedanke dabei war, der mich dazu brachte zu sagen: »Ja, das ist es!« Als ich mir aber nach weiteren zwei Wochen einen schönen Abend machte mit Kerzenschein und guter Musik und in mein Buch schaute, war ich doch ziemlich beeindruckt: Auf über sechs Seiten hatte ich enorm viele Gründe gesammelt. Im Lauf des Abends schwirrten mir die Worte und Zeilen wie Schmetterlinge durch den Kopf – und es lag nicht am Rotwein, den ich mir dazu gönnte. Ich wurde immer glücklicher, beseelter, euphorischer. Plötzlich durchströmte mich eine unendliche Schaffenskraft. Ich setzte mich gleich hin und schrieb einen Plan. Und was soll ich euch sagen: Ich mach's!« Susanne erzählte noch viel mehr. Jeder im Raum spürte die Energie, die von ihr ausging. Keiner hatte Zweifel, dass sie es nicht packen könnte. Es wird Sie nicht überraschen, dass Susanne als selbstständige Yoga-Lehrerin inzwischen ihr Vorhaben verwirklicht hat.

Haben wir erst einmal den Willen, eine bestimmte Sache anzugehen, ist es auch sinnvoll, ihn aufrechtzuerhalten. Ohne dieses »Ja, ich will« ist es fast unmöglich, langfristigen Erfolg zu haben – vielleicht nicht einmal mittelfristigen. Im Fußball etwa wäre es undenkbar, dass sich eine Mannschaft gegen einen harten und gleichwertigen Gegner durchsetzt, wenn sie gar nicht gewinnen will. Sie wäre wie ein Unternehmer, dem es gleichgültig ist, ob er Gewinn macht oder nicht.

Dieses »Ja, ich will« drückt auch Leidenschaft aus. Ob wir ein Vorhaben umsetzen, hängt in hohem Maße davon ab, wie leidenschaftlich wir es angehen. Dabei kommt es nicht darauf an, was wir tun. Es kommt darauf an, dass wir es mit ganzem Herzen tun. Man könnte fast pathetisch werden: Stellen Sie sich vor, Sie könnten ein Leben führen, in dem Sie Ihrem Herzen folgen. Nicht einem beruflichen Karriereplan oder dem von den Eltern gewünschten Weg. Stellen Sie sich vor, Sie würden jeden Tag an der Umsetzung Ihrer Herzenspläne arbeiten. Das ist Leidenschaft. Das wird Spitzenleistung. Das ist gar nicht zu verhindern.

Suchen Sie also nach Motiven, nach Gründen, warum Sie etwas machen wollen. Finden Sie etwas, das Sie motiviert, ist das ausgezeichnet. Finden Sie nichts, dann suchen Sie weiter nach einem triftigen Motiv – oder einem anderen Vorhaben.

16.2 Nr. 2: Trainieren Sie Ihren Sisu

Sie fragen sich, was das sein könnte: Sisu. Bis vor kurzem hatte ich auch keine Ahnung, was sich dahinter verbirgt. Im Zuge von Interviews für dieses Buch antwortete mir Pia Palmu, eine hochrangige Führungskraft mit finnischen Wurzeln, unter anderem: »Ich als Finnin habe da mein Sisu, was man leider nicht so einfach übersetzen kann. Es ist so eine Mischung aus Hartnäckigkeit, Ausdauer, Engagement, einem unbedingten Willen … also: nicht aufgeben, dranbleiben, weitermachen, wieder aufstehen, Resilienz, Frusttoleranz.«

Sisu soll eine rein finnische Charaktereigenschaft sein. Sisu, diesen finnischen Durchhaltewillen, kann aber jeder trainieren – auch ohne Finnin oder Finne zu sein. Wobei es hilfreich ist, sich ein paar psychologische Erkenntnisse zunutze zu machen.

16.2.1 Sisu braucht Zeit

Wie steht es um Ihren Sisu? Wie beharrlich, wie ausdauernd bleiben Sie an einer Sache dran? Eine erste Erkenntnis: Es ist klug, sich einzugestehen, dass der Aufbau von Sisu Zeit benötigt. Außer man ist Finnin oder Finne und bekommt das in die Wiege gelegt, versteht sich. Wir anderen müssen Sisu bewusst aufbauen. Dabei sollten Sie stets dem Prinzip folgen: Am Anfang steht die Anstrengung und erst zeitlich verzögert erfolgt die Belohnung. Ich nenne es gern »Überwindungsprämie«, weil zuerst etwas Unangenehmes zu tun ist (= Überwindung) und der Erfolg (= Prämie) erst später folgt.

Sie verzichten auf Zigaretten, den täglichen Schokoriegel oder das abendliche Bier – die Belohnung erhalten Sie erst Monate, Jahre oder Jahrzehnte später. Sie trainieren dreimal die Woche, gehen trotz Gelegenheit nicht fremd, nehmen Ihre Kinder ernst, bilden sich weiter, liefern ausgezeichnete Qualität, lesen gute Bücher – die Liste ist unendlich. Manchmal frage ich mich, ob dieser Grundsatz für alles und jedes gilt. Sicher ist: Für alles, was Ihnen wichtig ist, müssen Sie sich anstrengen. Und Sie werden schwierige Phasen durchstehen müssen. Die Belohnung folgt fast nie direkt hinterher; manchmal dauert es unabsehbar lang. Es erinnert ein bisschen an einen gesetzten Keimling: Man gießt und düngt und pflegt und hofft ... und eines Tages, vielleicht, sprießt etwas ans Tageslicht. Also: Denken Sie immer daran, dass Sie Zeit benötigen, bis sich der nach außen sichtbare Erfolg einstellt. Ist man sich dessen bewusst, bewahrt man sich eine größere Zuversicht und einen höheren Grad an Energie.

16.2.2 Sisu ist ein geistiger Hindernislauf

Die zweite Erkenntnis: Auf dem Weg zum Ziel werden Hindernisse auftauchen. Ist doch klar, denken Sie? Gut, dann schreiben Sie auf, was Sie an Schwierigkeiten erwarten. Sie werden ziemlich schnell merken, dass es doch nicht ganz so klar ist.

Bewährt hat sich folgende Untergliederung:

- Sicher eintretende Hindernisse
- Wahrscheinliche Hindernisse
- Mögliche Hindernisse
- Innere Hindernisse

16.2.2.1 Sicher eintretende Hindernisse

Wer sich langfristig auf einen Marathon vorbereitet, wird mit Sicherheit irgendwann schwierige Witterungsbedingungen vorfinden. Unerträgliche Hitze, Regen, Schnee, vielleicht gar Glatteis. Schreiben Sie solche Dinge auf, auch wenn sie noch so selbstverständlich klingen! Natürlich gibt es komplexere Vorhaben, als Laufen zu wollen, etwa im Unternehmen aufsteigen oder sich selbstständig machen. Dann muss man eben länger darüber nachdenken und aufschreiben (!), was so auf einen zukommen könnte. Das Prinzip aber bleibt gleich.

16.2.2.2 Wahrscheinliche Hindernisse

Bleiben wir beim Lauf-Beispiel: Es ist wahrscheinlich, dass kleinere Verletzungen auftreten, die Trainingspausen erzwingen. Wahrscheinlich lässt sich der Trainingsplan aus beruflichen Gründen nicht immer einhalten und andere Hobbys werden zurückstehen müssen.

16.2.2.3 Mögliche Hindernisse

Hier kommen wir zum »Kann sein, muss aber nicht sein«. Auch wenn etwas vielleicht gar nicht passiert, ist es hilfreich, geistig darauf vorbereitet zu sein. Im Lauf-Beispiel könnte es sein, dass sich der Lebenspartner beschwert, weil man abends früher ins Bett geht, um morgens ausgeschlafen laufen zu können. Vielleicht sind die Wochenenden nicht mehr so erholsam wie früher? Möglicherweise bekommt man Gegenwind von Bekannten, die fragen, ob man in der Midlife-Krise sei: »Du warst doch früher nicht so ehrgeizig. Hast schon ganz schön abgenommen. Was ist los? Frisch verliebt?«

Auch wenn mögliche Hindernisse deutlich seltener eintreffen mögen als wahrscheinliche, so ist es aus psychologischer Sicht dennoch für den Erfolg sehr wichtig, sich diese geistig schon erfolgreich bewältigen zu sehen.

16.2.2.4 Innere Hindernisse

Hier geht es nicht um äußere Widrigkeiten, sondern um die ganz persönlichen Saboteure, die alle guten Vorsätze geschickt zu Fall bringen können. Zu dieser Rubrik gehören Ausreden wie: »Das weiß ich doch nicht, ob mir vielleicht die Lust vergeht.« Doch. Im Normalfall wissen Sie das. Sie kennen sich am besten. Sie sind schon unendlich viele Vorhaben angegangen. Analysieren Sie diejenigen, die nicht geklappt haben: War ich zu ungeduldig? Habe ich zu schnell resigniert? Habe ich mich von anderen negativ beeinflussen lassen? Hat mich der Mut verlassen? Die Palette an inneren Blockaden ist so zahlreich, wie es Menschen auf dieser Welt gibt. Das braucht nicht zu stören – wir müssen ja nur einen einzigen Menschen genau betrachten: uns selbst. Auch hier gilt: Schreiben Sie auf, was da genau los war beziehungsweise ist. Und: Seien Sie ehrlich zu sich selbst! Es bringt nichts zu schreiben: »Das Ziel war zu anspruchsvoll«, wenn Sie genau wissen, dass Sie einfach zu faul waren.

16.2.2.5 Alles aufgeschrieben – und dann?

Haben Sie alles notiert, stellt sich natürlich bei jedem Einzelpunkt die Frage: Wie gehe ich damit um? Was mache ich, wenn mir der Chef oder die Chefin Knüppel zwischen die Beine wirft oder wenn ich keine Lust habe? Die Antworten fallen naturgemäß unterschiedlich aus. So hilft zum Beispiel bei einem Durchhänger manchen der Anruf bei einem Kollegen oder einer Kollegin, anderen der Rückzug in die Natur. Bei wieder anderen sind es die Gedanken an bisherige Erfolge. Es geht also um Ihre individuelle Antwort. Und es geht aus psychologischer Sicht auch hier wieder darum, diese möglichen Hürden geistig vorwegzunehmen und sich nicht von ihnen überraschen zu lassen. Zudem wissen wir so schon um einen Weg, diese Hürden zu überwinden. Und wenn die Hindernisse erst gar nicht auftauchen? Umso besser!

Haben Sie schon einmal von Eva Jaeggi gehört? Die Psychologin beschäftigt sich seit vielen Jahren mit der Frage, was Beziehungen langlebig werden lässt. Unter anderem schrieb sie das Buch »Alte Liebe rostet schön. Was Paare zusammenhält.« In einem Interview brachte sie es auf den Punkt: »Man muss verstehen, dass es Wellen gibt, die auf und ab gehen.« Gut, sie nennt es »Wellen« und nicht Hindernisse. Aber auch hier gilt: Alle vier Hindernisarten werden in Beziehungen auftauchen. Schon bei der kirchlichen Trauung ist von »guten und schlechten Tagen« die Rede. Wer sich geistig darauf eingestellt hat, behält seinen Partner. Zumindest länger.

Indem Sie sich über kommende Hindernisse klar werden und ihre Bewältigung geistig vorwegnehmen, haben Sie schon die halbe Miete. Und die andere Hälfte? Ganz einfach: Trainieren Sie Ihren Sisu-Muskel an alltäglichen Kleinigkeiten. Ob Sie ein Buch lesen, das Laub rechen oder eine Analyse im betrieblichen Umfeld machen möchten: Nehmen Sie es als Trainingsaufgabe. Sie werden immer stärker dadurch. Nutzen Sie den Umgang mit Unangenehmem dazu, Ihren Sisu zu trainieren. Nehmen Sie es sportlich.

16.2.2.6 Und wenn ein Hindernis dann wirklich eintritt?

Ein Sinnspruch aus der »Edda«, einer altisländischen Sammlung von Götter- und Heldensagen, lautet: »Schwere See stärkt die Arme unserer Ruderer und der Sturm bringt uns schneller ans Ziel.« Denken Sie daran: Bewältigte Hindernisse machen uns stärker. Das zeigt auch die folgende Geschichte.

Die beiden Gärtner

Ein Gärtner sollte einen ganz besonderen Baum im Garten des Königs pflanzen. Er hub ein großes Loch aus und ließ die feinste und nährstoffreichste Erde des Landes bringen. Er siebte alle Steine aus, setzte den Baum und schaufelte die Erde im weiten Rund um den Stamm hinein. So sollten sich die Wurzeln des Baumes ohne Widerstände durch Steine oder den umliegenden Lehmboden schnell ausbreiten können und eine gute Versorgung des Stammes garantieren. Und tatsächlich: Der Baum wuchs prächtig an. Die überall verfügbaren Nährstoffe trieben ihn zu schnellem Wachstum, er spross in die Höhe, dass es nur so eine Freude war. Doch als der erste Sturm kam, knickte er um. Seine Wurzeln hatten nichts, an denen sie sich hätten festhalten können.

Es kam der zweite Gärtner, dem die gleiche Aufgabe aufgetragen wurde. Auch er hub ein Loch aus, jedoch kleiner als das des anderen Gärtners. Auch er orderte nährstoffreiche Erde, ließ aber die Steine darin. Er suchte sogar noch einige größere Wackersteine und verteilte diese ebenfalls in dem Erdloch. Auch dieser Baum wuchs prächtig an. Seine Wurzeln fanden Halt an den Steinen und dem nahen Lehmboden. So konnte ihm der Sturm nichts anhaben. Die Hindernisse hatten ihn stark gemacht.

16.3 Nr. 3: Übernehmen Sie Verantwortung

BEISPIEL

An einer Schule wurden acht 13-jährige Mädchen hinter dem Schulhof mit einer Flasche Wodka erwischt. Eltern und Kinder wurden daraufhin in Einzelgesprächen zum Rektor vorgeladen. Die Aussagen der Mädchen lauteten unter anderem so: »Ich habe gar nichts getrunken. Das waren die anderen.«
Eine andere wehrte sich vehement gegen die Vorwürfe: »Ich habe noch nie Alkohol getrunken. Meine Eltern wissen das und können das bezeugen.« Die nächste meinte, sie habe nur mal kurz genippt. Wieder eine andere sagte voller Edelmut, sie sei doch nur dabei gewesen, um aufzupassen, damit es nicht so schlimm würde.
Nur ein Mädchen, Lena, gab offen alles zu. Ja, sie habe getrunken. Ja, sie wollte das ausprobieren. Nein, Alkohol trinken sei bei ihr nicht üblich und Wodka schon gar nicht. Ja, sie habe auch geraucht.

Wenn ich Sie jetzt fragte, welches der Mädchen Sie einstellen würden, würden Sie wohl Lena wählen. Ich ebenfalls. Doch das Verhalten der anderen Mädchen ist kein Einzelfall. Im Gegenteil. Es scheint eine um sich greifende gesellschaftliche Unsitte zu sein, Verantwortung für das eigene Tun abzulehnen.

16.3.1 Menschen verzeihen alles – fast alles

BEISPIELE

Nachdem ich den Auftrag nicht bekommen habe, sage ich zum Chef: »Der Kunde wollte solche Konditionen, die konnte ich ihm nicht bieten. Und die Konkurrenz wird mit ihm auch nicht glücklich.«
Ein Kind hat in Mathe eine Fünf geschrieben. Es sagt: »Die Arbeit war auch wirklich schwer. Wir hatten das gar nicht geübt.«
Nach der vierten Scheidung: »Kein einziger meiner Lebenspartner hat mich wirklich verstanden.«

Die Aussagen im Beispiel müssen wir nicht einzeln erläutern. Wir wissen, dass wir selbst die Verantwortung tragen für Aufträge, Noten, gute Beziehungen. Es ist jedoch viel leichter, Ausreden zu erfinden und die Schuld auf andere oder gar auf die Umstände zu schieben. Dabei wäre es fast immer klüger, Fehler einzugestehen und die volle Verantwortung dafür zu übernehmen. Ein Mentor meinte einmal: »Reinhold, die Menschen verzeihen dir jeden Fehler. Nur den einen nicht: wenn du einen Fehler vertuschen möchtest.«

BEISPIEL

Ein bezeichnendes Beispiel erlebte ich auf der gemeinsamen Autofahrt mit dem Inhaber eines mittelständischen Unternehmens. Rund fünf Kilometer vor dem Ziel tönte das Navi, wir sollten uns rechts halten. Er fuhr geradeaus weiter: »So ein Blödsinn. Ich kenne mich hier aus. Dieser Weg ist viel schneller.« Wir verfuhren uns gnadenlos, wendeten irgendwann und folgten letztlich doch den Anweisungen des Navigationsgerätes. Kommentar des Fahrers: »Scheiß Technik!«

Selbst in den offensichtlichsten Fällen neigen wir dazu, Verantwortung abzulehnen. Polen Sie Ihre Einstellung um, übernehmen Sie auch für Kleinigkeiten die Verantwortung.

16.3.2 Die drei Verantwortungsbereiche

Es lassen sich, abhängig von Ihren Einflussmöglichkeiten auf das Geschehen, drei Verantwortungsbereiche unterscheiden.

Die drei Verantwortungsbereiche		
1.	0% Einfluss = 0% Verantwortung	Dazu gehören Faktoren, die Sie nicht verändern können, etwa das Wetter oder die US-amerikanische Außenpolitik.
2.	100% Einfluss = 100% Verantwortung	Dazu gehört alles, was Sie selbst in der Hand haben: ob Sie rauchen, Ihre Beziehung fürsorglich pflegen oder beständig Ihr Bestes geben.
3.	Der Rest dazwischen = 100% Verantwortung	Dazu gehören Bereiche, die Sie zum Teil beeinflussen können, zum Teil auch nicht – beispielsweise, ob Sie eine gute Ehe führen oder ob die Zusammenarbeit in Ihrem Team gelingt.

Wahrscheinlich verwirrt Sie der 100%-Anteil an Verantwortung im Bereich Nr. 3. Möchten Sie zum Beispiel eine großartige Beziehung führen, sind Sie dafür ja nicht allein verantwortlich. Es gehören zwei dazu. Sie haben allerdings 100% Verantwortung für Ihren eigenen Part. Sind Sie verständnisvoll, hören Sie zu? Wie aufmerksam sind Sie, wie liebevoll, aufmunternd und so weiter? Möchte man es ganz sauber aufteilen, könnte man diesen Part auch ausklammern und in den Bereich Nr. 2 mit 100% verschieben.

So, und jetzt kommt der Clou: Selbst für glasklare 100%-Bereiche schieben die meisten Menschen die Verantwortung von sich. Schuld waren andere. »Ich kann doch nichts dafür. Ich konnte doch nicht ahnen, dass …«

BEISPIEL

Vor langer Zeit arbeitete ich als Redakteur bei einer Zeitschrift. Vieles war damals noch echte Handarbeit. Gegen Redaktionsschluss war es meine Aufgabe, Kleinanzeigen so zu trimmen, dass sie zeilengenau passten. Lagen viele Kleinanzeigen vor, musste man kürzen; waren es zu wenige, musste man Text anfügen. Eines Tages hatten wir deutlich zu wenig Anzeigen. Ich versuchte alles, aber es blieb immer noch zu viel unbeschriebener Raum übrig. Dann fiel mir auf, dass jedes »und« stets abgekürzt war mit »u.« Gut, dachte ich mir, das kann man mit »und« ersetzen. Sind zwar nur zwei mehr Buchsta ben als »u.«, aber immerhin. Mit Suchen und Ersetzen erledigte mein PC, was ich ihm aufgetragen hatte. Alles passte wie angegossen. Auf Speichern gedrückt, abgeschickt und – ab in den Feierabend.

Frühmorgens riss mich ein Anruf vom Verlag aus dem Schlaf: »Herr Stritzelberger, hier stimmt was nicht! Können Sie mal vorbeikommen?« In der Redaktion waren Druckhelfer versammelt, die – das war vor etwa 30 Jahren so – die auf Folie ausgedruckten Seiten für den Druck fertigmachen sollten. Ihnen war aufgefallen, dass viele der Kleinanzeigen keinen Sinn ergaben: »Computer gesund« und »Sund alte Hefte«. Was war geschehen? Mein PC hatte wie befohlen alle »u.« durch »und« ersetzt. Aber eben nicht nur das abgekürzte »und«, sondern eben auch das als »gesu.« abgekürzte »gesucht«, oder das als »su. Hefte« abgekürzte »suche Hefte«.

Heute kann ich darüber schmunzeln, damals war das nicht lustig. Ich hatte einen tyrannischen Chef. Was sollte ich ihm sagen? Wie sollte ich es ihm sagen? Nun, ich fing ihn auf dem Flur ab, noch bevor andere die Chance hatten, ihm diese Katastrophe zu schildern. Ich sagte ihm, dass etwas Schlimmes passiert sei und dass es einzig und allein mein Fehler war. Wissen Sie, wie dieser Tyrann reagierte? Er hat mich lange angeschaut, geschmunzelt und gemeint: »Bringen Sie das wieder in Ordnung.«

Für seine Reaktion bin ich meinem ehemaligen Chef noch heute dankbar. Im Übrigen reagieren Menschen oft so oder ähnlich, sofern man einen Fehler aufrichtig zugibt und die Verantwortung dafür übernimmt.

Sich der Verantwortung zu stellen, ist meist ausschließlich mit Vorteilen verbunden. Aber man muss einen Preis dafür bezahlen: Man steht schutzlos da, fühlt sich schuldig und kann nur auf eine milde Reaktion des Gegenübers hoffen. Das können viele nicht aushalten. Deshalb suchen sie nach Ausflüchten und Rechtfertigungen.

16.3.3 Eigenverantwortung trainieren

Kann man sich Eigenverantwortung antrainieren? Wie schaffe ich es, mich für das, was ich verantworte oder zumindest beeinflusse, verantwortlich zu fühlen? Das ist eine ganz zentrale Frage. Jahrelang hatte ich darauf keine Antwort parat. Ist das angeboren oder wie kann ich es üben?

Der Schlüssel liegt darin, hinter die Kulissen zu blicken und sich zu fragen, woraus sich Verantwortung eigentlich speist. Sie folgt nämlich immer auf – bewusste oder unbewusste – Entscheidungen. Entscheidungen ziehen bestimmte Folgen nach sich, die ich ausgelöst habe. Eine schlampige Vorbereitung der Präsentation, die tägliche Tüte Chips, der Verzicht auf Weiterbildung – das alles sind Entscheidungen mit Auswirkungen. Deren Folgen lassen sich nicht immer absehen. Es sind aber höchstwahrscheinlich andere als bei einer perfekt vorbereiteten Präsentation, einem Leben ohne Chips oder mit ständiger Weiterentwicklung.

Übertragen wir das auf unsere Verantwortungsbereitschaft und das dazu notwendige Training: Treffen Sie Entscheidungen und stehen Sie dazu. Tun Sie es, so oft Sie können. Es ist das beste Training überhaupt. Entscheiden Sie sich beim Restaurantbesuch mit der Familie für ein unbekanntes Lokal – und stehen Sie zu Ihrer Entscheidung, auch wenn es fürchterlich schmeckt. Keine Ausreden, keine Ausflüchte (»War eine Empfehlung«), keine Beschwichtigung (»So schlecht war es doch gar nicht«). Es war Ihre Entscheidung und die war eben dieses Mal nicht so gut. Punkt. Es geht um ganz banale, kleine Entscheidungen. Fangen Sie ganz einfach an und steigern Sie dann die Intensität.

Einige Anregungen für tägliche Entscheidungen	
1.	Heute bleibt der Fernseher aus.
2.	Am Wochenende mache ich mal gar nichts.
3.	Ich entschuldige mich aufrichtig bei Kristin.
4.	Mittags gehe ich mit den Kolleginnen und Kollegen in die Kantine.
5.	Ich schreibe einen Leserbrief an unsere Regionalzeitung.

Die Liste könnte endlos fortgeführt werden. Jeden Tag treffen wir Dutzende Entscheidungen mit Langzeitwirkung. Wichtig ist dabei: Treffen Sie die Entscheidung stets bewusst und seien Sie sich sicher, dass Sie zu den Folgen stehen werden. Solche bewussten Entscheidungen stärken nicht nur den Verantwortungsmuskel. Sie tragen auch dazu bei, so manches Mal aus der täglichen Routine auszubrechen.

FORTSETZUNG DES BEISPIELS

Vielleicht wollten die Wodka-Mädchen ja nur aus der Routine ausbrechen? Die Geschichte ging übrigens noch weiter. Der Rektor war nicht auf den Kopf gefallen. Ihm war klar, dass Lena die Flasche nicht allein leergetrunken haben konnte. Also sollten alle Mädchen die gleiche Strafe bekommen. Wie fielen die Reaktionen aus? »Das ist ungerecht«, »Ich habe doch gar nichts getan!«, »Das ist eine Sammelstrafe – die ist verboten!« – und Ähnliches mehr. Ein einziges Kind hat die Strafe klaglos akzeptiert. Raten Sie mal welches?

16.4 Nr. 4: Sehen Sie's sportlich

Aus dem Spitzensport lässt sich so manches Hilfreiche auf den persönlichen und beruflichen Bereich übertragen. In diesem Abschnitt möchte ich Ihnen ein bisschen Sportsgeist ans Herz legen.

BEISPIEL

Zwei wunderschöne Wochen Urlaub mit der Familie an der Ostsee waren vorbei. Es war Abreisetag. Meine Frau packte, währenddessen ich das Auto tanken, Leergut abgeben und Proviant für die rund zehnstündige Heimfahrt einkaufen wollte. Voller Elan fuhr ich los. Ich suchte eine ARAL-Tankstelle. Dort gab es damals diese fantastischen Fußballbundesliga-Buttons zum Sammeln, von denen meinem Sohn nur noch ein einziger fehlte. Die Gelegenheit schien günstig, ihm eine Freude zu machen. Ich tankte, bezahlte und fragte die Dame an der Kasse, ob sie mir netterweise einen (genau diesen!) Magnetknopf geben könnte. »Nein. Geht nicht!«, antwortete sie schroff. Von meinen Trainings bei ARAL wusste ich aber, dass es eben doch ging. Die Tankstellen waren sogar angewiesen, großzügig zu den Kunden zu sein. Ich versuchte, meinem Ziel argumentativ näher zu kommen. Ich hätte eine Autowäsche machen können, um das Recht auf einen Button zu erwerben. Stattdessen bot ich an, zehn Euro für die Kaffeekasse zu spenden – keine Chance. Um es kurz zu machen: Die Dame ließ sich nicht erweichen. Der Button blieb hinter der Verkaufstheke.

Ziemlich geladen verließ ich die Tankstelle. Leergut abgeben in der Innenstadt. Kein Parkplatz weit und breit. Nach endloser Suche endlich eine Lücke zwischen zwei Autos. Die Lücke ist so schmal, dass ich links und rechts keinen Platz habe, um die Türen zu öffnen. Stolz, mit meinem Sharan in diese Minilücke rangiert zu haben, steige ich durch den Kofferraum aus, nehme meine vier Leergut-Kästen und marschiere los. »Halt. Halt!«, höre ich es hinter mir und drehe mich um. Eine Frau stürmt aus der Apotheke: »Hier können Sie nicht parken. Der Platz gehört uns.« Gut. Ich hatte das Schild nicht gesehen.

Kleinlaut stieg ich durch den Kofferraum wieder ein, parkte aus. Der nächste freie Parkplatz lag im Halteverbot. War mir momentan egal. Mit meinen Kästen in der Hand fragte ich eine Passantin, wo ich die denn am besten abgeben könne. Sie empfahl den Discounter »gleich da vorn um die Ecke«. Diese Aussage entpuppte sich als ungenau und zog einen über zehnminütigen Fußmarsch nach sich. Die Kästen wurden immer schwerer. Im Laden angekommen, erkundigte ich mich nach der Abgabestelle. »Abgabestelle? Wir nehmen kein Leergut an.«
Hier kürze ich ab: Irgendwann fand ich einen Laden, in dem ich die Kästen abgeben konnte. Später merkte ich, dass die Dame, bei deren Marktstand ich Proviant kaufte, die Tüten vertauscht und mir statt acht belegter Schnitzelbrötchen etliche Brötchen mit Thunfisch mitgegeben hatte (bei Thunfisch wird mir schlecht). Ich trat noch in einen Hundehaufen, hatte einen Strafzettel am Auto und wurde auf der Rückfahrt geblitzt, da ich zu schnell unterwegs war.

Raten Sie mal, wie ich mich damals fühlte. Es ging mir … blendend! Ich kam zurück zu meiner Familie, sprühte nur so vor Witz und Energie und die Heimfahrt war eine wahre Freude. Wie kann das sein? Kann das stimmen? Ich versichere Ihnen: Es ist wahr. Wobei es, zugegeben, nicht gleich so war und ich mich natürlich anfangs maßlos ärgerte. Der Wendepunkt kam, als ich mich wieder ins Auto setzen wollte. Da tauchte der Gedanke auf: »Heute ist nicht mein Tag.« Hoppla – noch nicht einmal 9 Uhr morgens und schon soll nicht mein Tag sein? Da kommen doch noch mindestens 12 Stunden! Da muss doch ein anderer Gedanke möglich sein! Welche Einstellung also wäre klüger, nützlicher? Ich entschied mich ganz bewusst für: »Nimm's sportlich! Zeig, was du draufhast! Das sind Trainingseinheiten.«

»Ja«, dachte ich noch, »genau!« Und: »Ich lass' mich nicht unterkriegen.« Und dann lief der Rest wie von alleine. Hundehaufen? Trainingseinheit. Thunfisch, Blitzer, Strafzettel? Ganz normale Übungen. Voller Stolz, bereits so früh am Tag so gut trainiert zu haben, stürmte ich die Treppen zu unserer Ferienwohnung hinauf. Es ist unerheblich, ob dies eine echte geistige Trainingseinheit war oder nicht. Nur war mir diese Einstellung hilfreicher als: »Heute ist nicht mein Tag.«

Wir können uns unterkriegen lassen, kleinmütig und frustriert werden – oder wir können es sportlich nehmen im Wissen, dass jedes Hindernis stärker macht.

16.5 Nr. 5: Es ist genug für alle da

Für jene, die sich einst mit vielen Geschwistern um den Nachtisch streiten mussten, wird es jetzt schwierig. Entscheidend für das dauerhafte Erbringen persönlicher Spitzenleistung ist nämlich nicht das Gefühl, sich in einem ständigen Konkurrenzkampf mit anderen um das einzige Stück Kuchen streiten zu müssen. Entscheidend ist zu wissen, dass es genug Kuchen für alle gibt. Steht nur noch ein Stückchen auf der Platte, kann man nachbestellen.

Erkennen Sie den Unterschied? Beim Kampf um das letzte Stück beginnt sofort der Stress im Kopf. Man muss kämpfen, tricksen, schnell sein. Wie entspannend dagegen fühlt es sich an, wenn genug für alle da ist. Da lass ich den anderen doch das Stückchen schnappen – ich weiß doch, dass Nachschub kommt. Diese Einstellung liegt so nahe, dass man sie leicht vergisst. Die Amerikaner nennen sie Growth Mindset. Sie soll nicht allein suggerieren, dass alles in Hülle und Fülle vorhanden ist, sondern dass man – nur – mit dieser Einstellung Wachstum fördert.

Genau in diese Richtung zielt auch eine Merkregel, die vor über 20 Jahren der Verkaufstrainer Hans A. Hey lehrte: Doppel-W–oND. Dahinter verbirgt sich »Win-win – or No Deal«, was bedeutet: Entweder ist ein Geschäft für beide Seiten vorteilhaft, oder es gibt eben keinen Abschluss. Achtung: Das predigte ein Verkaufstrainer! Und nicht nur das: Hey lebte es jahrzehntelang vor.

Nun geht es hier um langfristige Spitzenleistungen, nicht etwa um einen einzigen erfolgreichen Verkaufsabschluss oder gar darum, einen Kunden über den Tisch zu ziehen und selbst fette Provisionen einzufahren. Die Quintessenz lautet vielmehr: Wer verinnerlicht, dass es genug für alle gibt, läuft ebenso zielstrebig, doch weniger verbissen auf der Erfolgsspur. Und, vielleicht nicht nur ein Nebeneffekt: Er fühlt sich dabei deutlich wohler.

BEISPIEL

Maria, Unternehmerin: »Seit vielen Jahren bin ich Einzelkämpferin. Meinen beruflichen Alltag hatte ich bislang als täglichen Überlebenskampf gesehen, in dem ich immer wachsam sein musste. Der Gedanke, dass beide Seiten profitieren oder keiner, war mir vollkommen fremd. Doch Neues probiere ich gern aus. Die Gelegenheit dazu ergab sich, als mein Lieferant den Preis für Überraschungspakete verdoppeln wollte. Solche Überraschungspakete enthalten fünf bis acht Produkte, die wir aus Rücksendungen zusammenstellen. Kunden kaufen so quasi die Katze im Sack. Die Preiserhöhung erstaunte mich, weil ich stets zwei Mitarbeiter einen ganzen Arbeitstag für das Zusammenstellen dieser Pakete abstellte und damit dem Lieferanten Arbeitszeit einsparte. Ich wurde zu einer Besprechung geladen, bei der ich die Hintergründe erfahren sollte.

Bis vor Kurzem wäre ich hingefahren und hätte vorgerechnet, was die an Umsatz mit uns machen, wie viele Jahre wir schon Stammkunde sind und so weiter. Doch ich dachte an »Doppel-W–oND« und ganz konkret: »Ich bin mir sicher, dass es eine Lösung gibt, die für beide Seiten vorteilhaft sein wird.« So

war es auch. Es stellte sich heraus, dass der Lieferant wegen meiner Mitarbeiter sein automatisches Packsystem hatte umstellen müssen, was bei ihm Mehraufwand verursachte. Mir wurde klar, dass ich die Mitarbeiter nur eingesetzt hatte, weil ich dem automatischen Verpacken nicht traute.
Das Ergebnis: Ich stellte keine Mitarbeiter mehr ab. Das automatisierte Packen mit individuellen Vorgaben klappte nach einer kurzen Umstellungsphase einwandfrei. Der Preis konnte gehalten werden. Der Lieferant sparte Umrüstkosten.«

Doppel-W–oND ist alternativlos. Doppel-W–oND ist im ganzen Leben alternativlos. Auch ich pflege diese Einstellung seit rund 25 Jahren ganz bewusst. Dennoch vergesse ich manchmal im Alltag Doppel-W–oND. Ich spüre es dann sofort, weil kämpfen viel mehr anstrengt als die Einsicht, dass es für beide Seiten eine gute Lösung gibt.

Am offensichtlichsten wird die positive Wirkung von Doppel-W–oND in langjährigen Beziehungen. Wahrscheinlich niemand – hoffentlich niemand! – kommt auf die Idee, zu glauben, er könne seinen Lebenspartner immer mal wieder über den Tisch ziehen und damit eine langjährige Partnerschaft fördern. Das Pendant, selbst ständig zurückzustehen und dem anderen den Vorzug zu lassen, macht auf Dauer auch unzufrieden. In einer Liebesbeziehung wird es offensichtlich: wenn einer verliert, verlieren beide. Der Umkehrschluss daraus: Beide Seiten profitieren oder man lässt es eben sein.

16.6 Nr. 6: Sie haben alle Zeit der Welt

Der Begriff »Zeit« ist oft verknüpft mit den Assoziationen eilig, Gas geben, keine Zeit verschwenden. Schieben Sie das bitte rasch zur Seite. Sie haben alle Zeit der Welt.

Glauben Sie nicht? Dann denken Sie an die Schnecke, die auf der Arche Noah mitfahren sollte. Meinen Sie, die Schnecke hätte sich beeilt und die gerade ablegende Arche mit einem kühnen Hechtsprung geentert? Natürlich nicht. Die Schnecke kroch frühzeitig los und näherte sich in dem ihr eigenen Tempo dem Ziel, ganz beharrlich, Zentimeter um Zentimeter.

Das Wissen, seinem Ziel ohne Hast und Eile immer näher zu kommen, ist unglaublich entspannend. Doch diese so hilfreiche Einstellung kommt nicht von allein. Vor allem intensiv ins Tagesgeschäft eingebundene Führungskräfte arbeiten immer schneller, immer härter. Wer sich alltäglich durch einen schier undurchdringlichen Arbeitsdschungel kämpfen muss, verliert leicht die Orientierung.

16.6.1 Wichtiges vor Dringendem

Was also tun? Um sich nicht im Hamsterrad zu drehen, bis einem schwindlig ist, stellen Sie sich am besten die Gretchenfrage: Was ist mir wirklich, wirklich, wirklich wichtig?

Die Antworten auf diese Kernfrage werden Sie immer auf Kurs halten. Im Grunde gibt es tatsächlich nicht viele außerordentlich wichtige Dinge im persönlichen Umfeld: Gesundheit, Beziehungen und Familie, Beruf und Finanzen, persönliche Entwicklung, soziales Engagement. Mit etwas Nachdenken wird rasch klar, was im Vordergrund stehen sollte. Im Alltag wird das jedoch ständig in den Hintergrund gedrängt, so dass man es vernachlässigt.

Es liest sich banaler, als es tatsächlich ist. Es braucht im Alltag schon eine Weile, sich wieder auf das Bedeutsame zu besinnen. Meist dauert es ein paar Wochen, bis man es wieder automatisch vor Augen hat. Nach dieser Zeit aber ist nicht nur dem Manager im Hamsterrad wieder klar, wohin er will. Es geht insgesamt wieder deutlich entspannter und zuversichtlicher ans Werk.

Warum? Weil die Richtung stimmt. Wer rennt und rennt und rennt, kann nicht entspannen, geschweige denn eine dauerhafte Spitzenleistung erbringen. Er macht irgendwann schlapp. Zu allem Übel muss er darüber hinaus feststellen, in die falsche Richtung oder gar im Kreis gelaufen zu sein. Ganz schön frustrierend. Umgekehrt ist es so unendlich wohltuend, das Ziel im Blick zu haben und mal gemächlich, mal flott, darauf zuzusteuern.

Also: Sie haben Zeit.

16.7 Nr. 7: Sie sind es sich wert

Durchweg alle dauerhaften Spitzenleisterinnen und Spitzenleister haben ein ausgeprägtes Selbstwertgefühl. Das heißt, sie wissen, dass sie etwas wert sind. Und sie pflegen diesen Wert, indem sie auf sich und ihre Fähigkeiten achten und diese weiterentwickeln. Diese Erkenntnisse sind allerdings so trivial, dass es genügt, sie hier auf die Quintessenz zu reduzieren:

- Achten Sie auf Ihren Körper.
- Achten Sie auf Ihren Geist.

Alles Selbstverständlichkeiten: Halten Sie Ihren Körper in Form, bewegen Sie sich, probieren Sie Neues aus, essen Sie gesund und ausgewogen und so vieles mehr, was auch Zeitschriften wie »Brigitte« ständig thematisieren. Vom Grundsatz her lässt sich das alles mit einem Auto vergleichen. Man muss das Fahrzeug warten, tanken, die Reifen wechseln, es zum TÜV bringen. Kurzum: Soll die Leistung erhalten bleiben, muss man es pflegen. Klare Sache. Bei Menschen ist das genauso. Jeder weiß es. Nicht alle setzen es konsequent um.

Die meisten von uns wissen genau, was Körper und Geist fit hält. Falls nicht, wissen wir, wo wir uns schlau machen können. Daher sollen zwei weniger bekannte und leicht umsetzbare Tipps an dieser Stelle genügen.

16.7.1 Machen Sie Pausen

Wann sollte man am besten Pause machen? Im Seminar gibt es darauf Antworten wie: »Wenn ich erschöpft bin«, oder: »Nach einer Stunde«. Die korrekte Antwort lautet: Der Mensch soll dann eine Pause machen, wenn er meint, er bräuchte noch keine.

Das hört sich nach einem Widerspruch an, der sich aber schnell auflöst. Wer sich bis zur völligen Erschöpfung abrackert und erst dann Pause macht, knüpft nie wieder an sein vorheriges Leistungsniveau an. Wer auf hohem Niveau pausiert, kann auf diesem nahtlos weitermachen.

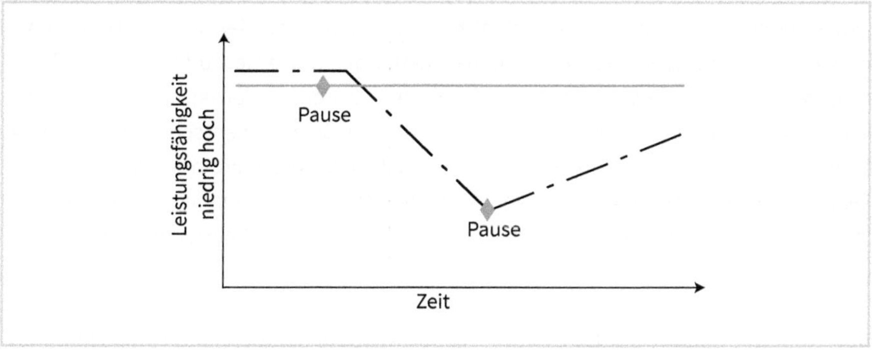

Pausenzeitpunkt und Leistungsniveau

Was bedeutet das in der Praxis? Zwingen Sie sich zu Pausen, solange Sie sich (noch) fit fühlen. Machen Sie einen kleinen Spaziergang, Kniebeugen, plaudern Sie. Wichtig ist, dass Sie kurz abschalten.

Womit wir beim zweiten Gesichtspunkt der Pause angelangt sind: dem Abschalten. Dies beinhaltet auch das Abschalten von Geräten. Es ist definitiv keine Erholung, vom Rechner auf dem Bürotisch zu privaten E-Mails auf dem Smartphone oder Tablet zu wechseln. Schon gar nicht, wenn Sie eine große Pause machen und sich im Urlaub befinden.

16.7.2 Umgang mit Stress

Dauerhaft erfolgreiche Menschen – in der von uns definierten Ausrichtung – bekommen keinen Burn-out. Das liegt in der Natur der Sache. Sie gehen ebenso leidenschaftlich wie zuversichtlich an ihre Aufgabe. Sie haben keinen Stress, zumindest keinen negativen.

Was wir gemeinhin unter Stress verstehen, ist wissenschaftlich sicherlich nicht korrekt. Diverse Lehrbücher definieren den Begriff vielfältig. Klar ist aber, dass sich Situationen unterschiedlich interpretieren lassen. Aus dieser positiven oder negativen Interpretation entsteht entsprechend positiv oder negativ empfundener Stress.

Bekanntermaßen schenkt Stress wertvolle Energie und schärft die Sinne. Auf der anderen Seite kann zu intensiv empfundener Stress krankmachen. Was also tun, wenn sich Aufgaben als schädigend-stressig entpuppen?

Allgemein gibt es zwei Möglichkeiten, Stress zu entfliehen. Zum einen kann man geistig Abstand nehmen, zum anderen körperlich. Im ersten Fall geht es darum, Geschehnisse so zu interpretieren, dass sie keinen negativen Stress mehr oder sogar positiven Stress verursachen. Bis zu einem gewissen Grad funktioniert dies ausgezeichnet. Es gibt zahlreiche Beispiele, etwa, indem man sich den wütenden Chef in Unterhosen vorstellt. So lässt sich geistig Abstand nehmen. Doch diese Methode reicht auf Dauer nicht aus. Sie ist wirksamer als das Schönreden, sicher. Wir lernen dabei aber lediglich, mit einer Situation besser umzugehen oder den Stress zu entschärfen. Viel effektiver ist es, wenn Sie aus ganzem Herzen »Ja, ich will!« sagen können. Dann strengen Sie sich gern an, dann bieten Sie dem Chef die Stirn, ob der nun in Unterhosen oder im Nadelstreifenanzug vor Ihnen steht. Dann nutzen Sie die Energie für Ihre eigenen Ziele.

Den zweiten Gesichtspunkt, den körperlichen Abstand, lege ich Ihnen umso mehr ans Herz, je heißer Sie für Ihre Taten brennen. Ich verspreche Ihnen: Kurze Auszeiten, Tagespausen etwa, verzögern die Ankunftszeit um keine Sekunde, weil Sie Ihr Leistungsniveau konstant aufrechterhalten. Längere Auszeiten, so etwa sechs Wochen auf Ihrer Lieblingsinsel, lassen Sie wieder so rattenscharf und kribbelig auf Ihr Tun werden, dass Sie allen Anforderungen – einschließlich Stress – entgegenfiebern. Zusätzlich werden Sie unzählige neue Ideen bekommen, schöpferische Lösungsansätze, gewiefte Anstöße.

Um es in drei Sätzen zu sagen: Meinen Sie, negativen Stress zu verspüren, dann hilft geistiger Abstand nur bedingt. Arbeiten Sie nochmals am »Ja, ich will!«. Sind Sie auf Hochtouren unterwegs und meinen Sie, Sie hätten keinen negativen Stress – dann zwingen Sie sich zu Auszeiten.

Wichtig

Ich empfehle keine Entspannungsmethode zum »Entstressen«. Negativer Stress ist ein Alarmsignal, dass etwas nicht stimmt. Meist liegt es am Ziel. Statt den Stress täglich 20 Minuten mit progressiver Muskelentspannung vorübergehend wegzuatmen, ist es sinnvoller, diese 20 Minuten in Nachdenken und Vordenken zu investieren, wohin die Reise gehen soll und wie man die Sache umsetzt.

16.8 Nr. 8: Denken Sie »Spitzenleistung«

Schwaben kennen die Redewendung: »Bloß nix Narrets«, was so viel heißt wie »Nur keine närrische Hast«. Ja, sie begegnen uns allenthalben, diese Bürosprüche, oft im A0-Format an Bürowände gehängt und mit Karikaturen versehen. »Eile mit Weile« heißt es da oder: »In der Ruhe liegt die Kraft«. Besonders gern genommen wird der Hund Snoopy, der montags topfit dasteht, dienstags bis donnerstags sichtbar schwächer wird und am Freitag völlig erschöpft am Boden liegt. Diese Poster verkörpern das Gegenteil von Spitzenleistung. Stellen Sie sich eine Spitzenmannschaft vor, etwa die deutsche Handball-Nationalmannschaft. Die Sportler trainieren bis zum Umfallen, geben alles und dann meint einer: »Hey Jungs, haltet euch mal mit eurem Trainingseifer zurück – heute ist erst Mittwoch. Wir müssen noch bis Freitag durchhalten.« Er käme den anderen vor wie von einem anderen Stern.

Spitzenleistung entsteht immer zuerst im Kopf. Der Gedanke daran muss jede Gehirnzelle, jede Pore in Besitz nehmen, jede Handlung. Jeder Gedanke muss »Spitzenleistung« sein. Nur so kann auch das Ergebnis spitzenmäßig werden. Zufällige Spitzenleistung gibt es nicht. Der angeblich über Nacht geborene Superstar existiert auch nicht. Es steckt immer jahrelange Arbeit dahinter.

17 Wie Sie Spitzenleistung zur Gewohnheit machen

Alles, was wir ständig tun, wird Bestandteil unserer Persönlichkeit, unseres Charakters. Einmal eine grandiose Leistung erbringen kann jeder. Beständig auf höchstem Niveau zu agieren, geht nur, wenn Spitzenleistung zur Gewohnheit wird.

In diesem Kapitel erfahren Sie unter anderem,

- welche Macht die Gewohnheit hat,
- welche Routinen Spitzenleistung fördern,
- wie Sie zum gewohnheitsmäßigen Spitzenleister werden.

17.1 Die Macht der Gewohnheit

Starten wir dieses Kapitel mit einem Rätsel. Von wem ist hier die Rede?

Wer bin ich?
Ich bin dein ständiger Begleiter. Ich bin dein größter Helfer oder deine schwerste Last. Ich werde dich weiter antreiben oder zum Misserfolg hinabzerren.
Ich unterstehe deiner völligen Kontrolle. Die Hälfte deiner Aufgaben kannst du mir überlassen, und ich werde sie schnell und richtig ausführen.
Ich bin einfach zu handhaben – du musst nur beständig mit mir sein. Zeige mir genau, wie du etwas getan haben möchtest und nach einigen Versuchen werde ich es von allein tun.
Ich bin der Diener großer Menschen, und leider auch für all ihre Misserfolge verantwortlich. Die Großen habe ich groß gemacht. Die Versager habe ich zu Versagern gemacht.
Obwohl ich kein Roboter bin, arbeite ich mit der Präzision einer Maschine und der Intelligenz eines Menschen.
Du kannst mich mit Gewinn betreiben oder du kannst den Ruin anstreben – für mich macht es keinen Unterschied.
Nimm mich, übe mit mir, sei standfest mit mir und ich werde dir die Welt zu Füßen legen.
Sei nachlässig mit mir und ich werde dich zerstören.

Tja, wer könnte das sein? Die Antwort liegt auf der Hand: Es ist die Gewohnheit. »Machen Sie sich das Gute zur Gewohnheit« – so lautet die Kernbotschaft dieses Kapitels. Dauerhafte Spitzenleisterinnen und Spitzenleister denken nicht ständig darüber nach, ob es sich lohnt, hier sein Bestes zu geben oder da noch eine Schippe draufzulegen. Sie tun es einfach. Aus Gewohnheit. Das ist für sie das Normalste der Welt.

BEISPIEL

Vermögensberaterin Carla: »Mein Chef fragt mich öfter, wie ich es schaffe, aus fast jedem Termin einen Abschluss zu machen. Dabei ist alles ganz einfach. Es geht mir immer darum, das Beste für meinen Kunden herauszufinden, selbst wenn ich einmal wenig oder gar nichts an einem Abschluss verdiene. Ich bereite mich immer so vor, dass ich den Kunden in- und auswendig kenne. Ich weiß haargenau, was er das letzte Mal wie haben wollte, ich kenne die Namen seiner Frau und Kinder und ich weiß, dass sein Hund operiert wurde. Nach einem Gespräch notiere ich mir alle Neuigkeiten. Dann schreibe ich eine Mail an ihn und bedanke mich – auch wenn kein Abschluss zustande gekommen ist. So habe ich schon immer gearbeitet. Ich weiß gar nicht, wie man es anders machen sollte.«

Ich gebe zu: Carla ist überaus charmant und eine versierte Expertin in allen Finanz- und Vermögensfragen. Das kann in dieser Branche sicher nicht schaden. Entscheidend für ihre jahrzehntelangen Spitzenleistungen sind aber ihre Verhaltensweisen, die sie sich zur Gewohnheit gemacht hat. Carla fragt sich nicht vor oder nach einem Verkaufsgespräch, ob sich der Aufwand lohne, etwa sich nochmals alles durchzulesen oder eine Danke-Mail zu formulieren – sie weiß gar nicht, »wie man es anders machen sollte.«

Ohne Übertreibung lässt sich feststellen: »Unsere Lebensqualität hängt von unseren Gewohnheiten ab«. Fragt sich, was gute und schlechte Gewohnheiten sind. Ganz einfach: Gute Gewohnheiten bringen Sie Ihren Zielen näher. Schlechte Gewohnheiten tun es nicht oder bringen Sie gar davon ab.

»Eine Gewohnheit ist wie ein Seil. Wir weben jeden Tag einen Faden hinein, und irgendwann lässt es sich nicht mehr zerreißen.«
(Horace Mann)

Sie möchten eine großartige Beziehung führen? Prüfen Sie Ihre Gewohnheiten. Sie möchten gesund bleiben? Erfolg als Führungskraft? Spitzenleistung erbringen? Prüfen Sie Ihre Gewohnheiten.

17.2 Wie Sie gute Gewohnheiten verinnerlichen

Schauen wir uns an, wie man eine Gewohnheit verinnerlicht. Im Prinzip läuft es wie bei der Umstellung vom morgendlichen Kaffee auf Frühstückstee. Am Anfang steht die Entscheidung »Ab heute Tee!«, dann kommt die Umsetzung und nach einer Weile ist das normal. Kaffee schmeckt dann immer bitterer und irgendwann fragen Sie sich, wie Sie dieses Zeug so frühmorgens überhaupt runterbekommen haben.

17.2.1 Klein anfangen

Beginnen Sie mit überschaubaren Gewohnheit-üben-Einheiten. Nehmen Sie sich als Erstes bloß nicht ein umfassendes tägliches Fitness- und Meditationsprogramm vor. Wenige Minuten pro Tag reichen schon aus.

17.2.2 Zeitraum definieren

Definieren Sie von Anfang an den Zeitraum, in dem Sie Ihre kleinen Trainingseinheiten auch wirklich durchführen werden. Hier genügen in der Regel zwei Wochen. Danach wissen Sie, ob es beispielsweise zu Ihnen passt, Kundentermine oder Präsentationen spitzenmäßig vorzubereiten oder ob Sie Ihr Trainingsprogramm lieber auf einem anderen Gebiet absolvieren und sich vielleicht an die Rasenpflege wagen wollen.

Ist Ihnen klargeworden, dass etwas für Sie gut ist, legen Sie nun einen längeren Zeitraum fest, für den Sie sich verpflichten, diese tägliche Übung auszuüben. Das Minimum dafür sollten drei Monate sein. Danach ist Ihnen die neu etablierte Gewohnheit zwar noch nicht in Fleisch und Blut übergegangen, aber schon zum Ritual geworden. Sie spüren ihre wohltuende Wirkung. Bestes Indiz: Kommen Sie einmal nicht zum Üben, haben Sie das Gefühl, es fehle Ihnen etwas.

17.2.3 An Bestehendes anknüpfen

Sich etwas Gutes anzugewöhnen fällt leichter, wenn man an eine bestehende Gewohnheit anknüpft. Sie streben pro Tag fünf Minuten Gymnastik an? Machen Sie sie direkt nach der täglichen Zahnputz-Routine. Sie möchten täglich Ihre pflegebedürftige Mutter anrufen? Wählen Sie die Nummer immer, sobald Sie im Auto sitzen und zur Arbeit fahren. Tipptopp aufgeräumter Schreibtisch gefällig? Reservieren Sie dafür stets ein paar Minuten, sofort wenn Sie ins Büro kommen oder bevor Sie es verlassen. Bewegungsmuffel und Serienjunkie? Wie wäre es mit Fernsehen vom Laufband aus? So lassen sich bestehende Routinen einfach auf andere Handlungen erweitern.

17.2.4 Miese Gewohnheiten ersetzen

Schädliche Gewohnheiten lassen sich oft nur schwierig aufgeben. Einfacher fällt es, sie durch etwas Neues zu ersetzen. Der Raucher sollte nicht einfach mit dem Rauchen aufhören, sondern Zigarettenpausen durch etwas anderes ersetzen, zum Beispiel durch kleine Gymnastikeinheiten. Wer nach dem Essen stets eine halbe Tafel Schokolade vertilgt, kann auf Obst umsteigen.

»Wir sind das, was wir wiederholt tun.
Vorzüglichkeit ist daher keine Handlung,
sondern eine Gewohnheit.«
(Aristoteles)

17.2.5 Arbeiten Sie mit Jokern

»Ziehen Sie Ihren Joker!«, gehört zu den wertvollsten Tipps, die ich kenne. Er entstand aus der Erkenntnis heraus, dass wir oft etwas beginnen, unterbrochen werden und dann den guten Vorsatz fallen lassen. Wer sich vornimmt, drei Monate lang keine Süßigkeiten zu naschen, und nach vier Wochen bei einem leckeren Tiramisu schwach wird, ist geneigt, das gesamte Vorhaben über Bord zu werfen, nach dem Motto: »Nicht geschafft«. Arbeiten Sie mit Jokern. Planen Sie von vornherein ein paar Ausfalltage ein. Das bedeutet nicht, dass Sie sie nehmen werden. Sollte es aber einmal so weit sein, ziehen Sie einfach Ihren Joker nach dem Motto: »Heute darf ich guten Gewissens damit aussetzen.« Dann können Sie am nächsten Tag damit weitermachen.

17.3 Die sechs guten Gewohnheiten von Spitzenleistern

Im Folgenden betrachten wir Gewohnheiten, die sich viele dauerhafte Spitzenleisterinnen und Spitzenleister zu eigen gemacht haben.

17.3.1 Gute Gewohnheit Nr. 1: Spitzenleistung erbringen

Es klingt paradox, in einem Buch über Spitzenleistung dieselbe als antrainierbare Gewohnheit zu bezeichnen. Doch tatsächlich lassen sich Topleistungen »ganz gewöhnlich« erbringen. Vielleicht ist das sogar der Kern dieses Buches: Spitzenleistung ist etwas ganz Normales, hat man sie erst einmal verinnerlicht.

Sie bereiten eine Rede vor? Sie mähen den Rasen? Sie gehen zu einem Kunden? Egal, was Sie tun, liefern Sie stets ein Meisterstück! Halten Sie die mitreißendste Rede des Jahres. Machen Sie die Wiese zum perfekten Rasen. Bereiten Sie einen Kundentermin vor wie die Vermögensberaterin Carla im obigen Beispiel. Arbeiten Sie so lange daran, bis Sie hundertprozentig zufrieden sind. Ja, wirklich: zu 100%. Ich weiß, dass ich mich damit gegen viele Erfolgsratgeber stelle, die das Pareto-Prinzip propagieren. Es besagt, dass 20% des Aufwands für 80% des Ergebnisses verantwortlich sind. In vielen Bereichen trifft dies tatsächlich zu. Gerade beim Vorbereiten einer Präsentation genügt es oft, mit 20% der Zeit ein ordentliches Ergebnis zu erzielen.

Wichtig

Die Handlungen einer Spitzenleisterin oder eines Spitzenleisters ähneln denen von Perfektionistinnen oder Perfektionisten. Doch die Unterschiede zwischen diesen beiden Spezies könnten größer nicht sein: Der Perfektionist, so könnte man etwas spitz formulieren, fühlt sich immer als Versager. Warum? Weil er selbst nie zufrieden ist mit dem, was er geleistet hat. Das verursacht negative Gefühle, inneren Stress. Der Spitzenleister hingegen weiß, dass er auf dem richtigen Weg ist. Ganz entspannt in diesem Wissen gibt er sein Bestes – und wenn das nicht reicht, dann lag es nicht an ihm.

Wahrscheinlich bekommen Sie mit hinreichend Zeit auch einen vorbildlichen englischen Rasen hin. Und vielleicht hätte sich Ihre Rede in nur einem Fünftel der Zeit ganz passabel schreiben lassen. Es geht hier aber nicht um Ergebnisse, die »ganz brauchbar« oder »ganz ordentlich« sind. Es geht hier um das Beste, das Sie draufhaben. Es geht um Spitzenleistung! Diese ist zur Hälfte Einstellungssache, wie Sie bereits im Kapitel »Die acht Mindsets des Erfolgs« lesen konnten. Jetzt geht es um die zweite Hälfte: Sie gewöhnen sich an, diese »Einstellungssache: Spitzenleistung« umzusetzen. Andersherum ausgedrückt: Schaffen wir es nicht, Spitzenleistung in unserem täglichen Tun zu verankern – wie könnte das Endergebnis dann »Spitzenleistung« sein?

»Aber warum soll ich denn diesen blöden Rasen so penibel mähen?«, mögen Sie fragen. Zur Übung. Aus mehrfacher Übung wird Gewohnheit. Erst wenn Sie nicht mehr darüber nachdenken, etwas spitzenmäßig machen zu wollen, erst dann suchen Sie sich ein anderes Übungsfeld.

Gut, ich gebe zu, dass es noch genügend andere Übungsfelder gibt. Der Rasen wäre auch nicht mein Favorit …

17.3.2 Gute Gewohnheit Nr. 2: Ziele setzen

Es zieht sich durch wie ein roter Faden: Alle langfristig erfolgreichen Menschen setzen sich Ziele. Kleine, große, scheinbar belanglose. Querbeet. Aber eben immer Ziele. Vieles dazu haben wir bereits angesprochen: Wir brauchen die richtigen Ziele, die wir durch effektives Nachdenken erforschen und dann planen. Wir sollten uns von den Erwartungen anderer freimachen und Hindernisse geistig vorwegnehmen. Damit lasse ich es hier bewenden. Anregungen, wie Sie Ihre Ziele am besten umsetzen, finden Sie zum Beispiel im Haufe TaschenGuide »Selbstmotivation«. Dreh- und Angelpunkt ist immer Ihr: »Ja, ich will!«

17.3.3 Gute Gewohnheit Nr. 3: Unangenehmes? Ja, bitte schnell!

Sie kennen das Problem: Sie müssen heute noch dieses lästige Telefonat führen – und schieben es so lange auf, bis es (fast) zu spät ist? Den ganzen Tag begleitet Sie dabei ein unangenehmes Gefühl, ein schlechtes Gewissen. Wenn man dann endlich kurz vor Toresschluss anruft, hofft man insgeheim, dass sich der Anrufbeantworter meldet und man für diesen Tag verschont bleibt.

Aufschieberitis dieser Art raubt Energie und trübt den Fokus auf andere wichtige Themen. Wir fühlen uns nicht gut dabei. Verhindern können Sie das nur, indem Sie Unangenehmes schnellstmöglich erledigen. Eine Binsenweisheit zwar, die wir dennoch viel zu selten beherzigen. Was hilft? Sie ahnen es: Wir müssen sie uns zur Gewohnheit machen.

Für den Berufsalltag gibt es eine Anregung, die sich »Eat that Frog« nennt: Schlucken Sie die Kröte am besten so schnell wie möglich. Gehen Sie ins Büro, greifen Sie sofort zum Hörer und erledigen Sie den Anruf. Ein Happs und weg ist die Kröte! Und ehe Sie sich versehen, können Sie schon etwas Unangenehmes aus Ihrem Gedächtnis streichen.

Das Kröten-Experiment
Schreiben Sie jeden Abend auf, was Sie am nächsten Tag erledigen werden. Das Unangenehmste setzen Sie ganz oben auf die Liste, gefolgt vom Zweitunangenehmsten und so weiter, bis ganz unten das steht, auf das Sie sich am meisten freuen.
Am nächsten Morgen schlucken Sie dann immer gleich die größte Kröte. Dann die zweite etwas kleinere. Gegen Nachmittag haben Sie sich endlich die Tätigkeiten verdient, die Ihnen Freude machen.

Stellen Sie sich vor, Sie ziehen das Kröten-Experiment konsequent drei Monate oder, noch viel besser, ein ganzes Jahr durch. Also, mindestens drei Monate konsequent: die Kröte zuerst. Bemerken Sie bereits beim Nachdenken darüber den Unterschied zum »Auf-die-lange-Bank-schieben«?

17.3.4 Gute Gewohnheit Nr. 4: Versprechen einhalten

Wie entsteht Selbstvertrauen? Wie fassen andere Menschen Vertrauen zu uns? Beides hängt miteinander zusammen und hat einen gemeinsamen Kern.

Nehmen Sie sich etwas vor und ziehen Sie es durch, registrieren Sie bewusst oder unbewusst: »Ja, geschafft!« Je nach Vorhaben ist das ein kleiner oder größerer Erfolg.

Das Vertrauen in Ihre Leistungsfähigkeit wächst entsprechend. Morgens meditiert? Ja. Anruf zuerst erledigt? Schreibtisch? Tee? Ja. Ja. Ja. All das stärkt täglich das Vertrauen in sich selbst, das Selbst-Vertrauen. Ebenso funktioniert es im Zusammenspiel mit anderen Menschen. Sie machen eine Zusage und halten sie ein. Ihr Gegenüber registriert es positiv. Im Lauf der Zeit bekommt er ein klares Bild von Ihnen und Ihrer Verlässlichkeit. Er traut Ihnen, er hat Vertrauen.

In beiden Fällen geben Sie sich oder anderen ein Versprechen, das Sie halten. Das können winzige Versprechen sein. Die registrieren wir im Alltag gar nicht mehr. Sie kommen pünktlich zu einem Treffpunkt, rufen wie versprochen zurück, lassen die Chips zum Fernsehen weg. Meist werden Versprechen nur zum Thema in unserem Leben, wenn wir sie nicht halten. Dann beschleicht uns ein mulmiges Gefühl, ein schlechtes Gewissen stellt sich ein. Insgeheim wissen wir, dass unsere Verlässlichkeit darunter leidet.

Die daraus abzuleitende Gewohnheit lautet: Halten Sie – auf Teufel komm raus! – all Ihre Versprechen sich selbst und anderen gegenüber. Wie das gehen soll? Sie sind ja schließlich nicht Superwoman oder Superman. Niemand schafft alles. Braucht man auch gar nicht.

17.3.4.1 Versprechen Sie nur das, was Sie auch sicher halten können

Es gibt zwei Kategorien von Versprechen:

- etwas, das Sie definitiv versprechen können. Beispiele: »Ich gebe bei dieser Tätigkeit mein Bestes.«, »Ich bin am Geburtstag meiner Tochter anwesend.«, »Der Kunde bekommt die Unterlagen bis zum Stichtag.«
- etwas, das Sie nicht sicher versprechen können, weder sich noch anderen. Solche Versprechungen sollten Sie gar nicht erst machen. Beispiele: »Wir gewinnen das Spiel.«, »Alle Teilnehmenden werden begeistert sein.«

BEISPIEL

Sage ich dem Verlag zu, ein Buch zu schreiben, tue ich dies mit aller Konsequenz. Das ist ein Versprechen, das klar der Kategorie 1 zuzuordnen, ist. Fragt mich der Verlag aber, ob ich übernächstes Jahr wieder ein Buch schreibe, kann ich das aus heutiger Sicht nicht sicher zusagen. Passt das dann in meine Auftragslage? Habe ich genügend neue Ideen? Plane ich eine Schreibpause? Würde ich es trotzdem versprechen, wäre meine Zusage als klares »Vielleicht« der Kategorie 2 zuzuordnen.

Nun zur Gewohnheit: Gewöhnen Sie sich an, bei jeglicher Zusage, die Ihnen auf den Lippen liegt, kurz innezuhalten. Fragen Sie sich: Liegt das in meiner Macht? Kann ich das tatsächlich einhalten? Wenn Sie es dann versprechen, setzen Sie alles daran, es auch zu halten.

Wichtig

Versprechen Sie anderen nur Dinge, die in die Kategorie Nr. 1 fallen.

17.3.4.2 Dranbleiben

Schaffen Sie es, gewohnheitsmäßig Versprechen anderen und sich selbst gegenüber einzuhalten, stellt sich ein großartiger Nebeneffekt ein: Sie bleiben hartnäckig an einer Sache dran. Tag für Tag. Episode für Episode. Happen für Happen, bis der Elefant verspeist ist – um es mit einem afrikanischen Sprichwort auszudrücken.

Vielleicht ist dieser Sisu-Trainings-Nebeneffekt (siehe hierzu auch das Mindset Nr. 2) sogar der Dreh- und Angelpunkt beim steten Einhalten von Versprechen. Zudem wird wieder mal klar: Aus verinnerlichten guten Gewohnheiten entsteht fast zwangsweise langfristige Spitzenleistung.

17.3.5 Gute Gewohnheit Nr. 5: Dankbar sein

Bei intensivem Nachdenken stellt sich wie von selbst Dankbarkeit ein.

BEISPIEL

Ich bin gesund, habe eine großartige Frau, gesunde Kinder, kann täglich essen und trinken, es gibt liebe Menschen um mich herum. Zudem lebe ich in Europa, einem politisch recht stabilen Kontinent; dann noch in Deutschland, das als eines der besten Länder Europas gilt. Und dann auch noch in Baden-Württemberg, wo »der liebe Gott die Erde küsst«, wie es in einem Lied der Gruppe Gonzo heißt.

Schauen wir uns doch einmal um: Wie viele Menschen haben keinen Schulabschluss, sind arm, von Armut bedroht, arbeitslos, depressiv, haltlos? Halte ich mir das vor Augen, bin ich tatsächlich oft und äußerst dankbar. Wem gegenüber? Spielt keine Rolle – dem Leben, vielleicht. Meinen Eltern oder Gott. Wem oder was auch immer. Völlig gleich. Es geht um das Gefühl: »Mir geht es gut. Ich habe Glück.« Spüren wir diese Dankbarkeit, ergibt sich ein bewussterer Umgang mit sog. Selbstverständlichkeiten und mit anderen Menschen. Viele, die es sich klarmachen, helfen dann anderen, die nicht so begünstigt sind.

Wie lässt sich diese Herzenssache jedoch in eine Gewohnheit umsetzen? Helfen kann Ihnen dabei die folgende Dankbarkeitsübung.

Dankbarkeitsübung

Planen Sie für diese Übung bewusst einige Minuten Zeit ein. Starten Sie mit einmal die Woche fünf Minuten: Schreiben Sie z. B. am Sonntagmorgen auf, wofür Sie letzte Woche froh und dankbar waren. Wiederholen Sie das am nächsten Sonntag und am darauffolgenden Sonntag ebenso. Im Lauf der Zeit tun Sie es wahrscheinlich täglich und irgendwann einmal nicht mehr schriftlich, weil sich vieles von dem Guten doch wiederholt: Die Kinder sind immer noch gesund und der Lebenspartner ist immer noch toll – das braucht man nicht stets aufs Neue zu notieren.

Das Aufschreiben ist der Einstieg dafür, sich die Dankbarkeit zur Gewohnheit zu machen: innehalten im Alltag, sich bewusstmachen, was man hat – und mit einem beseelten Gefühl der Dankbarkeit anderen Menschen begegnen.

17.3.6 Gute Gewohnheit Nr. 6: Weg damit!

Die letzte Gewohnheit serviere ich Ihnen etwas deftiger – und hoffe, Sie setzen sie ebenso um. Wenn Sie jeden Tag rund 3 Stunden Zeit gewinnen könnten, würden Sie es tun? Wahrscheinlich, wenn der Preis nicht zu hoch ist, nehme ich an. Bevor wir auflösen, worum es geht, noch eine eher rhetorische Frage: Kennen Sie einen dauerhaften Spitzenleister, der Tag für Tag rund 3 Stunden Zeit vergeudet? Ich auch nicht.

Wissen Sie, womit die Mehrzahl der Menschen in Deutschland die meiste Zeit ihres Lebens verbringt? Klar, mit Schlafen. Was, glauben Sie, kommt an zweiter Stelle? Stellen Sie es sich folgendermaßen vor: Sie sterben mit 80 Jahren. Das ist knapp über der durchschnittlichen Lebenserwartung in Deutschland. Sie kommen zu Petrus an die Himmelstür. Der schlägt sein goldenes Buch auf und schaut, was Sie in Ihrem Leben so alles gemacht haben. Da steht als Erstes: »235.000 Stunden geschlafen«. Petrus fragt: »Kann das sein? Hast du in deinem Leben so viel Zeit im Schlaf verbracht?« Sie überschlagen es kurz: 80 Jahre mal 365 Tage mal rund 8 Stunden Schlaf, vielleicht ab und zu ein bisschen mehr. »Ja,«, sagen Sie, »das kann hinkommen«. Petrus schaut erneut ins Buch: »80.000 Stunden Arbeit.« Und fragt wieder: »Kann das sein? Hast du so viel gearbeitet in deinem Leben?« Sie denken: »Hm, drei Mal so viel geschlafen wie gearbeitet? Gute Quote. Manchmal auch beim Arbeiten geschlafen ... Überschlagen sind das 45 Jahre Arbeit mal 220 Tage mal 8 Stunden.« Und Sie sagen: »Passt!« Und dann ist da noch ein Eintrag: »87.000 Stunden«. Petrus fragt, was diese Zahl zu bedeuten habe, er habe nichts finden können. Sie denken nach und plötzlich wird es Ihnen klar: 87.000 Stunden Ihres Lebens verbrachten Sie vor dem Fernseher.

Der durchschnittliche Bundesbürger schaut pro Tag etwa 3 Stunden in die Röhre. Abends wird aus Gewohnheit oder Bequemlichkeit der Fernseher eingeschaltet. Dann sieht man Nachrichten, ein Filmchen und zappt sich noch ein bisschen durch die Sender. Am nächsten Tag sagt man zum Kollegen oder zur Kollegin: »Gestern kam auch wieder nichts Gescheites im Fernsehen.« Die Disziplin, selten fernzusehen oder nur ausgewählte Sendungen anzuschauen, bringt kaum jemand auf. Von daher schlage ich zwei Lösungen vor. Eine radikale und eine gemäßigte.

Die radikale Lösung: »Schmeißen Sie den Kasten raus!« Sie lesen richtig. Weg damit! Er stiehlt Ihnen Lebenszeit. Er hindert Sie daran, sich mit Ihrem Lebenspartner zu unterhalten. Er macht Sie bequem und träge. Nach ein paar Wochen Entzug werden Sie gar nicht mehr wissen, wie Sie »früher«, als Sie noch fernsehen mussten, gelebt haben. Sie möchten nie, nie wieder so leben wie früher. Sie haben mehr Zeit. Mehr Energie.

Den radikalen Schritt wagen die wenigsten. Vielleicht inspiriert Sie der Stritzelbergersche Umgang mit dem Fernsehen. Wir gingen damals von folgender Überlegung aus: Abends wird die Flimmerkiste routinemäßig angemacht. Und man bleibt davor kleben. Dieses Muster gilt es zu unterbrechen. So haben wir vereinbart, dass Fernsehen einen Aufwand, eine Überwindung darstellen sollte. Es sollte nicht mehr die Regel, sondern die Ausnahme sein. Also verfrachteten wir unseren Apparat aus dem zentralen Wohnzimmer ins Gästezimmer im Untergeschoss. Zusätzlich richteten wir es so ein, dass wir nur noch über Beamer mit Soundanlage schauen konnten – dazu musste ein Familienmitglied erst einmal die Anlage aufbauen. Kein riesiger Aufwand, braucht aber ein paar Minuten. Deshalb fragten wir uns vor der Inbetriebnahme regelmäßig: »Lohnt es sich wirklich?« Die Antwort, Sie ahnen es, lautete fast immer »Nein.« Mittlerweile haben wir uns ein komplett anderes TV-Verhalten als früher angewöhnt. Wir schauen so gut wie gar nicht mehr fern, vermissen nichts und haben deutlich an Lebensqualität gewonnen.

Fragen Sie sich jetzt, was das alles mit »langfristig erfolgreich« zu tun hat? Ganz einfach. Vom römischen Kaiser und Philosophen Marc Aurel stammt der wunderschöne Satz: »Auf die Dauer der Zeit nimmt die Seele die Farben deiner Gedanken an.« Was ich fortwährend mache, prägt meine Gedanken. Beschäftige ich mich fortwährend mit »guten« Dingen, verändert sich meine Ausrichtung entsprechend. Stopfe ich mich 3 Stunden am Tag vorrangig mit Müll voll, ebenfalls.

Auch beim Thema Fernsehen wird offensichtlich: Gewohnheit ist Ihre ständige Begleiterin, Ihre größte Helferin und Dienerin, ist für Ihre Erfolge und Misserfolge verantwortlich. Gewohnheit vollbringt mit der Präzision einer Maschine und der Intelligenz eines Menschen, was Sie ihr auftragen.

Wir haben die Wahl. Jeden Tag. Jeden Abend. Denken Sie daran. Vielleicht heute Abend, um 20.15 Uhr …?

Was Sie nicht benötigen

Selbstredend gibt es neben den hier betrachteten Denk- und Handlungsgewohnheiten noch weitere, die langfristiger Spitzenleistung zuträglich sind. Möglicherweise haben Sie sich bei den empfohlenen Mindsets und Gewohnheiten das ein oder andere Mal gefragt: »Warum gerade die, warum nicht jene Eigenschaft?«

Aussortiert wurde in diesem Buch nach bestem Wissen und Gewissen: Erstens wurde geprüft, ob etwas Ursache oder ob es Wirkung ist. War es Wirkung, wie im Fall des Nicht-Jammerns, fand es keine Aufnahme. War es die Ursache für dauerhaften Erfolg, wurde geprüft, ob es eine elementar notwendige Bedingung ist oder eine nebensächliche. Ausschlag gab hier immer die Antwort auf die Frage: »Ist dauerhafter Erfolg, sind langfristige Spitzenleistungen möglich ohne diese Eigenschaft?« Hier trennte sich die Spreu vom Weizen: Humor etwa flog raus, da es zwar nicht so lustig, aber durchaus möglich ist, spaßfrei jahrzehntelang sein Bestes zu geben. »Ziele setzen« fand den Weg ins Buch, da es – mit ganz wenigen Ausnahmen – schlicht nicht möglich ist, ohne Ziele langfristig Erfolg zu haben.

17.4 Spitzenleistung kann das Normalste der Welt sein

Ursprünglich sollte über diesem Kapitel die Überschrift »Hören Sie auf zu jammern!« stehen. Viele Menschen beklagen Umstände, die sie nicht ändern können. Dabei wäre es viel hilfreicher, stattdessen Positives und Lösungen zu suchen. Die Überschrift und der entsprechende Abschnitt entfiel, weil das Jammern oder eben Nicht-Jammern eine Folge der beschriebenen Gewohnheiten ist. Nichts Eigenständiges. Wer viele oder gar alle der Erfolgsgewohnheiten verinnerlicht, kommt überhaupt nicht auf die Idee, sich zu beschweren.

Gewohnheiten bedeuten nichts anderes, als etwas so lange zu machen, bis es in Fleisch und Blut übergegangen und zur zweiten Natur geworden ist. Dauerhafte Spitzenleisterinnen und Spitzenleister denken nicht ständig darüber nach, ob es sich lohnt, hier ihr Bestes zu geben oder dort noch eine Schippe drauf zu legen. Sie tun es einfach. Aus Gewohnheit. Das ist für sie das Normalste der Welt.

17.4.1 Warum Sie keine Selbstdisziplin brauchen

Manchen Menschen wird die mächtige Wirkungsweise von Gewohnheiten klarer vor Augen geführt, wenn sie sich mit deren negativen Auswirkungen beschäftigen. Man braucht sich bloß vorzustellen, was schlechte Gewohnheiten bewirken: Man raucht, bewegt sich nicht, wartet ab, bis andere entscheiden, übernimmt keine Verantwortung, kümmert sich nicht um seinen Lebenspartner.

Lesen Sie die Sätze im folgenden Kasten aufmerksam. Sind Sie einverstanden mit diesen Gedanken? Wie ist Ihre Meinung dazu? Denken Sie darüber nach.

> Achte auf deine Gedanken, denn sie werden Worte.
>
> Achte auf deine Worte, denn sie werden Handlungen.
>
> Achte auf deine Handlungen, denn sie werden Gewohnheiten.
>
> Achte auf deine Gewohnheiten, denn sie werden dein Charakter.
>
> Achte auf deinen Charakter, denn er wird dein Schicksal.
>
> *(Talmud)*

Werden aus Gedanken wirklich Worte? Meist schon, zumindest aus den Gedanken, die wir immer wieder denken. Vieles davon wird in Handlungen umgesetzt. Und was wir vermehrt tun, wird zur Gewohnheit, so wie das tägliche Zähneputzen. Diese Gewohnheiten werden schließlich ein Teil von uns und somit zu unserem Charakter. Deshalb ist Schicksal meist kein Zufall.

Wahrscheinlich kann jeder diese Sätze unterschreiben. Es ist absolut sinnvoll, sich das Gute zu eigen zu machen und in Gewohnheiten umzusetzen. Wer es schafft, Spitzenleistung Normalität werden zu lassen, den kann doch nichts mehr aufhalten.

Ein hammermäßiges Schmankerl gibt es kostenlos obendrein: Sie brauchen sich nie wieder mit dem Thema Selbstdisziplin zu beschäftigen. Alles, was Ihnen scheinbar selbstdiszipliniert und willensstark von der Hand geht, ist bei genauerer Betrachtung Gewohnheit. Schauen wir noch genauer hin, können wir die guten Gewohnheiten sehen. Und wenn wir die Lupe darüberlegen, erkennen wir: Es sind Spitzenleistungen, die zur Gewohnheit wurden. Viel Erfolg dabei. Dauerhaften!

18 Und Action!

Sie haben bisher nur zustimmend genickt? Jetzt ist der richtige Zeitpunkt dafür, ins Handeln zu kommen. Starten Sie, machen Sie sich für Spitzenleistungen bereit – am besten sofort.

In diesem Kapitel erfahren Sie,

- wie Sie den ersten Schritt angehen, um Spitzenleistung gewöhnlich zu machen,
- was ein schlüpfender Leoparden-Gecko mit dauerhaftem Erfolg zu tun hat,
- wie vermeintlich kleine Veränderungen große Unterschiede bewirken.

18.1 Machen Sie den Unterschied – jetzt

Im Grunde haben Sie jetzt alle Werkzeuge an der Hand, um gewohnheitsmäßig und langfristig Spitzenleistung zu erbringen. Warum nicht also gleich starten? Entscheiden Sie sich, eine gewohnheitsmäßige Spitzenleisterin oder ein gewohnheitsmäßiger Spitzenleister zu werden! Nicht morgen, am besten heute! Sie wissen jetzt: Eine einzige Sekunde kann Ihr Leben verändern.

Haben Sie sich entschieden, kennen Sie die Richtung, Ihren Weg, dann nehmen Sie sich Zeit. Wie sagte Harry Belafonte einmal: »Ich habe 30 Jahre harte Arbeit gebraucht, um über Nacht berühmt zu werden.« Hinter allen Erfolgen stecken ausnahmslos lange Vorbereitungen – sowie bestimmte Denkweisen und Gewohnheiten. Sie wissen ja jetzt, welche!

BEISPIEL

Besuch bei Gisela Bundschuh. Sie züchtet seit Jahrzehnten Leoparden-Geckos. Sie führt uns zu einem kleinen Inkubator, in dem ein einziges Ei liegt. »Er schlüpft gleich«, flüstert sie. Schon wenige Minuten später zeigt sich ein hauchdünner, gezackter Riss an der Oberfläche. Die weiche Eioberfläche dehnt sich an dieser Bruchstelle. Es erscheint ein winziges Köpfchen, das sich schnell wieder zurückzieht, dann aber schließlich aus dem Ei zwängt. Schwer schnaufend ob dieser gewaltigen Anstrengung liegt das winzige Leoparden-Gecko-Baby erschöpft neben der Ei-Hülle. Beeindruckend. Frau Bundschuh führt uns weiter und zeigt uns ein Gerät, mit dem man sehen kann, was im Inneren eines Eis passiert. Da liegen Eier, die zwischen zwei und fünf Wochen alt sind. Man erkennt deutlich die unterschiedlichen Entwicklungsstadien. Am Ende der Führung meint die Züchterin: »Schlüpft ein Leoparden-Gecko aus dem Ei, kommt es mir immer wie ein kleines Wunder vor. Doch denken Sie stets daran, dass in diesen 60 Tagen von der Eilage bis zum Schlüpfen sich im Inneren des Eis alles darauf ausrichtet, dass dieses Wunder geschehen kann.«

Letztlich kommt dieses Denken in all unserem Handeln an die Oberfläche – das Schlüpfen unserer Gedanken. Diese liefern dann quasi den Beweis, dass wir in der richtigen Richtung unterwegs sind. Also: Nicht nur gewohnheitsmäßig »Spitzenleistung« denken, sondern auch gewohnheitsmäßig Spitzenleistung tun. Habit Stacking nennt sich das in den Worten des Impressions-Managers.

Ganz wesentlich hierfür sind ein förderliches Umfeld sowie die Fokussierung. Denken Sie an den Wiedehopf. Denken Sie an den nächsten Punkt, den Sie unbedingt erzielen möchten. Denken Sie an die freie Piste, nicht an den Baum. Vermeiden Sie alles, was Sie bei der Arbeit stören könnte. Dass nicht alles reibungslos laufen kann, ist Ihnen klar und auch, dass all die kleinen und großen Rückschläge Ihren Sisu-Muskel stärken. Sie wissen ja: Die beste Chance, mit Schwierigkeiten gut umzugehen, ist ihre geistige Vorwegnahme. Dazu haben Sie genügend Zeit. Nicht hektisches Handeln ist gefragt, sondern beharrliches In-die-richtige-Richtung-Gehen. Versprechen sie sich das. Halten Sie Ihr Versprechen.

So kann Spitzenleistung zu etwas ganz Normalem werden für Sie. Normales kann Sie nicht ausbrennen. Zudem gilt der Grundsatz: Erfolg zieht Erfolg an. Erfolg macht selbstbewusster. Selbstbewusstsein fördert Erfolge. Es wird also immer leichter und selbstverständlicher, sein Bestes zu geben. Wie auf dem Karussell des Lebens. Auch hier zwingt sich eine vorzügliche Parallele zum Spitzensport auf: »Ein bisschen Hochleistung geht nicht.« Denn langfristig werden Sie immer das Ergebnis Ihres Handelns sein. Wer täglich drei Stunden vor dem Fernseher sitzt, wird ein anderer Mensch als der, der in dieser Zeit trainiert und etwas Sinnvolles tut.

18.2 Ein Plädoyer für Spitzenleistungen

Nicht jede und jeder muss Spitzenleistung erbringen. Doch ich halte es für sinnvoll und bin überzeugt davon, dass wirklich alle mit dieser Vorgehensweise ein durch und durch erfülltes Leben führen können. Ich behaupte, der Glücksfaktor ist wesentlich höher, als er es ist, wenn man im Strom mitschwimmt, mit den Claqueuren klatscht und gerade noch durchschnittliche Leistungen erzielt.

Das bedeutet nicht, dass langfristige Spitzenleistungen das Leben schwuppdiwupp zu einem rauschenden, nie enden wollenden Fest wandeln. Es geht nicht darum, dauerhaft Spaß zu haben. Es geht um stetige Spitzenleistungen, um langfristigen Erfolg auf allen Ebenen. Es geht darum, ein erfülltes Leben zu führen. Der Spaß kommt von allein. Die Arbeit dafür ebenfalls.

Dauerhaft Spitzenleistungen zu erbringen, bedeutet schließlich nicht, weniger Ängste und Unsicherheiten als andere zu haben – man lässt sich nur nicht davon überwältigen.

Dauerhaft Spitzenleistungen zu erbringen, bedeutet zudem nicht, »immer stark« sein zu müssen. Manchmal ist es angemessen und angebracht, zu zweifeln, zu zagen, zu trauern. Genau daraus gehen wir ja wieder gestärkt hervor.

BEISPIEL

Herr Amann und Herr Bemann sind beide 40 Jahre alt, haben die identische Qualifikation und die gleiche Stelle, arbeiten in derselben Branche und stammen beide aus identischen sozialen und familiären Verhältnissen. Ab sofort verhalten sich die Männer jedoch völlig unterschiedlich.

Herr Amann

- denkt effektiv nach und vor.
- fokussiert sich beruflich auf seinen Lieblingsbereich.
- umgibt sich mit Menschen, die ihn unterstützen.
- sieht Schwierigkeiten als Trainingseinheiten.
- will auch in sog. Kleinigkeiten sein Bestes geben.
- übernimmt Verantwortung für sein Tun und hält all seine Versprechen – auch sich selbst gegenüber.
- verschenkt noch heute seinen Fernseher.

Herr Bemann macht weiter wie bisher:

- lässt routinemäßig alles laufen.
- übernimmt weiterhin alle Aufgaben, die ihm angetragen werden.
- hinterfragt sein Umfeld nicht; verkehrt auch mit Menschen, die ihn schwächen.
- weicht Schwierigkeiten, so gut es geht, aus.
- macht nur das, was nötig ist.
- findet für Misserfolge Ausreden und lebt nach dem Motto, dass man fünf auch mal gerade lassen sein könne.
- zappt weiter allabendlich durch die diversen Sender.

Hier könnten wir in allen Nuancen die Einstellungen und Gewohnheiten aus dem vorderen Teil des Buches aufführen. Sie merken aber schon anhand dieser wenigen Beispiele, wohin die Reise geht. Kurzfristig betrachtet schaut das noch nicht dramatisch aus – was aber ist zehn Jahre später, wenn beide 50 Jahre alt sind? Wie steht es um deren Beziehungen? Um die Energie, die Selbstachtung? Welches Leben ist erfüllter, anstrengender, pulsierender? Welcher der beiden Männer fühlt sich besser?

18.3 Work smarter – not harder

Kleine Entscheidungen wirken sich aus und machen den Unterschied zwischen demjenigen, der täglich, jahrzehntelang durchschnittliche Leistungen erbringt, und demjenigen, der Spitzenleistungen denkt und gewohnheitsmäßig handelt. Wobei, Achtung:

Es geht weder hier noch an einer anderen Stelle in diesem Buch darum, sich mehr anzustrengen. Oft wird das »Work harder« in den Himmel gepriesen. Streng dich an. Und wenn es nicht reicht, streng dich noch mehr an. Meines Erachtens hat dieses »Work harder« noch nie funktioniert. Was dann? »Work smarter«, »Think smarter« – arbeite und denke überlegter. Genau darum dreht sich hier alles. Sie arbeiten nicht mehr als früher, aber klüger. Effektiver. Sie treffen permanent die besseren Entscheidungen.

Wichtig

Apropos Entscheidungen – wissen Sie, wie man am besten übt, sich zu entscheiden? Lernen Sie Schach. Dieses Brettspiel zwingt Sie permanent zu Entscheidungen. Kleine, große, taktische, strategische, manche mit unüberschaubaren Folgen. Wenn Sie sich nicht entscheiden, läuft die Zeit gegen Sie. Wenn Sie nur abwarten, was der andere macht, werden Sie untergehen. Manchmal muss man sich für einen Zug entscheiden, obwohl es noch andere gute Züge gäbe. Manchmal weiß man einfach nicht weiter, manchmal liegt die Entscheidung auf der Hand. Ist eine Schachpartie nicht ein großartiges Abbild unseres Lebens?

Eine einzige Sekunde genügt, sich für dauerhafte Spitzenleistung zu *entscheiden*.

Um täglich und jahrzehntelang Spitzenleistung zu *erzielen*, braucht es Ihr Leben. Es geht um nicht mehr und nicht weniger als um Ihr Lebenswerk. Sie selbst bestimmen, was Erfolg für Sie ganz persönlich bedeutet. Ist Ihnen dies bewusst, ist Ihnen klar, dass die täglichen Pinselstriche das gesamte Bild ausmachen – dann geben Sie viel leichter Ihr Bestes, auch wenn es sonst niemanden interessiert.

Dabei wünsche ich Ihnen gutes Gelingen.

Stichwortverzeichnis

Die Autoren

Karsten Drath

Karsten Drath ist Unternehmer, Coach, Autor und Referent. Seine Passion sind die Themen Lernen und Entwicklung. Er ist Managing Partner von Leadership Choices, einer europäischen Unternehmensberatung mit Partnern in sechs Ländern, die sich auf Executives und ihre Teams spezialisiert hat und Führungskräfte in ihrer persönlichen und professionellen Entwicklung unterstützt. Er war in seinem Leben bereits Schreiner, Ökonom, Unternehmensberater, Manager, Unternehmer, Coach und Psychotherapeut. Nach 16 Jahren Tätigkeit als Manager in internationalen Industriekonzernen und Unternehmensberatungen arbeitet er heute als Executive Coach international mit Topmanagern und ihren Teams unter anderem an der Verbesserung ihrer Resilienz. Er lebt mit seiner Patchwork-Familie in der Nähe von Heidelberg.

Kontakt: karsten.drath@leadership-choices.com
Von Karsten Drath stammt der erste Teil dieses Buches.

Prof. Dr. Wolfgang Krüger

Dr. Wolfgang Krüger ist emeritierter Professor für Unternehmensführung, Selbstmanagement und Selbstmarketing an der Fachhochschule des Mittelstandes (FHM) in Bielefeld. Darüber hinaus ist er als Managementberater tätig.

Anschrift: Dr. Krüger Managementberatung, Flüggestr. 8A, 30161 Hannover.
E-Mail: drkrueger.mb@t-online.de
Von Prof. Dr. Wolfgang Krüger stammt der zweite Teil dieses Buches.

Reinhold Stritzelberger

Reinhold Stritzelberger, »Deutschlands Experte für dauerhafte Selbstmotivation« (ARD), steht für die neue Dimension von modernem Selbst- und Lebensmanagement. Als Speaker, Trainer und Coach unterstützt er Menschen mit nachhaltigem Erfolg dabei, erfüllende Ziele zu definieren und leidenschaftlich zu verfolgen. Reinhold Stritzelberger ist Diplom-Betriebswirt, zertifizierter Business-Coach und Lehrtrainer. Bekannt wurde der Gründer und Inhaber von RS-Training durch Auftritte in Funk und Fernsehen, Podcast-Produktionen und zahlreiche Fachbeiträge.

Kontakt: rs@selbstmotivation.de
Von Reinhold Stritzelberger stammt der dritte Teil dieses Buches.

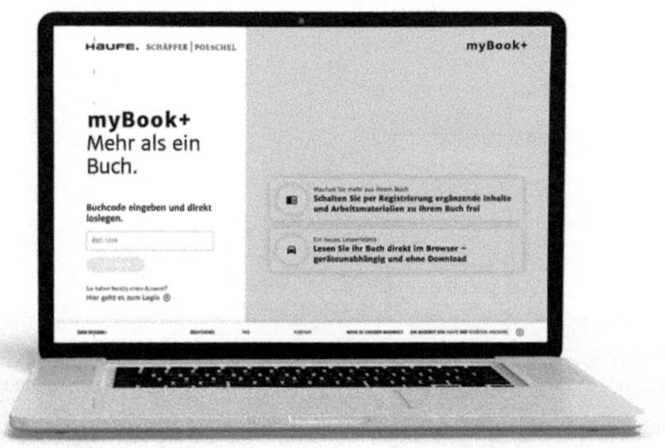

Ihre Online-Inhalte zum Buch: Exklusiv für Buchkäuferinnen und Buchkäufer!

- https://mybookplus.de
- Buchcode: KHG-80549